U0174627

数学文化丛书

TANGJIHEDE
+
XIXIFUSI
JIGUANGPIANYU JI

唐吉诃德+西西弗斯

吉光片羽集

刘培杰数学工作室 ◎ 编

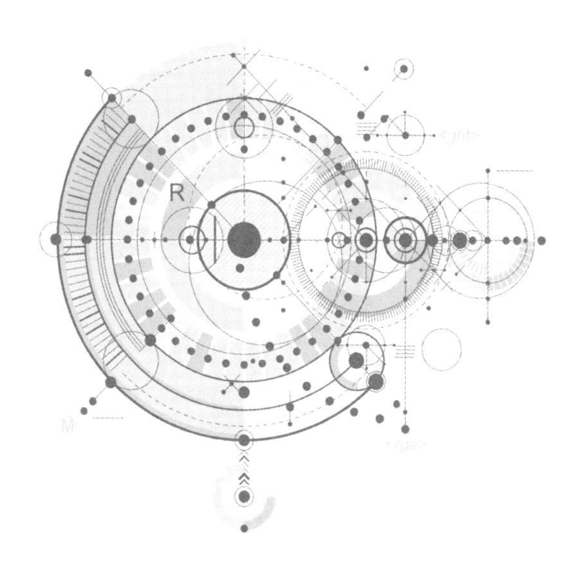

哈爾濱工業大學出版社
HARBIN INSTITUTE OF TECHNOLOGY PRESS

内 容 提 要

本丛书为您介绍了数百种数学图书的内容简介，并奉上名家及编辑为每本图书所作的序、跋等. 本丛书旨在为读者开阔视野，在万千数学图书中精准找到所求著作，其中不乏精品书、畅销书. 本书为其中的吉光片羽集.

本丛书适合数学爱好者参考阅读.

图书在版编目(CIP)数据

唐吉诃德+西西弗斯. 吉光片羽集/刘培杰数学工作室编. —哈尔滨：哈尔滨工业大学出版社，2022.1

（百部数学著作序跋集）

ISBN 978-7-5603-4331-0

Ⅰ. ①唐… Ⅱ. ①刘… Ⅲ. ①数学-著作-序跋-汇编-世界 Ⅳ. ①O1

中国版本图书馆 CIP 数据核字(2021)第 163510 号

策划编辑 刘培杰 张永芹
责任编辑 王勇钢
封面设计 孙茵艾
出版发行 哈尔滨工业大学出版社
社　　址 哈尔滨市南岗区复华四道街 10 号 邮编 150006
传　　真 0451-86414749
网　　址 http://hitpress.hit.edu.cn
印　　刷 辽宁新华印务有限公司
开　　本 787 mm×960 mm 1/16 印张 20.25 字数 285 千字
版　　次 2022 年 1 月第 1 版 2022 年 1 月第 1 次印刷
书　　号 ISBN 978-7-5603-4331-0
定　　价 68.00 元

吉光是传说中的一种神兽.

吉光片羽就是吉光身上的一片毛.常用来喻指残存的艺术珍品.

⊙ 目录

通往天文学的途径（第5版）（英文）

斯蒂芬·E.施耐德
托马斯·T.阿尼　著

编辑手记

这是一本国外的优秀天文学大学教材.天文学在中国曾经是显学,后随商品社会的冲击渐渐淡出国人的视野,到现在只能想到紫金山天文台和辉煌一时的南京大学天文学系(最近清华大学也建立了),知名的学者除了早期的戴文赛先生、陈美东先生以及后起之秀江晓源教授,可能大众也想不出其他人物了.其实作为一个21世纪的文化人,对天文学多少还是应该有些了解.

2019年4月15日,在夫莽编辑的"哲学与艺术"公众号中发表了"仰望星空一百年"的长文.文章的开头便道出了人类与天文学的关系:

十万年前,
一只猴子在深夜仰望星空.
一万年前,
一群人生活在洞穴,
他们的生活有三个重要的主题——猎杀、恐惧、仰望星空.

陈美东先生在《中国古代天文学思想》(中国科学技术出版社,2007)的前言中就指出:

人类生活在天地之间,仰而视之,天苍苍然,俯而望之,地茫茫然.每天昼夜更替,每年寒暑变迁.日月星辰,东升而西落;星宿月亮,昼隐而夜明.月亮时圆时缺,五星时顺时逆.日中黑子,忽然而现;月中黑影,悠然长存.恒星布列,井然有序;银河伸延,终始不移.日月间或顿失其光芒,彗孛不时光耀于天际.流星倏然划破夜空,陨石偶或坠落至地.潮汐涨落若有信,客星隐见似无期…… 对这一系列自然现象,自古便引起了人们的注意,并试图探究其中奥秘.

人为万物之灵,具有极强的思维能力.在时间尺度上,可以追溯到往古的往古,以至于无穷;又可以思虑及将来的将来,亦至于无穷.在空间上,可以扩张至某有限空间外之外,以至于无限巨;又可以缩小到某有限空间内之内,亦至于无限微.在这无穷无限的时空中,人们的思维均可触及之.人们的思维或以他们已掌握的知识、理念为基础,由之做某种合理的外推;或以他们的主观臆想为前提,由之做随心所欲的猜测.在探究上述自然现象的奥秘时,古人从各自的基础或前提出发,阐发了丰富多彩的理论,撰写了中国古代天文学思想的瑰丽篇章.

中国古代天文学思想包含人们对天文学自身的认识,包含宇宙论、天体论、天象论、潮汐论,还有关于历法的理论等.它们各自又含有诸多论题.

人们对天文学自身的认识,包括人们对天文观测研究意义的认识、对天人之间的关系和天文历法功能的论述等.

宇宙论是从整体角度研究宇宙构造和演化的理论.在中国古代,它包括宇宙的时空性质,宇宙与天地的关系,天地的大型结构(天地的相对关系,天地的大小、形状与动静以及天地的稳定性等),宇宙的本原,天地的生成、演化等的论述.

天体论则是关于日、月、五星、恒星、银河、彗星、妖星、流星、流星雨、陨石等天体的性质、生成、形状与大小等的讨论.

天象论指关于月相、月影、日月食和太阳黑子等天象形成的理论,以及关于异常天象的观念等.

潮汐论是有关潮汐生成原因的理论.

历法理论则包括历法制定的基本准则、历法改革及检验、历法的误差理论等.

由于人们所依据的出发点、观念、思想方法等的差异,对于上述种种论题,古人差不多都给出各不相同的解说.如天地大型结构说中有盖天说、宣夜说、浑天说.盖天说中又有天圆地方说、《周髀算经》盖天说、平天说、穹天说、须弥山说、金刚山说之分.浑天说则有新旧浑天说之别,旧浑天说和新浑天说两个流派中又都各家异词.宇宙本原论中有虚无创生论、水本原论、元气本原论等.关于宇宙生成、演化,则有元气说、循环说、神创说、膨胀说之分.关于地体有地平、地为曲面与地圆,地静与地动之争,其中地动说又分地有四游说、升降说、地轴说与自转说.关于日月食的成因,有阴阳说、月掩日说、地体暗虚说与日体暗虚说.关于月相,则有生死说、月受日光说与月自发光说之类.关于日、月、星的生成,有地生说、天生说、天地共生说.关于日、月、五星的运动则有右旋说、左旋说之别.关于月影有阴阳说、地影说与月面凹凸说等.关于天,有单层天壳说和天有九重说.关于历本,有以合天为本、以律吕或大衍之数为本、以谶纬为本、以历元为本,其中关于历元,又有上元、多历元、实测历元之分,如此等等.

上述每一论题的不同论说之间的论争,是司空见惯的事.这些论争有的甚至很激烈.其中有些论题随着人们天文历法知识的提高,或者有人所共认的客观标准可供判别,使得不同的论说有了是非优劣的结论.也有不少论题由于缺乏客观标准,则形成几种论说长期并存的局面.而在几种论说中又往往有一种居于主导的地位.如浑天说,地平说,地静说,月掩日而日食说,宇宙本原与天地生成、演化的元气说,月受日光说,月影的地影说,日月五星右旋说,日月星辰的地生说,彗星的五星生成说,潮汐的日月生成说,历法的以合天为本说,历元的上元说,异常天象的天人感应说等.这些反映了中国古代天文学思想的总体发展水平.当然,每一种论说自身,又都经历了从比较原始、粗糙到逐渐完善的发展过程.这一过程表现为对原有缺欠的修正、对原有论说的深化等.

中国古代天文学思想是与天文历法同步发展的,两者相辅相成.天文学思想与哲学思想密切相关,除了天文历法家,儒家、道家、阴阳家、佛家无不有其贡献.在上述论题中,有不少是诸子百家关心的自然观问题,或者是天文历法本身必须加以解决的理论性问题.天文学思想受到哲学思想的深刻影响,如阴阳学说、五行学说、元气学说、天人感应学说等思想,在有关天文学问题的理论阐述中被充分应用.天文学思想又与社会政治有关.出于政治的需要,某些天文学论题的阐发被加上政治的色彩,确定了某些天文学思想的官方性质,即由官方加以肯定与保护,而其他的天文学思想则被否定与排斥.天文学思想还与中外科技文化的交流有关,域外传入的天文学思想被吸收,或者直接形成一个独立的流派,丰富了中国天文学思想的内容.

天文学在中国古代占有特殊且重要的地位,历代统治者无不予以高度的重视.这是由于天文学所具备的科学性质,及与之有关的、独特的社会功能所决定的;又是由于中国古代根深蒂固的天人相关思想与天文学在实践中所起的关键作用所决定的.

《易·系辞下》指出:“古者包牺氏之王天下也,仰则观象于天,俯则观法于地.”

《史记·天官书》载:“太史公曰:自初生民以来,世主曷尝不历日月星辰.及至五家、三代,绍而明之.”

包牺氏(即伏羲氏)相传是中国古代的第一位帝

王,他的首要任务便是借助于天文以治理天下. 据西汉司马迁之说,则是黄帝、高阳、高辛、唐尧、虞舜五帝和夏、商、周三代,都继之不辍. 所谓"观象于天"或"历日月星辰",实有二义:一是观天象以授人时,二是观天象以见吉凶. 这二者即是天文学的两大社会功能,它们都与治理社会、巩固统治密切相关.

由于日月星辰的运行有明显的规律性,如战国时期的荀况所说的"天行有常"①. 它们提供了毋庸置疑的一年四季变化、一月和一日长短的客观尺度,是那样的有信、有准,人们自古奉以为神. 于是天行有常,含有一种秩序的、典范的神圣意义. 人们发现,依据这些客观的时间尺度,调节、安排生产和生活的节律,是那样的有理、有效. 于是敬天顺天、顺时施政的观念油然而生,成为统治者和被统治者共同接受的理念. 而且统治者更以法天常为己任,或者说视之为专利,以此作为建立秩序、进行治理的重要依据. 又因为日月星辰的运行,时而出现人们认为反常的或异常的现象,如日月食、彗星的突然出现等,这势必引起人们的疑惑和恐惧. 在尚未解释这些天变原因的古代,对正常天象奉若神明的古代,人对于天变的含义颇费猜测,多以为天变是对人事的吉凶有所预示,并试图以此作为自己行动的指南. 既然天象(无论是正常的或反常的)具有如此重要的意义,于是观象就成为一种极其重要的工作,顺应天象行事也就成为一种神圣的理念.

西汉早期的《淮南子·要略》指出:"天文者,所以和阴阳之气,理日月之光,节开塞之时,列星辰之行,知逆顺之变,避忌讳之殃,顺时运之应,法五神之常,使人有以仰天承顺,而不乱其常者也."

这里对天文学节时、知变的两大功能,仰天承顺、

---

① 《荀子·天论》.

应时、避殃的具体运用和最终达到“不乱其常”的目的，都做了精辟的论述.

东汉班固《汉书·艺文志》则指出：“历谱者，序四时之位，正分至之节，会日月五星之辰，以考寒暑杀生之实.故圣王必正历数，以定三统服色之制，又以探知五星日月之会，凶厄之患，吉隆之喜，其术皆出焉.此圣人知命之术也.”

这是说历法也具有两大功能.一是序正时节，以顺应气候的寒暑变化，生物的成长、衰亡规律，以及服色等礼制.二是推算五星之行、日月之会，以预知吉凶之所在.这二者都是圣人知命之术.这里所谓“命”，指的是天之道和与之相应的行为准则.

西晋司马彪在《续汉书·律历志》中也指出：“夫历有圣人之德六焉：以本气者尚其体，以综数者尚其文，以考类者尚其象，以作事者尚其时，以占往者尚其源，以知来者尚其流.大业载之，吉凶生焉.是以君子将有兴，咨焉而以从事，受命而莫之违也.”

前三德指的是历法的特征：有体可依，有数可推，有象可据.后三德指的是历法的功能：对“作事者”而言，它给予时节的指导，对于“占往者”和“知来者”而言，它给予源与流的说明.两者的综合性结果是“大业载之，吉凶生焉”.所以“君子”要有所作为，都要重视其事，从其所指.

同样的理念，五代后晋刘昫等人在《旧唐书·天文志》中也有所表述：“《易》曰：‘观乎天文以察时变.’是故古之哲王，法垂象以施化，考庶徵以致理，以授人时，以考物纪，修其德以顺其度，改其过以慎其灾，去危而就安，转祸而为福者也.”

这里所谓“时变”，指四时节候之变，又指阴阳吉凶之变.刘昫等人认为通过对天文的观测、研究，以了解、掌握这些“时变”，进而采取相应的修德、改过等举措，便可以达到治理天下，去危就安，转祸为福的目的.

> 中国古代天文学观象以授人时和观象以见吉凶的两大功能，是推动中国古代天文学向前发展的两大杠杆，促使人们在这两个方面施展聪明才智，阐发精思妙想. 从具体的天文学细节，到总体的天文学思想的把握，无不基于此. 所以，古人对于这两大功能本身的大量论述，也应是天文学思想的不可或缺的内容.

北京大学教授金克木老先生在1996年11月1日写的《闲话天文》（收在东方出版社1998年10月出版的金克木先生个人专集《庄谐新集》里）中也指出：

> 清初顾炎武的《日知录》大概是从前研究学问的人必读的. 记得开篇第一条便是"三代以上人人皆知天文"，举了《诗经》的例证. 现在的人还需要提倡"人人皆知天文"吗？
>
> 不过我仍然认为，现在的人，至少是读书人，还是有点天文常识、看点通俗天文书为好. 从我的微薄经验来说，看天象、知宇宙，有助于开拓心胸. 这对于观察历史和人生直到读文学作品、想哲学问题都有帮助. 心中无宇宙，谈人生很难走出个人经历的圈子. 有一点现代天文常识才更容易明白：为什么有些大国掌权者不惜花重金去研究不知多少万万年以前产生而现在光才传到地球的极其遥远的银河外星系、超新星、黑洞，等等. 这些枯燥的观察、计算、思考只要有一点前进结果，从天上理论转到地上实践，就会对原子爆炸、能源危机产生不可预计的影响. 最宏观的宇宙和最微观的粒子是多么相似啊！宇宙的细胞不就是粒子吗？怎么看宇宙和怎么看人生也是互相关联的. 有一点宇宙知识和没有是不一样的，哪怕是只懂小学生课本里的那一点点也好. 古时读书人讲究上知天文下知地理，我看今天也应当是这样. 不必多，但不可无.
>
> 我还想提一点近代和现代天文学发展历史的通

俗化.这有助于破除流行的不准确认识.例如日心说和地心说是早就有的,但困难在于科学论证.哥白尼神父有了第一次大突破,但完成还是靠开普勒算出的行星轨道.尽管人已能飞出地球,行走在太空,但太阳系里还有不少难题.牛顿对神学是有兴趣的,但科学和宗教是两回事.科学可以研究宗教,但不能消灭人的信仰.要用科学实验破除迷信也不容易,还需要破除迷信中的心理因素和社会因素,如此等等.要知道历史事实,知道科学进步非常困难,科学家是会有牺牲的.

我想现在一定出了不少讲新天文学成就的通俗易懂的好书,可惜我不知道.希望读书人不妨翻阅一下,可能比有些小说还要有趣.

现代人由于丰衣足食,所以会生出许多奇奇怪怪的问题.有些类似于杞人忧天之类的问题,如:

一、地球会停止转动吗?

专家说:在未来几十亿年中出现这一事件的概率精确地讲是零.但是假设出现类似情况会发生什么事情呢?其结果取决于地球停止转动的速度有多快.如果地球以极快的速度停止转动,例如在一天之内,那么地球大气层仍会照旧以赤道上每小时 1 100 英里(约0.49千米/秒,1英里 = 1.609 344千米)的速度继续转动.陆地上任何没有根基的东西都会被清除干净.如果地球在超过数十亿年的时间内慢慢地停止转动,情况就会大为不同,而由于太阳和月球一直施加在地球上的力矩作用使得地球非常有可能最终达到这一状态.至于其他效应,由于产生地球磁场的发电机效应牵涉到地球的自转,如果地球停止转动,就不会产生新的磁场,磁场会衰减到很低的水平,其残留值取决于“冻结”在地壳岩石中的地壳磁场强度.同时也不会再有“北极光”,保护我们免受宇宙线和高能粒子侵袭的范艾伦辐射带也会消失.对于太空中的宇航员而言,宇宙线是巨大的灾难,但是对于生活在地面上的人们而言,外层大气完全可以保护我们免受宇宙线的伤害.

自然因素会在将来改变地球自转吗？不知道. 能想到的从根本上改变地球自转的唯一方式是来自另一个天体的巨大撞击. 即使是已知最大的小行星谷神星（直径约1 000千米），撞击的力量也还没有大到足以毁灭地球上的所有生物. 它可能会使地球自转轴倾斜几度，这取决于撞击的具体过程. 但是撞击产生的大部分动能会吹散地球的外层大气，并且撞飞数以10亿吨计的地壳岩石. 在可预见的将来没有会引发地球表面巨大灾难的小行星撞击事件，但是无法排除地壳质量分布改变造成的影响. 如果你移动大陆，一些地质学家认为你会让自转的地球失去平衡，并且使得地球自转轴在太空中翻动. 他们甚至认为这确实发生过，它被称为“雪球”地球模型.

二、空间在哪里终止？

专家说：数学上的无穷大和物理上的无穷大可以是两回事. 如果宇宙是无限的，这是我们目前从观测中得出的，这意味着空间没有边界. 但是天文学家仅仅收到了来自我们所居住宇宙的一小部分信息，因为光从大爆炸以来仅仅在宇宙中传播了137亿年. 为了说明宇宙远比我们所能看到的部分要大得多，我们把能看到的这部分称为“可观测的宇宙”. 在可观测的宇宙之外是同样由大爆炸创生的宇宙引力场（以及星系）. 暴涨宇宙学认为如果我们能抵达足够远的空间，会发现一种模糊的边界，在那里我们的物理定律会稍微有些改变. 这意味着在暴涨之前我们宇宙的界限是有局限性的.

三、地球上的生命是怎样出现的？

专家说：在地球形成7亿年之后，也就是在距今38亿年前，地球上就出现了单细胞的生命形式. 化学家通过模拟原始地球的大气和水环境，在极短的时间内制造出了生物有机分子. 2001年，艾姆斯研究中心的天文学家阿兰马多拉（Lou Allamandola）和德沃金（Jason Dworkin）表示甚至可以利用星云中的气体和其他元素制造出细胞膜和细胞囊. 地质学证据表明，直到20亿年前地球大气层中还没有游离态的氧. 那时大气中含有大量的富氢气体，例如甲烷和氨，这些是远日行星大气以及星际空间中普遍含有的气体. 在40亿年前的锆晶体中发现了水的痕迹. 实验显示在这些气体和温度的联合作用下可以制造出复杂的有机分子,其中包括氨基酸,它是组成 DNA 的基本物质. 而类似 RNA 的大分子则可能形成于拥有丰富有机物的黏土状物质中. 在数千英里长的大陆架上尝试了无数次后,能自我复制的分子形成,并且在富含食物的海洋中快速地演化. 其中具体的细节可能很难被重复,毕竟地球用了几百万平方英里的面积和 7 亿年的时间来跨越从分子到细菌的这一大步. 而实验室能模拟的仅仅是人类寿命的时间长度,而且还是在区区几平方英尺(1 英尺 = 0.304 8 米) 的试管表面.

四、地球会以哪种方式终结?

专家说:当然,在未来超过几百万年或者几十亿年的时间里,生命会有许多种灭亡的途径,但是自然界只有非常少的几种看似不可能的方式可以摧毁整个地球. 事实上,根本就没有! 与行星大小的天体碰撞会把地球撞碎成小行星带,但是这些天体的轨道在未来几十亿年的时间内却是非常稳定的. 由于本身的限制,太阳也不会演化成新星或者是超新星. 而且它也正处于一个非常稳定的演化阶段,对其他同类型恒星的研究显示在未来的几十亿年中太阳的光度仅仅会出现一点缓慢而平稳的上升. 但是,这将会导致地球海洋在 5 亿年内开始蒸发 —— 不算是一个紧急的危机. 在太阳系中我们所处的要害位置上存在着一些直径 1 英里左右的小行星. 如果其中一颗撞上地球,它也不会摧毁地球,但是 6 500 万年前的撞击破坏了整个生物圈. 几十亿人会由于饥饿以及其他的物理效应而死亡. 如果这是你所指的一种"终结" 方式,那么令人担忧的是它确实可能在未来几百万年内发生. 如果我们运气比较差的话,这也有可能在 100 年或者更短的时间内发生.

其实类似的这种天文学科普一直在进行.

前几年去世的大名鼎鼎的霍金先生曾以病残之躯为我们普及了有关宇宙的若干观念.

早在公元前 340 年,亚里士多德在他的《天论》(*On the Heavens*) 一书中,就已能提出两个令人信服的论据,从而证明地球是一个圆球,而不是一个扁平的盘. 第一,他领悟到月食的成因是由于地球运行到了太阳和月球之间. 地球投射在月球上的影子始终是圆形的,这一观测事实只有当地球为球形时才能出现. 如果地球是一个扁平的圆盘,那么除非月食发生之际太阳总是正射到盘的中心,否则地球的影子必然会拉长而成为椭圆形.

第二,希腊人在他们的迁居过程中早就知晓,南方看到的北极星在天空中的位置,要比北部地区所看到的位置来得低. 根据埃及和希腊两地所见北极星视位置的差异,亚里士多德甚至估计出了地球的周长为 40 万斯达地(斯达地(Stadium) 是古希腊长度单位,1 斯达地约等于 185 米). 1 斯达地的准确长度无人知晓,不过很可能约合 200 码(1 码 = 0.914 4 米). 如是,亚里士多德的估值约为目前所采用值的两倍.

此外,希腊人还提出了地球必然为球形的第三个理由:为什么船舶出现在地平线上时,人们先看到的是船帆,然后才看到船身? 亚里士多德认为地球是静止不动的,而太阳、月球、行星以及恒星都沿着圆形轨道绕地球运动. 他深信,鉴于某些神秘莫测的理由,地球位于宇宙的中心,而圆运动是最完美的.

2 世纪,经托勒密的精心推敲,形成了一种完整的宇宙模型. 地球位于中心,它的周围有八个天球,分别承载了月球、太阳、恒星以及当时所知道的五颗行星,即水星、金星、火星、木星和土星. 这些行星分别在一些较小的圆轨道上运动,而这些小圆圈又各自附于上面提到的那些天球上,由此来说明所观测到的行星在天空中的复杂运动路径. 位于最外面那个天球上的则是一些所谓固定不动的恒星,它们之间的相对位置始终保持不变,同时又作为一个整体在天空中转动. 至于在最外面的天球之外又是什么,则从来没有被搞清楚过,但这肯定不是人类可观测的宇宙的组成部分.

托勒密的模型提供了一种颇为合理的精确系统,它可以用来预测诸天体在天空中的位置. 但是,为了正确地预测这些位置,托勒密不得不设定月球运动的路径距地球时近时远,最近时的月地距离只是其他时候的一半. 这意味着有时候月球看上去会比通常所看到的大上一倍. 托勒密本人知道这是一个问题,但尽管有这个缺陷,他的模型在当时被大多数人所接受. 基督教教会接纳了托勒密的模型并作为宇宙的图像,因为它与《圣经》的记载相符.

然而,波兰教士尼古拉·哥白尼在1514年提出了一种更为简单的模型.最初,哥白尼因担心会被指控为异端之说,便采用匿名方式发表了他的模型.哥白尼的思想是,太阳位于中心且静止不动,地球和其他行星都绕着太阳在圆轨道上运动.对哥白尼来说可悲的是,差不多在一个世纪之后人们才认真地接受了他的思想.其中,有两位天文学家,德国人约翰内斯·开普勒和意大利人加利莱奥·伽利略——开始公开支持哥白尼的理论,尽管事实上该理论所预言的行星运动轨道与观测结果并不完全相符.亚里士多德-托勒密理论的消亡始于1609年.在那一年,伽利略开始用望远镜观测夜空,当时望远镜才刚发明不久.

伽利略在观测木星时,发现它的周围有几颗小的卫星在绕着木星做轨道运动.这说明所有天体并非如亚里士多德和托勒密所认为的那样都必然直接绕着地球运动.当然,仍然可以相信地球位于宇宙中心且静止不动,不过这时要使木星的卫星看上去表现为在绕木星运动,那么它们绕地球运动的路径必然极其复杂.然而,哥白尼理论就要简单得多了.

在同一时期,开普勒对哥白尼理论做了修正,他认为行星运动的轨道不是圆,而是椭圆.这么一来,理论预期与实测结果最终完全相符了.就开普勒而言,椭圆轨道只是一种特定的假设,而且是一种颇不受人欢迎的假设,因为在那时的人看来椭圆显然不如圆来得完美.开普勒发现椭圆轨道与观测结果很好地相符带有某种偶然性,他当时认为由于磁力的作用才使得行星绕太阳运动,而椭圆轨道与这种观念是无法调和的.

只是到了多年后的1687年,牛顿才对此给出了解释,那一年牛顿发表了他的名著《自然哲学的数学原理》.这本书也许是物理科学领域迄今为止所出版的一部最为重要的著作,书中牛顿不仅提出了描述物体在空间和时间中运动规律的理论,而且还推导出了分析这类运动所需要的数学公式.不仅如此,牛顿还提出了万有引力定律.这条定律指出,宇宙中的每一个物体都会受到其他所有物体的吸引,物体的质量越大,物体间的距离越近,引力就越强.正是因为这种作用力的存在,才使得物体会落到地面上来.关于一个苹果掉到牛顿头上的故事似乎并不足以为信.牛顿本人提到过的仅仅是,关于引力的思想是他处于沉思冥想之际,由一个苹果的掉落而引发的.

牛顿进一步证明,根据他的定律,由于引力的作用使月球沿着椭圆轨道绕地球运动,也使得地球和其他行星遵循椭圆形路径绕太阳运动.哥白尼的模型抛弃了托勒密的天球体系,同时也抛弃了宇宙有一个天然的边界的观念.恒星不会因地球绕太阳的运转而改变它们的相对位置.由此自然可以推知,恒星是一些与我们的太阳类似,但距离要遥远得多的天体.上述推论会引出一个问题:牛顿意识到根据他的引力理论,恒星应该彼此互相吸引,因此,它们似乎不可能保持基本上无运动的状态.那么,所有这些恒星最终会统统落到某一点上吗?

牛顿在1691年写给当时另一位权威思想家理查德·本特利的一封信中指出,如果仅有有限数目的恒星,上述情况确定是会发生的.但他又推断说,如果恒星的个数为无穷大,且又大致均匀地分布在无限大的空间内,那么这种情况就不会出现,因为这时对恒星来说就不存在任何使之内落、集聚的中心点.这种推论是人们谈论关于无限的问题时可能遭遇的陷阱的一个例子.

在一个无限的宇宙中,每一个点都可以被视为中心,因为在每一点处朝各个方向看去都会有无穷多颗恒星.只是在多年之后人们才领悟到,认识这一问题的正确途径是,应该考虑的是一种有限的空间,其中的恒星都会彼此内落并集聚.现在我们要问,如果在上述有限区域的外围加上一些恒星,且它们大体上为均匀分布,那么情况会有哪些变化?根据牛顿定律,后来补充的恒星与原来的那些恒星毫无区别,因而它们也会接连不断地内落.这样的恒星可以想增加多少就增加多少而不受限制,但它们会始终保持不断地自行坍缩.现在我们知道了,不可能构筑一个静态的无限宇宙模型,在其中引力永远是一种吸引力.

在20世纪之前从未有人提出过宇宙正处于膨胀或收缩之中,这耐人寻味地反映了当时的主流思潮.当时被人们普遍接受的观念是,宇宙要么从来就以一种不变的状态永恒存在,要么它是在过去某个确定的时刻被创生出来,而且宇宙诞生时的状态与今天所观测到的样子大体上是一致的. 形成这种观念的部分原因也许在于,人们倾向于相信永恒的真理,以及从下述想法中所得到的些许安慰:尽管他们会慢慢地老去,直至死亡,但宇宙是永恒不变的.

即使有人意识到牛顿引力理论表明宇宙不可能是静态的,他们也不会去思考并提出宇宙也许正处于膨胀之中. 相反,他们尝试去修正引力理论,办法是在很大的距离上使引力变为斥力. 这种做法不会对预测行星的运动产生显著影响. 但是,它可以使无限分布的恒星保持平衡状态:近距离恒星间的引力被来自远距离恒星的斥力相抵消.

然而,我们现在认为这种平衡态是不稳定的. 一方面,如果某一天区内的恒星哪怕只是彼此间稍稍靠近一点儿,它们之间的吸引力就会增强,并超过斥力的作用. 这意味着那些恒星便会继续彼此内落、集聚. 另一方面,要是恒星之间的距离略有增大,斥力就会占上风,结果使恒星进一步互相远离.

人们通常认为,对无限静态宇宙的另一个反诘是由德国哲学家海因里希·奥伯斯提出来的. 事实上,与牛顿同时代的各行各业学者已经提出了这个问题,甚至奥伯斯1823年的文章也不是包含了对这一议题貌似合理的推论的第一篇. 不过,这是最早受到人们广泛关注的一篇文章. 困难之处在于,在一个无限静态的宇宙中,几乎每一条视线或者每一条边,都将终止于某颗恒星的表面. 因此,人们应当看到整个天空会像太阳一样明亮,哪怕在夜晚也是如此. 奥伯斯对此的解释是,来自遥远恒星的光线因受到行进路径上物质的吸收而减弱了. 但是,如果情况确实如此,那么这类介质也会因受到加热而发光,并最终变得如恒星般明亮.

为了避免得出整个夜间天空会变得如太阳表面那样明亮的结论,唯一的途径是假定恒星并非永远在发光,它们只是从过去某个确定的时刻起才开始发出光芒. 在这种情况下,起吸收作用的介质也许迄今尚未得以充分加热,或者遥远恒星所发出的光线可能尚未到达我们这里. 这就会引出另一个问题:是什么原因能使恒星在初始位置上开始发光?

诚然,有关宇宙之开端的讨论可谓是由来已久. 在犹太教、基督教或伊斯兰教的早期传说中有着若干种宇宙学,根据这类宇宙学,宇宙应始于过去某个有限而并不太遥远的时刻. 之所以存在这样一个开端的一个理由是,感觉上必然要有一个造物主来解释宇宙的存在.

另一个论点由圣奥古斯丁在他的《上帝之城》(*The City of God*)一书中提出. 圣奥古斯丁指出,文明的发展是渐进式的,而我们记住了是谁完成了这项业绩,又是谁开发出了那项技术. 有鉴于此,人类——因而也许还有宇宙,就不可能已经存在了太长的时间. 不然的话,今天人类文明的进展应当比我们现已取得的更为超前.

依据《创世纪》一书所述,圣奥古斯丁所采用的宇宙创生之时约为公元前5000年. 有意思的是,一方面,这一时间距最近一次冰河期结束之际不算太远,该冰河期约终结于公元前10000年,而那时人类文明已经萌发了. 另一方面,亚里士多德和大多数其他希腊哲学家并不喜欢创生的观念,因为这掺入了太多的神授因素. 所以,他们认为人类和人类周围的世界在过去和将来都是永恒存在的. 他们已经考虑到了前面所提到的关于文明进展的论点,对此他们的辩答是,由于洪水和其他天灾的周期性出现,人类一次又一次地退回到文明的开端.

当大部分人对一个基本上处于静态、无变化的宇宙深信不疑之时,宇宙是否有一个开端的问题,实质上便成了某种玄学或神学问题. 人们可以就两条不同的途径来说明所观测到的现象:或者宇宙永恒存在,或者它在某个有限时间内处于运动之中,而运动的方式恰好使宇宙看上去就像是永恒存在一样. 但是在1929年,埃德温·哈勃完成了一项划时代的观测,即无论你朝何处看,遥远的恒星都在快速地远离我们. 换言之,宇宙正在膨胀. 这意味着在过去的某个时间,天体应该紧密地集聚在一起.

事实上,似乎在大约100亿或200亿年前的某个时间,所有这些天体都恰好位于相同的位置上.

这一发现最终把宇宙之开端的问题纳入了科学的范畴. 哈勃的观测表明,曾经存在一个称之为大爆炸的时刻,那时宇宙为无限小,因而其密度必为无穷大. 如果在这之前还曾出现过一些事件,那么这类事件也不会影响到现在所发生的一切. 它们的存在可以忽略而不予考虑,因为它们不会产生任何观测效应.

人们可以说时间有一个起点,即大爆炸瞬刻,这意味着在这之前的时间是完全不可定义的. 应该强调的是,时间有起点之说与以前习以为常的观念大不相同. 一方面,在一个无变化的宇宙中,时间上的起点必然是由来自宇宙之外、某种不为人知的外因所赋予的. 对于一个起点来说,并不存在物理学上的必然性. 人们可以设想,上帝确实在过去的任意时刻创造出了宇宙. 另一方面,如果宇宙正在膨胀,那么也许存在一些物理学上的理由,可用来说明为什么必然有过一个开端. 人们仍然可以相信,是上帝在大爆炸瞬间创造出了宇宙. 上帝甚至可以在大爆炸后的某个时刻创造出宇宙,不过创造的方式恰好能使宇宙看上去像曾经历过一次大爆炸. 但是,设定宇宙创生于大爆炸之前是毫无意义的. 一个膨胀中的宇宙并不排斥创世主的存在,但它确实对创世主有可能完成其使命的时间划定了范围.

本书名为《通往天文学的途径》(第 5 版),作者有两位,一位是斯蒂芬 · E. 施耐德(Stephen E. Schneider),他是马萨诸塞大学阿默斯特分校天文系的一位教授,另一位是托马斯 · T. 阿尼(Thomas T. Arny),他也是该校的一位名誉退休教授. 马萨诸塞大学的天文系隶属于五所大学天文系. 本书的两位作者都是杰出教师奖的获得者,他们已经为具有各种背景的学生教授了 50 多年的天文学入门课程.

当斯蒂芬 · E. 施耐德还是一个孩子时就对天文学产生了兴趣,后在哈佛大学学习天文学,并从康奈尔大学获得了博士学位. 他的论文获得了太平洋天文学会汤普勒(Trumpler) 奖,并被任命为总统青年研究员. 除了教授入门天文学,他还与科学教师密切合作,开设讲习班和特殊课程.

托马斯 · T. 阿尼在哈弗福德学院获得学士学位,并在亚利桑那大学获得天文学博士学位. 除了天文学,他还对自然界有着长期的迷恋:包括天气(尤其如彩虹等的大气光学现象)、鸟类、野花和蝴蝶.

虽然现在市面上有很多天文学著作,但是本书是可以提供一些与众不同内容的著作.

本书将天文学导论分解成它的组成部分进行讲解. 在自然流畅的表达之下,巨大又迷人的天文学领域被分成了 86 个单元,使读者可以根据自己的兴趣挑选相应主题来阅读.

现存天文学教科书的一大弊端是每一章都覆盖了一系列主题,使学生很难吸收大量的材料信息,而且这些内容与特定的呈现顺序相吻合,教授很难将章节阅读和复习问题与他们自己教授该主题的特定方法联系起来. 无论你是第一次学习天文学还是已经教授天文学十年了,本书都以你想要的方式为探索天文提供了更大的灵活性.

本书的单元结构使初学者和具有丰富经验的教授都可以更加清晰地将本书内容与大学课程联系起来. 每个单元都足够小,既可以单独处理,也可以作为课堂讲稿的附属物进行阅读. 对于正在设计一门与天文学当前事件或特定主题相关的课程的教员来说,本书的结构使分配给与每个主题相关的阅读和工作问题变得更容易. 对于天文学专业的学生来说,本书让他们更容易地吸收每一个知识点,也更清晰地将每一个单元与授课材料联系起来.

本书的每一个单元都像针对某一单独主题或与其密切相关的想法的微型演讲. 其他入门类的天文学著作中的相同材料也被包含在本书中,但是它们被打碎成更小的独立部分. 这使得读者在阅读时对主题的选择的灵活性比传统教材的章节要强,传统教材一章可能涵盖了本书四个或五个单元的材料.

尽管每个单元的内容被编写得尽可能独立,但它们仍以不同的顺序或路径,通过本书从一个单元到另一个单元. 教授可以根据他们的需要选择适合他们课程的单元,并以他们喜欢的顺序来讲解这些单元的内容. 他们可以选择将在讲座中现场用到的单个单元,同时指定其他单元进行自学. 他们也可以在内容丰富的课程中全面覆盖所有单元的内容. 由于每个单元的内容较少,学生可以更容易地消化单个单元所覆盖的材料,然后再转移到下一个单元. 由于问题和难题都集中在一个主题上,因此学生更容易确定对每个主题的掌握程度.

本书作者还提供了一些读者可能会特别感兴趣的材料,介绍了大多数介绍性书籍未提供的主题,例如,对日历系统和狭义相对论的介绍.更有难度的材料以一个特定的主题被安排在单元的末尾,以便基本内容首先被了解,同时也为读者的阅读提供了灵活性.

本书的阅读材料和练习可以被调整,使得它们适应不同的课程结构.本书也为更加出色的学生提供了一些发现迷人路径的机会,以加强课程效果或为其提供额外的阅读材料.

与旧版本相比,除了增加了作者自己对该领域新的和有趣的结果的监测之外,许多读者和评论者为本书的更新和改进提供了极好的建议.修改内容的一个更具挑战性的方面是作者想要解决新主题并提高演示文稿的清晰度,而不会让文本变得冗长.有的新的研究结果,例如《新视野》的冥王星数据,可以让作者替代旧的推测材料.再例如对开普勒任务中有关系外行星丰富的新材料,在避免文本过长的情况下,作者对原文本进行了一些扩展.

总而言之,第五版中添加、更新和替换了100多个数字,以提高清晰度并包含一些可用的最佳新图像.还添加了50多个新的自我检测问题.尽管少数单元的编排位置有变化,但单元主题仍然与第三和第四版相同.值得注意的是,由于黎明号宇宙飞船和其他来源提供的小行星成分信息越来越多,我们把陨石部分从第50单元("对地球的影响")移到了第43单元("小行星").某些单元内的不同部分也有调整.

为方便中国读者使用,我们将目录翻译出来:

作为一个数学工作室引进本书,有如下几点考虑:

首先数学与自然的总体关联体现在以下几个方面:

(1) 相互作用与自然运动 ↔ 微分方程;

(2) 自然现象的背景空间 ↔ 拓扑学与几何学;

(3) 物质结构与对称性现象 ↔ 代数与群论;

(4) 随机现象与偶然性 ↔ 概率与统计.

由于上述几种自然现象相互之间密切相关,因而所对应的数学分支之间也日趋交汇. 特别是前两种对应的大融合,即以物理学的如下课题:

相互作用、物理运动、背景空间

为路标来指引数学的几个分支:

流形拓扑、微分几何、微分方程(或分析)

的融合;反过来数学的发展也促进物理更深入的理解. 这种相互融合大致产生如下关联:

(1) 物理定律的普适性要求微分方程的协变性(或不变性),从而驱动张量及旋量理论的建立.

(2) 宇宙空间及物理运动背景空间的弯曲性促进数学对流形的研究,并且要求将平直空间中的微积分移植到流形上,以便在流形上建立物理运动的微分方程.

(3) 将 $\mathbf{R}^n$ 空间中的微积分移植到流形 M 上就是几何学的中心内容之一. 与之相应的核心概念是联络与协变导数.

(4) 人类寻求宇宙空间结构的基本约束就是只能在宇宙内部探求相关物理信息来获得宇宙结构知识,而内蕴几何正是符合人类理性特征的数学理论. 宇宙内部的物理信息翻译成数学语言就是 Riemann 几何中的度量张量以及由它产生的联络和各类曲率张量等几何量.

(5) 宇宙中物质分布及运动与引力场演化(即宇宙结构演化)的统一性要求在 Riemann 流形上建立关于物质(能量)与引力的完备动力学方程(Einstein 场方程是不完备的). 这为整体几何与分析的数学领域提供强有力的物理背景.

(6) 数学自身的美学需求也强烈地驱动将拓扑、几何及分析(微分方程)作为一个整体去研究. 只有这样才可能用数学的观点来审视物理学. 这个方向的基本点就是将简洁而直观带入数学,在数学概念与物理概念之间建立相互转换与翻译的内容.

其次,本书的内容很新,包含了许多诺贝尔奖级人物的发现. 如本书第五部分第 79 单元的所谓暗物质,它就涉及了 2011 年 A. G. Riess, B. P. Schmidt 和 S. Permutter 的工作.

在宇宙学和天文学中,暗能量是一种假想的能量形式,它充满着整个空间,并且表现出与引力相反的效应,起到加速宇宙膨胀的作用. 因为这种能量不在我们通常熟知的物质能量范围内,也无法用仪器直接测得,因此它的存在是由宇宙加速的信息告诉人们的. 目前物理学关于暗能量的知识基本上是处在一种未知的状态.

在 1992 年,匈牙利天文学家 G. Paal 及其合作者首次提出存在暗能量的观点. 而在 1998 年由 A. G. Riess 领导的超新星研究小组以及在 1999 年由 S. Permutter 领导的超新星宇宙项目组分别公布了他们的观测资料以及分析,表明宇宙的膨胀不是像想象的那样在减速,而是在加速. 随后,这些观测被几个独立的研究小组从不同的角度给予证实. 特别是在 2011 年由澳大利亚天文学家公布的 20 万个星系观察资料明确显示了宇宙在加速膨胀的证据,从而确立了暗能量存在的理论. 于是 2011 年度的诺贝尔物理奖授给宇宙膨胀加速的发现者 A. G. Riess, B. P. Schmidt 和 S. Permutter.

大量的观察资料分析表明,我们的宇宙是由暗能量、暗物质及通常的物质能量构成. 根据 WMAP(Wilson Microwave Anisotropy Probe) 空间飞船的五年数据分析,宇宙的 74% 是由暗能量构成、22% 是由暗物质构成、4% 是由通常物质构成. 更近地,WMAP 的七年数据分析,估计有 72.8% 暗能量、22.7% 暗物质、4.6% 通常物质.

早年,Einstein 建立引力场方程时曾引入一个常数项 λg_{ij},今天称作 λ 宇宙常数项,即场方程形式为

$$\begin{cases} R_{ij} - \dfrac{1}{2} g_{ij} R - \lambda g_{ij} = -\dfrac{8\pi G}{c^4} T_{ij}, \lambda < 0 \\ \operatorname{div} T_{ij} = 0 \end{cases}$$

从上式可得到宇宙动力学模型如下

$$\frac{1}{r}\frac{\mathrm{d}^2 r}{\mathrm{d}t^2} = \frac{1}{3}\lambda c^2 - \frac{4\pi G}{3}\left(\rho + \frac{3}{c^2} p\right)$$

其中 r 称为标度因子,它代表了宇宙膨胀的程序,ρ 为物质的质量密度,p 为压力. r 的物理意义为

$$\frac{\mathrm{d}^2 r}{\mathrm{d}t^2} > 0 \text{ 表示宇宙加速膨胀}$$

$$\frac{\mathrm{d}^2 r}{\mathrm{d}t^2} < 0 \text{ 表示宇宙减速膨胀}$$

$$\frac{\mathrm{d}^2 r}{\mathrm{d}t^2} = 0 \text{ 表示宇宙是静止的}$$

因此,从第二个方程可以看到

$$\lambda > \frac{4\pi G}{c^2}\left(\rho + \frac{3}{c^2} p\right) \Leftrightarrow \text{加速膨胀}$$

$$\lambda < \frac{4\pi G}{c^2}\left(\rho + \frac{3}{c^2}p\right) \Leftrightarrow \text{减速膨胀}$$

近年来由于宇宙膨胀加速的事实,许多物理学家又倾向于回到 Einstein 场方程的早期形式,因为从上述第一个性质可得与事实相符合的结论.

还有第五部分第 82 单元则是与所谓的 Olbers 佯谬有关.

在 1823 年德国天文学家 Heinrich Olbers 关于我们每个人都很熟知的夜晚天空很黑的现象提出一个问题,称作 Olbers 佯谬. 他提出,如果宇宙是无限、均匀、静止的,那么从每一个方向看,视线都会落在一颗恒星上,因此整个夜空应该看起来像恒星的表面那样一片光明,正如白天一样,不应该像现在这样漆黑一片.

这个问题通过数学计算会更清楚. 假设我们将宇宙分成同心的球壳,地球位于球心. 每一层球壳厚度为 $\mathrm{d}r$,它的体积为 $\mathrm{d}V = 4\pi r^2\mathrm{d}r$. 假设每个单位体积中有 n 个恒星,则每一球壳中的恒星数为

$$N = 4\pi r^2 n\mathrm{d}r$$

每个球壳中的恒星数随 r^2 增长,然而每个恒星亮度随 $\frac{1}{r^2}$ 下降,即亮度

$$l = \frac{\alpha}{r^2} \quad (\alpha \text{ 为常数})$$

从而每一壳层的总亮度为

$$L = Nl = 4\pi n\alpha\mathrm{d}r$$

宇宙无穷大,产生的总亮度应为

$$\int_0^\infty 4\pi n\alpha\mathrm{d}r = \infty$$

因而这是一个佯谬.

宇宙膨胀产生的红移似乎可解决此问题. 但是进一步分析表明矛盾仍然存在. 光子能量与它传播距离按 $\frac{1}{r}$ 比例减少,即有

$$E = H(\nu - \nu_0) = h\nu_0\left(\frac{1}{\sqrt{1 - \frac{2GM}{c^2 r}}} - 1\right) \backsimeq \frac{GMh\nu_0}{c^2 r}$$

因而每一壳层亮度应乘以$\frac{1}{r}$的因子

$$L = \frac{4\pi n\beta}{r}\mathrm{d}r \quad (\beta \text{ 为常数})$$

从而总亮度仍为无穷大

$$\int_{r_0}^{\infty} \frac{4\pi n\beta}{r}\mathrm{d}r = 4\pi n\beta \ln r \Big|_{r_0}^{\infty} = \infty$$

$r_0 > 0$ 为发射源半径.

因此解决 Olbers 佯谬的条件有两个:(1) 宇宙有有限的年龄 T,此时我们只能看到附近的恒星,它们的光线只在 T 时间内到达我们这里;(2) 宇宙体积有限. 这两个条件的任一个成立都可解决夜空为什么黑暗的问题.

天文学几乎与人类自身的历史同样古老. 人类存在的时间已经有多久? 为什么他要为研究天文学而绞尽脑汁呢?

在几千个世纪以前,人类作为与众不同的生物开始出现. 洞穴和岩石的记录 —— 到目前为止能追溯到的唯一记录 —— 还远远没有彻底研究清楚. 人类学家警告我们不要过于自信地猜测,除非我们能首先确定人类的确切含义,否则就根本不要猜测. 人类区别于动物的根本特征是什么? 是解决问题的能力吗? 老鼠能够出入迷宫,蚂蚁会组织战争. 是使用工具吗? 猿类会用棍棒和石块去解决眼前的问题,有些还会建筑简单的树棚. 是计划未来吗? 或许明显的区别就是从这里开始的. 人类为将来的使用而制造工具. 这样的计划包含着一个简单的推理方式:如果 …… 那么 ……. 人类为可能到来的猎物而制造弓箭 …… 为食物的供应和贮藏做计划;借助语言交流制订更大的计划,…… 社会生活 …… 传统 …… 法律 ……. 就是这样,人类作为计划者、推理者、思虑者而出现. 他用制造工具的双手和总在思虑的头脑使自己适应环境的变化. 人类和动物不一样,他们迅速改变其生活设施以适应新的情况:如气候的变化,野兽的侵袭,洪水和饥馑. 人能掌握其自身的适应性,而不是依靠遗传——偶然幸存下来的在若干个世代中形成的变异.他们改造工具、衣着、居住条件、食物和防御能力以适应每一种新的情况.这就赋予人类以更大的生存机会和进步的希望.

人类存在的时间有多长了?或许远在一百万年以前,非常原始的、能制造工具的人类从类人猿"表亲"中分离了出来.大约在二十万年前,头脑简单的"尼安德特人"沿着人类家族之树的某个旁枝发展起来,后来又被我们更有能力的祖先所取代.他们是使用简陋工具的原始猎人,但会用火,而且细心地埋葬死者.大约十万年以前①人类用精心琢磨过的石块开辟了横越欧洲的道路.在此之前,有关我们直系祖先的遗迹还很少被发现.在以后的八万年里,这些石头工具和武器有了改进,制造并使用了骨针,又增添了雕刻和绘画.不过,人类仍然是采集食物的未开化人,小群聚居,猎获物多的时候就闲歇着.为了原始巫术的需要,石器时代的艺术家们创造出小型雕塑来象征丰收,还在石壁上画了一些动物.有些雕塑和绘画既表现出了高超的技艺,又包含着内在的感情,它们是不朽的作品.

直到大约一万二千年前才开始了耕种时代.这时,人类生活发展到了一个新水平——甚至可以说发展为新的人种——在这个时代里,人们使用了较好的工具,农业开始弥补单凭运气的采集,畜牧开始取代猎取野兽,陶器和烹调也得到应用.在这种生产食物的文明中村落生活发展起来,并进行着简单的交易.

随后,在五千或六千年前人类生活开始了一次新的革命:大批村落集结起来成为国家,村落和城镇有了明显的分工——这是伟大文明时代的开端.大城市建立起来,以维持辅助性工业的发展.郊区有组织的农业生产为城市提供食物.广泛的贸易也促进了这些大城市的发展.工匠懂得用金属代替石头制造工具,例如先期用紫铜,青铜,后又用铁.在城市里,建筑业、商业以及行政管理需要算术、几何学,以及测量重量、长度、面积

① 这些时间上的跨度可能错了一个2倍因子,即使它们对于世界某一地区人类的发展来说是正确的,对于其他地区也是不正确的.

和计时等知识. 有组织的农业为了更好地供应城市, 需要良好的历书以便安排好种植、饲养和利用河汛进行灌溉. 海上和陆地的远程贸易需要航标和路碑. 同现在一样, 罗盘、时钟和历书在早期文明中也都是必不可缺的东西, 而天文学则提供了所有这一切.

三千年前, 文化已经繁荣昌盛起来, 人们也具备了注重实际的天文知识. 对日、月、星辰进行观测, 做出记录, 加以整理进而从事预报, 这些工作提供了日用的时计、精确的历书以及旅行时用来辨别方向的罗盘. 在一万三千年前, 人类还是原始的食物搜集者, 至多只会利用日、月、星辰大略地指示方向. 伟大的天文科学就是在随后的一万年中发展起来的. 这一进程看来似乎漫长了一些, 那么就用世代来计算: 从带有原始幻想色彩的未开化时代到应用天文学的文明时代, 共经历四百代. 又经历一百二十代到达我们今天的科学时代. 无论从战胜自然还是从掌握知识上来说, 这个进步都是迅速的.

关于天空的最早知识, 进展得很缓慢. 在若干世纪里, 原始人类或许带着惊奇的神情注视过天空, 把太阳看作当然的神圣者, 还用它来作向导; 借着月光来狩猎, 还根据月亮的形状大略地推算时间. 随后借助于语言, 把慢慢聚集起来的知识发展成传统. 白天用太阳、夜晚用星辰来大略地估计时刻①. 至于原始的地理知识, 则知道日出方向总是标志东方, 日落则标明西方; 上升到最高点的太阳(正午)终年不变地指向南方, 夜晚的北极星则永远指向北方.

随着一年中季节的变迁, 太阳的周日运动途径从冬季的低弧圈变为夏季的高弧圈; 日出的准确方位也沿着地平线移动. 这样, 太阳的运行途径为制订季节提供了依据; 而一年中每夜都在变化着的子夜星空也起着同样的作用.

随着文明时代的到来, 历书成了畜牧业和农业必不可少的东西. 人们需要预知季节以便准备耕地和适时播种小麦. 在最

---

① 一个有经验的露宿者可以根据星辰的方位说出时间, 误差不超过一刻钟.

早饲养的动物中,羊的繁殖是有季节性的,因此古代牧民也需要历书.制定粗略的历法,对我们来说并不难,但对于没有文字记录的早期人类来说却是一件只能由熟练的祭司才能做到的困难技艺.这些制定历法的祭司是一些应用天文学家.他们备受重视,因此不参加放牧和农耕,而且被付给一份丰盛的口粮,正像今天一些未开化的部落中那样.

城市文明发展之后,人们积累了越来越多的关于日、月、星辰的条理分明的视运动知识,其精确度也日益提高.为了做出预报,这些有规则的变化需要编集成书.在早期文明发源地之一的伟大尼罗河流域,河水在一定的季节里泛滥.预报河水的泛滥对于农业和人民的安全是十分重要的.受海洋潮汐支配的渔民和一些水手也仔细记下了潮汐的规律:每天两次的潮汐变化和随着朔望月周而复始的大潮和小潮.在城市里,时间也同样是很重要的:商业和旅行都需要时钟和日历.①

计量时间促进了智慧的发展:"在利用日影计时和学会利用天体计时的过程中,人们开始使用几何学,并开始寻求其自身在宇宙和地球空间中的地位."②

除了天文学的实际用途,为什么古代人类把它看得那么重要,以致围绕太阳、月亮和行星创造了不少神话和迷信呢?

一俟人类对其周围环境进行思考时,灼热的太阳就显得更为重要.它把光和热带给人类和庄稼.月亮也一样,它给猎人、情侣、旅行者和战士以光亮.这两盏系于天空的巨灯似乎与人类生活紧密联系,所以它们受到古代人类的瞻仰和崇拜是不足为奇的.天空的星辰是数不尽的小灯,也是神奇的源泉.人们想象有神灵或魔鬼移动着这些灯盏,并赋予它们善良和邪恶的权

---

① 古代文明没有可靠的机械时钟,只有沙漏,简易灯盏和滴漏水钟.为了精确计时,他们利用太阳和星辰.摆钟和便于携带的表是中世纪后期为满足远航贸易的需要而发明的.

② 见 Lancelot Hogben 著 *Science for the Citizen* (Allen and Unwin Ltd., London,1938).该书前几章里讨论了天文学是怎样以及为什么会发展起来的;接着,详细讨论了天文测量及其在航海中的应用.

力. 我们不应责难这种幻想是愚昧的迷信. 太阳的确带来受人欢迎的夏季,而月亮确实给予有用的光亮. 在那些纯朴的人心中很可能认为能劝说太阳和月亮带来另一些好处. 最明亮的恒星 —— 天狼星,恰好是在尼罗河泛滥季节的黎明时升起的. 如果埃及人推想是天狼星引起了河水的泛滥,那也是一个情有可原的错误 —— 混淆“此后”和“由此”的情形,在今天也屡见不鲜.

当人们发现少数几颗亮星在其余群星之中做奇特的漫游时,人们怀着极大的兴趣注视着这些行星(字面意思是“漫游者”). 后来,早期开化了的人从中演化出令人神经紧张的迷信,即太阳、月亮和漫游的行星掌握着人的命运和个性. 这种建立在早期巫术信仰上的星占学迷信, 对天文观测起到了推进作用.

因此,天文学的成长是同宗教交织在一起的. 至今二者也仍然紧密相依,因为现代天文学仍限于研究世界的开始及其将来的命运这两个终极问题. 以下两页的内容就是关于这方面发展的一些早期阶段的推测①.

语言是这一进展的主要媒介. 最早的人类,刚刚开始讲话,就慢慢地,又不确切地锻炼着他的思想. 其他生物之间也互通消息 —— 蜜蜂用巧妙的编码舞蹈来传达采蜜的信息,狗的吠叫也有一定的意义 —— 但人类的语言打开了通往更高一级的智慧之门. 在这长期发展过程中,语言不仅给人类以丰富的词汇来传递信息,而且使人类得以把信息贮存于故事之中传授给后代;之后,语言又以表达抽象概念的词汇绽开出灿烂的智慧

---

① 这种臆断性推测是非常危险的. 这是年轻的史前科学的不幸. 因为普通人,甚至还有其他领域里的科学家们,认为他们能够正确无误地猜出人是怎样成长的,甚至他在想什么(历史学同样受到了业余爱好者推测之害;教育学几乎是建立在推测之上的). 然而我们在这里需要一些关于科学发端的背景情况. 如果你高兴,就做出自己的推测吧;或者看一看 H. G. 韦尔斯所著《历史学大纲》的前几章. 在这本书里,常常对不精确的事实和观点提出批评. 一般读者还可以从该书里找到专家们未能提供给他们的一部连续的历史 —— 虽然这种写法是危险的.

之花.语言就是这样开辟了一个概念和推理的新领域.当然,这一发展并不是突然发生的.早期的语言思维一定是粗糙而又混乱的,其推理也是不完整的,表达事物的词语也往往用错——就像现在孩子们的思维,或者头脑简单的人们对待科学一样,表达事物是词不达意的.

随着语言的发展,宗教和科学便接踵而至.前者所涉及的是个人或社团的行为准则;后者是在不同意义上的自然准则.甚至在语言发展之前,家庭生活已包含服从,但语言可以把:“强壮的父亲——其话就是法律的老人,他的东西是不准别人动的”以及“母亲更慈祥”等传统观念流传下来.随着家族聚集为群落……村社……部落……,这些传统逐渐结晶为法律和习俗,这些法律和习俗为了公共利益而限制了个人的自由.从这样的感情和传统中,从成功的希望和灾难的恐惧中,产生了被约束在一个团体之内的意识,产生了一种宗教意识.

原始宗教把各种神话、巫术仪式和自然界的传说编织在一起,试图把自然界和成长中的人类社会制度编辑成为法典.天文学在这种礼仪式宗教中起着重要作用.祭司——村社或部落里的智者——是历法的制定者,是第一批职业天文学家.他们的后继者是早期都市文明中有权势的祭司阶层.例如在古代巴比伦,祭司是银行家、医生、科学家和统治者——他们就是政府.在他们的知识中和他们的手艺人的知识中,有很多是科学的基础.其中有一些实际资料,开始没被承认,随后加以保密,最后在教科书中加以发表,这不就是科学吗?

好奇心和搜集知识可以追溯到最早的人类.原始人就搜集知识和使用知识:这便是实用科学的开端.然后,推理者为了运用和思维,开始把知识组织起来.从个别事例到一般化是困难的一步——这从试图这样做的孩子身上就可得知.要抓住一个共性行为的概念,或一般规律,或抽象的性质的确是困难的.然而这正是将事实的积累(像“集邮”一样)转变成科学的最本质的一步.我们目前所认为和运用的科学绝不是一堆资料.科学家本人,或者从早期的祭司就开始,都不仅仅是搜集家.他们力图探索出事实后面的含义以便获得更为普遍的理解:他们从观测到的事实中抽取出普遍概念.

科学家们感到,求知欲驱使他们去认识,认识发生了什么,认识事情是如何发生的;而且他们长期地冥思苦想着事情为什么会发生.求知的动力是人类生存所必需的 —— 如果有一代儿童既不要求探索,也不要求理解,那么人类就不能存活.这种推动力可能起源于需要和恐惧;可能从渴望以可靠的规律来代替变幻莫测的恶魔而孕育出来;此外,还由于好奇心:一种天然的对智慧的爱好,一种理解本身所包含的乐趣,一种创造科学的乐趣.这种喜好或者可以追溯到原始人对他们的孩子所讲的故事中,关于世界及其性质以及关于神灵的故事中.我们可以从石器时代人类的绘画中看到这种惊奇和喜好,他们以强烈的鉴赏力注视着动物,陶醉在他们的艺术作品之中.我们从各个时代的科学家那里也读到过这种惊奇和喜好,这些科学家曾经使他们的科学成为理解大自然的一种艺术.

作为科学家,我们已经走过漫长的道路,从变幻莫测的神祇走向井然有序的规律;但是,在整条道路上都有一股强大的力量推动着,这力量就是强烈的好奇心和喜悦感.

恐惧和忧虑,惊奇和喜悦 —— 这是敬畏心理的两个方面,是科学和宗教的主要原动力.两千年前卢克里修斯认为:"科学把人类从神灵的恐怖中解放出来."瓦尔德·惠特曼为人类的忧虑而感伤,同时又为科学的喜悦而欢欣:

> 我相信一片草叶的历程不亚于星体的历程,
> 而一块污泥,一个沙粒,和一只鹪鹩卵同样完美,
> 雨蛙是上苍的杰作,
> 成串的黑莓会给天庭增添光彩,
> 我手中最小的关节可以藐视一切机械,
> 而低着头嚼草的牛比任何雕像都美,
> 老鼠的奇迹足以使异教徒动摇一亿万万次,
> 而我愿一生中,在每天的午后能观看农家姑娘把她的茶炊煮沸,松饼烘脆.
> ……
> 我想我可以转身同动物生活一会儿 …… 它们是如此平静,如此沉默寡言.

有时我站着凝视它们半日之久，
它们不因所处的环境而焦急和哀诉，
它们不为自己的罪恶啜泣而彻夜不眠，
它们不让我厌烦于讨论它们对上帝的责任，
没有一个感到不满……没有一个因占有癖而发狂，
没有一个向另一个跪拜，或者向生活在数千年前的同类跪拜，
没有一个是可敬的或是勤劳的，在整个天地之间.

——《草叶集》

在我国古书里，最早使用"天文"一词似乎是《易经》①，在《易·系辞传》里面也有记载②.《淮南子》有《天文训》一篇，《汉书》有《天文志》，而在《艺文志》中，有天文部分. 那么，天文一词，究竟是什么意思呢？《淮南子·天文训》称"文者象也".

根据这种解释，天文就是天象，或天空的现象.

天空所发生的现象，可以分为两大类. 一类是关于日月星辰的现象，即星象；另一类是地球大气层内所发生的现象，即气象. 从我国历史来讲，天文学实际是研究星象和气象两门知识. 希腊文字的天文学语根和气象学语根不同，前者实指星象学的意思③，我国自古以来，均用天文学而不用星象学这个名称.

我国早期大学天文学教学没有自己的教材，在20世纪50年代全面学习苏联的时期曾大量翻译俄文版的教程，直接采用"拿来主义"，比如由北京大学的戴文赛教授，南京大学的石延

---

① 《易经·彖传·贲》称："观乎天文，以察时变."

② 《易·系辞传》称："仰以观于天文，俯以察于地理；是故知幽明之故."

③ 天文学的希腊语是"αστρον，νδμos"，据其语根是研究天体的科学，也即星象学.

汉教授,北京工业大学的杨海寿教授,紫金山天文台的叶式辉、陈彪、沈良照三位研究员1953年翻译的由苏联科技出版社出版的且由 И. Ф. 波拉克编写的《普通天文学教程》(上、下卷)第6版,在苏联是1950年出版的,第5版则是1939年刊行的.

在那套教材中的引言部分就介绍了如下内容①.

> 1. 天文学的对象.
>
> 天文学是研究天体的科学,比其他的自然科学古老得多. 所有古代有文化的民族在他们历史的第一个阶段中就已经研究了天文现象,他们不仅能够准确地预报季节和月相,甚至能够准确地预报日月食的发生和行星的出没;而当时他们在其他自然科学方面的知识却还是微不足道的.
>
> 在很长一段时期中,天文学家只能够研究星体的运行;现在他们已经有了去研究星体本身的可能,例如测定它们的大小和质量,研究它们的物理本质、化学成分和发展过程. 因此可以说现代天文学在测量、衡量和分析星体.
>
> 2. 天体.
>
> (甲) 恒星　天体中为数最多的一种是恒星;在无月的夜里甚至用肉眼也可以看到数千个恒星. 月亮出现时,比较暗弱的恒星便消失不见,而在太阳的光辉之下,全部都消失不见. 事实上即使在白天恒星仍留在天空上面,就算有太阳的话,用望远镜还是可以看到亮一些的恒星.
>
> 恒星散布在天上,构成了各种各样不规则的,但是不变的群. 注意某一个恒星群,过了许多年以后我们仍旧会认出它. 它可能出现在天上的另外一部分,但是无论是它的轮廓,或者构成它的恒星的数目和亮

① 摘自《普通天文学教程》(上册),И. Ф. 波拉克著,戴文赛,石延汉等译,商务印书馆,1953.

度都不发生显著的变化.这些群叫作星座,是人类为了便于研究恒星把它们这样区分的.在很远古的时候,星座便取得了名字,这种名字一直保留到现在,大部分的名字在我们现在看来是很古怪的.

星座几千年来保持不变,可是星空的形状在几小时以后就变化很多,因为恒星和太阳、月亮一样,也在东升西落.可能产生一种感觉,以为恒星都固定在天穹上面,而天穹像一个固体表面一样总在旋转,每昼夜旋转一周,我们由球内往外面看.现在大家都知道事实上并没有什么天穹存在.星体的周日旋转是一种表观的现象:它可以用我们地球以相反方向旋转来说明.因为恒星的相对位置不变,所以才叫作"恒"星.

肉眼所能看见的恒星不过几千个(与数目和眼力的敏锐程度有密切关系),可是用望远镜可以看见百万个以上的星.所谓"银河"这个光带就是由这种"望远镜"的恒星聚集而成,用肉眼看,它们的光汇合成连续的光辉.所有用肉眼能看见的恒星以及许多"望远镜"的恒星已经早就被计数,登记和载入星图上面.后来由研究结果知道恒星事实上是在运动着,所以"恒星"不是一个正确的名称.星图上星座的形状逐渐地在变化,不过这些变化进行得非常慢,好像大陆的轮廓在地图上的变化一样.

用望远镜发现在恒星之间有些地方有"星云"存在,像小块的微微发光的云;它们和恒星一样,也是"不动"的.它们大部分像银河一样,事实上是"望远镜"恒星的集团.

(乙)对于恒星做相对运动的星体　最亮的星体并不是"恒星",而是逐渐从一个星座转移到另一个星座的星体——太阳、月亮、行星和彗星.行星看起来和恒星没有区别,但是假如把它们的位置记录在星图上面,那么只要经过几个月,有时候甚至只要几天,它们已经出现在别的恒星中间,跑到了别的星座.肉眼所能看见的行星一共有五个,其中两个,金星和木星,常比任何恒星亮得多.

差不多在每一个晴朗的夜里都可以看见月球和行星.彗星则很少出现.彗星有云雾状发光的外层和明亮的“彗尾”.但是,流星却常出现.流星和恒星截然不同:它们比恒星小得非常多,它的发光,实在讲起来,是发生在地球上的,发生在我们的大气的高层里面.

天文学旨在研究所有上面列举的星体.已经证明,由它们的观测可以对我们的地球了解得更多.天文观测使我们知道:地球和别的天体一样,也是球形的;和它们一样在运动着,它的大小和许多天体比较起来是一点不算大的.这样,地球也属于天文学所研究的天体之列;因此更正确地讲,不应当称它们为天体,而应当称为宇宙体.我们也已经明白:宇宙体的不同性质常是因为在某一确定时间不同的宇宙体处在演化的不同阶段;比较不同的星体的性质,可以找出这种演化的过程,进而阐明我们周围的世界里宇宙过程的本质.

这样天文学在实质上是关于宇宙的构造和发展的科学.

3. 宇宙概观.

一千年来科学研究的结果使我们弄明白了包括我们地球的那一部分宇宙的构造,即所谓太阳系的构造;现在,主要由于苏维埃天文学家的工作,我们也已经开始明了更巨大的恒星世界系统的构造.

(甲) 太阳系　在我们这一部分的宇宙中,太阳是主要的物体,它是灼热的气体球,直径等于地球直径的109倍.行星在不同的距离上绕太阳旋转.行星是冷而暗的物体,它们远比太阳小.地球是这些行星中的一个.行星之所以看得见,是因为被太阳照耀着.一些行星有更小的暗物体围绕它们旋转,这是行星的卫星.地球只有一个卫星,就是月球.月球比地球小得多;它看起来很大,那是因为它和地球的距离比太阳及最近的行星和地球的距离近.

此外属于太阳系的还有彗星,它们也绕太阳旋转,不过它们轨道的大部分离太阳和地球很远,因此我们很难看见它们.最后,很小的流星体在没有空气的行星际空间内朝着各方向飞翔.只有当它们飞入地球大气圈的时候,才被看见成为"流星".

(乙)恒星系　行星和太阳的距离用几千万到几十万万公里来表示.但是这些距离和恒星的距离比较起来是微不足道的;最近的恒星的距离,比已知的最远的行星大几千倍.恒星比行星大得很多;它们是遥远的太阳,是巨大的、灼热的、自己发光的物体.也可以这样说:太阳是离我们最近的恒星.

在我们太阳系四周的恒星组成一个巨大的集团,叫作银河系.太阳是银河系中的一员.围绕它运动着的是一些小而暗的物体,就是行星,而地球是行星中的一个.不久以前证明了在许多恒星周围也有行星围绕着它们旋转,因此,还有别的和我们太阳系类似的行星系统存在.银河系的所有恒星都在运动,我们的太阳也在运动,所以整个太阳系也在运动.银河系本身也在空间里运动.

银河系比太阳系大许多,但不是无限大的.在银河系的界限以外,在四面八方,在比银河系的直径大得多的距离,又有别的恒星系在运动着,大小和我们的银河系差不多.科学上已经知道和我们银河系最靠近的这种恒星系数目在一万万左右,但是它们实在的数目是无穷的,正好像整个宇宙在空间上是无限的,在时间上是无穷的一样.很久以前的人就已经看到这些恒星系,看起来像不大的云雾状小点(星云),但是到20世纪才明白了它们的真正本质.

假如我们跑到现在已知的最远的恒星系上面去,那么我们这个银河系看起来也不过是模糊的一个小斑点,在数以亿万计的小斑点中间将无从识别出来了.但是我们绝不是走近宇宙的边界,宇宙是没有边界的,宇宙在时间和空间上都是无穷无尽的.

4. 天文学的研究方法.

宇宙的真实图画能在人类面前展开,是几百代天文学者研究工作的结果. 这种工作包括两方面:天文学的实践(观测)和天文学的理论.

天文学的观测不只是用望远镜观测星体,它往往归结到某一个量的测定,例如决定星体的位置或大小的某一个角度的测定. 为了使天文观测得到在科学上有价值的结果,必须使所有的观测达到在已有的技术条件下最高的准确度,就是一般人所说的"天文学的准确度". 要达到这种准确度需要:(1) 制定精密的研究方法;(2) 测量仪器的最高度完备;(3) 对每一个观测值做仪器误差和其他误差的精密改正. 各种不同误差的影响的计算叫作观测的计算或者观测数据处理. 天文观测的计算常比观测本身需要多得多的时间. 观测的最终结果是一些数字表示,比方说,星体在某一瞬间的位置.

观测结果供给天文学理论以所需的资料. 以观测所得的部分的具体的资料为基础,在哲学、数学、物理学和其他学科的协助下,理论推导出科学的结论,就是推导出定律来. 每一个科学定律必须包括事实的全部,推导出这个定理的那些观测事实也在内.

一方面,天文学理论是以观测为基础的,但是另一方面它又指导天文观测者的工作,指示他们在某个时候某些天文学的问题要求用观测来解决.

就是这样,天文学的各部门逐渐发展起来,首先是太阳系的构造这一部门,这比所有其他部门研究得更详尽. 几千年来累积了许多观测资料,研究了星体的视运动,逐渐明白视运动大部分并不是真实的运动,而是地球的运动所引起的(哥白尼,16 世纪). 这个发现使我们有可能确定行星在空间的真运动,在 17 世纪初期,开普勒研究了这些运动之后,发现了行星的运动服从简单的数学规律,这个数学规律的文字表示,就是有名的行星绕太阳运行定律. 同时伽利略根据简单的实验发现了一般运动的主要定律. 以后就开始探寻解决开普勒定律的物理原因这个问题的途径. 这个问题在17世纪的末叶被牛顿解决,牛顿证明支配行星运动的力量是引力,也就是重力. 牛顿从开普勒的天文定律和伽利略物理定律所推导出来的万有引力定律是一个非常广泛的科学结论. 从这个定律不仅能够简单地推出开普勒的行星运动定律,而且可以推出一切天体的运动定律. 事实证明,用数学方法推导出来的星体的运动,和它们的真运动准确地符合. 这样,天文学有可能去准确地预报许多天文现象. 但是观测还应该继续下去,为理论的改善和发展提供资料.

5. 天文学的分类.

天文学又分为若干部门,主要列举如下:

(甲) 球面天文学　运用数学方法,研究如何确定星体在假想的天球上的视位置,用所谓"坐标"的数字把这种位置表示出来,同时也研究由不同原因而产生的坐标变化. 球面天文学是下列各部门的基础.

(乙) 实用天文学　描述和应用准确测定星体在天球上的视位置的方法(包括观测和计算),描写为达到此目的所需要的仪器的装置,它们的调整和运用,它们的误差的计算. 在解决实际问题的时候广泛地应用实用天文学的方法,例如准确时间的测定,地球经纬度的测定,无论是在陆上(野外天文学),在海上(航海天文学)或在空中(航空天文学). 天文学的这个部门在社会主义建设的实践中有重大的应用价值.

(甲)和(乙)两部门有时合并起来称为天体测量学,就是说关于天体测量的科学.

(丙) 天体力学　根据万有引力定律从理论上研究天体在空间里的实际运动,并同时决定天体的质量,以及从数学上讨论它们的形状. 天体力学旨在以一般的形式和完全的数学严格性去解决所有的问题.

（丁）理论天文学　说明根据星体的视运动决定它的真运动的方法，或者反过来由真运动决定视运动的方法. 前面一个问题叫作轨道的决定；后面一个问题，就是计算在某一个选定的时刻（比方说，在未来时间内）星体的视位置，叫作星历表的计算.

（戊）天体物理学　也就是星球的物理学，研究天体的物理结构，它们的亮度、温度、化学成分、表面和大气的性质以及在其中发生的现象.

（己）恒星天文学　研究恒星世界的构造和恒星的运动.

（庚）天体演化学　研究宇宙体（包括我们的地球）的起源和发展.

（辛）叙述天文学（或普通天文学）　并非科学上的一个独立的分支；它是对天文学其他各部门所获得的结果做系统的叙述.

天文学所有各部门并不是清楚地划分开，在它们中间有紧密的联系. 比方说，球面天文学里的一些问题同时也属于理论天文学或实用天文学的范围；许多恒星天文学的问题牵涉到天体力学的问题，等等.

天文学的范围极广，甚至已经超过了理工和人文的分类. 据钮卫星教授考证：

“人文”一词最早出现在《易经》贲卦的彖辞中，且与天文并列：“观乎天文，以察时变；观乎人文，以化成天下.” 对此孔颖达给出这样的解释：“言圣人观察人文，则《诗》《书》《礼》《乐》之谓，当法此教而化成天下也.” 宋代程颐在《伊川易传》中解释道：“天文，天之理也；人文，人之道也. 天文，谓日月星辰之错列，寒暑阴阳之代变，观其运行，以察四时之速改也. 人文，人理之伦序，观人文以教化天下，天下成其礼俗.” 可见中文“人文”一词的最初含义是指一种礼乐教化. 中国古代的天文与人文，对应着人类要面对和处理的两大基本关系，即人与自然的关系和人与社会的关系.

随着近代西学东渐，人文这个词被用来翻译 humanism，产生“人文主义”一词.这个词源自欧洲文艺复兴时期.当时的一些知识分子,在超越和反对中世纪欧洲宗教传统的过程中,以复兴古代希腊、罗马的古典文化为口号,追求希腊、罗马古籍中所展示出来的自由探讨精神,强调个人的作用,以此来回皈世俗的人文传统.这些人后来就被称为“人文学者”,人文学者所做的学问就变成了“人文主义”.

在现代汉语中,人文一词获得了更为宽泛的含义,它被用来笼统地指称人类社会的各种文化现象.到19世纪的欧洲和20世纪的美洲大学里又出现所谓的人文学科.文学、历史、哲学、宗教、伦理等学科是人文学科的主要组成部分.

考察历史上的天文与人文,可以发现天文从来不是一门孤立的学问,它与人文学科的各方面有着深厚的交集.从古到今,天文与哲学、政治、宗教和人类知识的其他方面发生着生动而丰富的相互作用,共同推动着人类文明的进步.

在古希腊,关于天的学问是古希腊自然哲学的重要内容,爱奥尼亚学派的各种宇宙学说无不反映了各种宇宙学说提出者的哲学观念.柏拉图主义的哲学主张非常直接地为天文学家提出了一个“拯救现象”的天文课题,推动了此后数百年希腊数理天文学的发展,直到哥白尼实际上还在为更好地完成柏拉图的天文课题而努力.在中国古代的天人之际互动模式中,天人合一的思想为其提供了哲学基础.

在古希腊的哲学宇宙学中,天界拥有完美的属性,并由此推导出与天界有关的研究和研究者也能获得相同的完美属性.这一点在托勒密《至大论》的“导论”中有很好的表述,托勒密认为没有什么别的研究能够像天文学那样“通过考虑天体的同一性、规律性、恰当的比例和淳朴的直率,使有学识的人品格高尚、行为端方;使从事这项研究的人成为这些美德的爱好者;并且通过耳濡目染,使他们的心灵自然地达到相似的完美境界.”在这里,我们看到,通过天文学这门学问,真、美和善这三者达到完美的统一.

《易经》贲卦的彖辞将天文与人文并列,充分反映了中国古代儒家哲学所追求的天人合一的和谐境界.这里有两个层面上的和谐,首先是通过观天文、察时变,来实现人与自然的和谐;其次是通过观人文、化天下,实现人与社会的和谐. 这种思想被中国历代为政者采用,成为一种治理天下的为政理念,所以中国古代天文学从一开始就带有强烈的政治色彩. 在中国最早的一部政治文献《尚书》的《尧典》篇中,所叙述帝尧的丰功伟绩的第一件就是他任命天文官员“钦若昊天,历象日月星辰,敬授人时”. 此后的华夏历史长河中,天文事务始终是王朝政治事务中的重要组成部分,它或成为王权确立的证明,或成为打击政敌的借口,或成为犯颜直谏的理由. 天文作为一种重要的政治力量在历朝历代发挥着不可替代的作用.

天文学对整个宇宙进行了研究并做出了某些论断,某些宗教经典对这同一个宇宙也有所论断,所以,在宇宙学层面上,天文和宗教不可避免地形成了一个交集. 又由于天文学的宇宙学论断往往与时俱进,而宗教经典中的宇宙学论断则倾向于固定不变,这又不可避免地会产生冲突. 托勒密地心说中的球形大地形状与《圣经・旧约》中的平面大地说不合,这一冲突长期得不到调和,直到托马斯・阿奎那把基督教的神学核心柏拉图主义替换成亚里士多德主义之时,才顺便把托勒密体系纳入其中,成为经院哲学的组成部分. 后来哥白尼日静地动说的提出和发展又对当时的经院哲学形成冲击,直至酿成了宗教法庭对伽利略的审判.

天文还与人类知识的整体进步密切相关. 天文学的发展不是孤立的,它所能提出的问题,它解决问题的方法和手段,无不得益于其他相关学科的进步. 同时它本身的进步,也推动着整个自然科学的进步. 天文学史上的诸多案例将会使我们深刻地认识到这一点,并将帮助我们对科学本身有一个更好的了解.

更为重要的是,天文学的进步与人类的自我认识过程紧密相关. 人类的自我觉醒,主要体现在人类清楚地认识到自己在宇宙中的位置和地位. 我们人类在宇宙中是不是独一无二的智慧物种,这个问题还有待未来的探索. 但天文学的进步已经把人类从早期的自以为是的宇宙中心的位置上自我驱赶下来. 人类宇宙位置的下降标志着人类理性的上升. 也许只有当人类摆脱了自恋、自大的情结之后,才有资格成为宇宙大家庭的一员.

最近国家正在大力推行传统文化及国学在教育中的回归.

其实天文学是一个非常好的载体,因为国学中糟粕很多.包括鲁迅、胡适在内许多浸润国学多年的饱学之士都一再警告青少年要少学甚至不学,但天文学是个例外.中国古代天文学建树非凡,遗泽久长,是我们民族的骄傲.

纯粹用现代科学的眼光审视古代天文学,首先,它是一门旨在认识天文世界——发现天文现象、探究天文规律的自然科学.这和今日的学科定位并无不同.其次,它是一门"观测的科学",今日也仍然如此.如果把天文观测工具的"古"的界限设在天文望远镜应用之前,那么古代天文学眼界中所有的天体不超过7 000个,这使得天文实测研究的对象限于几个太阳系天体的表象及其运行轨迹,星空的监测以及几千个恒星的定位和陈列.这些,中国和其他古代文明的情况基本上一致,可以认为是历史的必然.

与之相应的天文理性认知的探求,这样规模的"天",相对于地上的万物和人间的万众,虽然仍然是伟大、永恒,但也显得比较简单、稳定,导致了我国古代"天覆地载,人居于中"、天地人"三才"协调的宇宙观.这在一方面形成了宇宙结构、天体演化、天人感应的种种学说,成为我国古代哲学思想的一个组成部分;另一方面,把天文实测结果的解释引向到"天文"与"地理"的相关性、"天道"与"人事"的相关性的探求.前者把"天"联到了"地",导致了在"时政""编历"这些"国之大政"上的应用;后者把"天"联到了"人",应用到了当时同样属于"国之大政"的"星占".这些"应用天文学"备受尊崇,历代政权为之设立专职,在设备投资、人员培训上享有优遇,结果在历史长卷中成为我国古代天文学发展的主线索:保持了天象监测的长期持续性,主导了一代代天文仪器,实测方法的研究和发展,以及一代代历算方法(和有关数学)的研究和发展.

天文学是我国古代最发达的自然科学之一,在华夏科学、文化史中是一个具有连贯性的组成部分.

近世100多年,华夏文化受西方文化的冲撞,激湍跌宕,对传统文化的理解和传承出现前所未有的震动,至今波澜未已.其间在天文学上体现为结束古代传统、"转轨"西化、进入近现代的航道.

考古也是传统国学中非常重要的一大块. 古代天文学对此也有所帮助.

李约瑟文献中心的钟守华教授曾写过一篇名为《考古发现中所见二十八宿名 —— 从李约瑟的有关论述谈起》的文章. 他指出:

> 李约瑟在《中国科学技术史 · 天文卷》中论及:"二十八宿究竟古老到什么程度? 两个世纪的争论, 由于在安阳发现殷墟卜骨(前 1500 年前后), 现已宣告结束. 人们从卜辞中收集到大批天文历法资料, 特别是郭沫若、刘朝阳, 以及董作宾在《殷历谱》中所做的高度系统化的工作, 是值得注意的. 把这些资料全部研究之后, 我们将会拥有比任何前辈学者更加可靠的事实依据. …… 关于恒星的记载, 是在殷王武丁(前 1339— 前 1281 年) 即位的卜辞(确实与前后诸王的卜辞一样) 中发现的. 当时最重要的星是鸟星和火星, 据考证, 鸟星(星或星座) 就是朱雀, 也就是居南宫(朱雀) 中央的第二十五宿 —— 星(长蛇座 α); 而火星是心宿二(即天蝎座 α) 以及居东宫中央的第四、五两宿 —— 房和心." 除上述两个星名之外, 李约瑟还提到了甲骨卜辞中另外两个尚待考证的星名: 鷸和"大星"①.
>
> 如今距李约瑟的以上论述已经过去近半个世纪, 中国的考古发现及其研究有着长足的进步, 于甲骨卜辞、钟鼎金文和战国、秦汉简帛等出土文物中, 发现和考释出了更多早期的二十八宿名, 为推动二十八宿的研究提供了新的事实资料.
>
> 1973 年, 在湖南长沙马王堆三号西汉墓(前 168 年) 出土的帛书《五星占》中, 发现有全部二十八宿名, 其中与传统宿名相异的有: 西壁(室)、畦(奎)、茅

① 李约瑟. 中国科学技术史. 科学出版社, 1975: 160-161.

(昴)、觜角(觜)、伐(参)①. 另外,同墓所出的帛书《式法》也载有全部二十八宿名,其中与传统宿名相异的有:埂(亢)、至或胵(氐)、紧牛(牛)、去(虚)、荧室(室)、东壁(壁)、恚或逵(奎)、腢(胃)、茅(昴)、必(毕)、此觿(觜)、酉(柳)②.

1975 年,在湖北云梦县睡虎地秦墓(前 2 世纪中叶)出土的竹简《日书》甲种和乙种中,也有全部二十八宿名,其中与传统宿名相异的有:犺(亢)、牴(氐)、方(房)、旗(箕)、须(女)、营(室)、东辟或东臂(壁)、卯或茅(昴)、此巂或此�(觜)、东(井)、酉(柳)③.

1977 年,在安徽阜阳双古堆西汉汝阴侯墓(前 165 年)出土的二十八宿圆盘漆器上,与传统宿名相异的有:营(室)、东辟(壁)、卯(昴),另有星、翼、轸三宿名部分残缺④.

1978 年,在湖北随县战国早期曾侯乙莫(前 433 年)中出土的漆箱盖上,以“斗”字为中心写有全部二十八宿名,为二十八宿体系的形成提供了下限年代. 其中,与传统宿名相异的有:坙(亢)、方(房)、西萦(室)、东萦(壁)、圭(奎)、娄女(娄)、矛(昴)、绊(毕)、此佳(觜)、酉(柳)、车(轸)⑤.

上述考古发现中所见二十八宿名与传统宿名相异的存在,为研究者进一步对殷商甲骨文和钟鼎金文中可能存在相关宿名的考释,提供了早期的宿名演变

---

① 马王堆汉墓帛书整理小组. 马王堆帛书《五星占》释文. 中国天文学史文集. 科学出版社,1978:1-13.

② 马王堆汉墓帛书整理小组. 马王堆帛书《式法》释文. 文物,2000,7:85-94.

③ 吴小强. 秦简日书集释. 岳麓书社,2000.

④ 安徽省文物工作队. 阜阳双古堆汝阴侯墓发掘报告. 文物,1978,8.

⑤ 王键民,梁柱,王胜利. 曾侯乙墓出土的二十八宿青龙白虎图像. 文物,1979,7.

和文字变异的依据.

1980 年，陈邦怀著文《商代金文中所见星宿》，在商代众多金文族徽中考释出十二个星宿名：角、亢、旁(房)、心、尾、天豕(奎)、仓(胃)、卯(昴)、此(觜)、女、井、车(轸). 并由此指出："发现商之族徽有多种，有的取于地名，有的取于职名，有的则取于星宿之名. 取于星宿名的族徽，最初只发现一两个，当时未尝不欣然以喜，然而又恐是单文孤证，未敢信其必然. 此后又陆续发现，共得十二个星宿之名，我将其排列起来，已经初具二十八宿体系的雏形，颇为警奇，疑虑遂释. 这些星宿族徽，在商代金文中，或作全名，或作简称，亦或称别名.""商人以星宿名为族徽，其义何在呢？我以为，某一氏族聚居一地后，即以其上映之星宿作为自己的族徽. 如果我们能够得知带有族徽铜器的出土地点，或许会发现更为有趣的问题. 周人的分野，很可能就是渊源于以星宿为族徽的做法."①

沈健华于 1993 年刊文《甲骨文所见廿八宿星名初探》，考释出甲骨文中的 18 个星宿名：角、亢、方(房)、心、尾、箕、奎(奎)、西仓(胃)、卯(昴)、毕、此(觜)、参、大星(星)、酉(柳)、異(翼)、斗、牵牛、虚，并认为在甲骨文中还有尚未发现的星宿名②.

饶宗颐于 1998 年刊文《殷卜辞所见星象与参商、龙虎、二十八宿诸问题》，考释出甲骨文中的 15 个星宿名：角、亢、方(房)、心、尾、箕、奎(奎)、卯(昴)、此(觜)、参、酉(柳)、異(翼)、斗、牵牛、女. 认为："殷代的天文知识已经相当丰富，二十八宿和它的一些异称，一向误认都是非常晚出的记录，其实在殷代已透露出端倪." 并感叹道："近时陈邦怀曾从铜器上族徽

① 陈邦怀. 商代金文中所见的星宿. 一得集. 齐鲁出版社，1989：54-63.

② 沈健华. 甲骨文中所见廿八宿名初探. 中国文化(十)，77-87.

> 推寻二十八宿名称,其说无人附和,本文之作,惜陈君已作古,不能相与商榷,以求其是,为之抚然!”①

在中国目前的语言环境中言必称中国特色.在中国古代科学中,天文学是源远流长,是真正具有鲜明民族特色和成就极为辉煌的学科之一,并早在战国时代就出现了赤道式测天仪器——浑仪,随后又发明了浑象.圭表、浑象和浑仪世代相传,经不断改进,成为历代灵台上的主要天文仪器,达到了很高的精度.对天象的观测和记录,更可追溯到史前.自有史以来,有关天象的记载就不绝于书,连绵亘远.从汉武帝时代起,历法就完全规范化,形成了特有的历法运算体系.中国古代天文学是中国古代社会政治、经济、军事、文化发展的产物,与中国古代社会自洽.

元代初期,郭守敬、王恂等天文学家的创造,将中国古代天文学推向顶峰.当时,天文仪器的测量水平,就青铜铸造和裸眼观测而言,其精度几乎达到极限.他们编制的“授时历”,集传统历法的精华,在制历理论和算法上又有新的创造,取得了空前的成就.

此后,中国古代天文学停滞不前并逐渐倒退.进入明代,局面并未改观,天文学虽然基本上能满足社会的需要,但已显现出明显的不足,尤其是日食、月食预报,误差很大.在朝野改历的呼声中,中国天文学开始了一个新的发展阶段.

明代后期,朝野都开始重视天文学的研究.但这一时期,世界天文学的格局出现了重大变化,欧洲发生了天文学革命,哥白尼学说冲破教会的束缚,使自然科学得到蓬勃的发展.望远镜的发明和成功地用于天文观测,更使欧洲天文学突飞猛进.从客观上看,中国失去了自我调整和发展的时机.

恰在此时,西方耶稣会传教士进入中国.他们虽然都有传教的职责,但都来自天文学革命的欧洲,都因新天文学对教会

---

① 饶宗颐.殷卜辞所见星象与参商、龙虎、二十八宿诸问题.胡厚宣先生纪念文集.科学出版社,1998:32-44.

的冲击,在不同程度上卷入了这场冲突,因而多数人很关心天文学及其发展. 由于早期进入中国的传教士利玛窦(Matteo Ricci)在天文学等方面有较高的造诣,又看中天文学是在中国传教的敲门砖,所以在他的请求下,随后由罗马教廷派往中国的传教士,多数人懂天文学,其中有些人天文学学术水平还很高. 进入中国后,他们就敏感地察觉到中国当时天文学的许多缺陷,因而置身于两种文化传统、两种天文学体系的交锋之中,起到了传播西方天文学的重要作用,逐步推动了中国传统天文学向西方近代天文学过渡的历史进程,中国古代天文学步入具有崭新特色的发展初期.

16世纪后期传教士进入中国之际,正值中国处于天文学的"饥渴"时期,对新的天文知识有着迫切的需要,一批顺应历史潮流的中国知识分子,拜传教士为师,学习、消化西方天文学知识,推动着西学东渐,促使中国古代天文学逐步改变体系,特别是转变天文学观念. 中国传统天文学,是以天象观测和制历为皇权服务的,欧洲近代天文学是作为一门自然科学进行研究的,这是两种完全对立的对待天文学的态度. 只有转变观念,将天文学当作自然科学来研究,中国天文学才能摆脱传统观念的束缚,走上健康的发展之路.

中国古代天文学的转轨经过一个相当漫长的过程,传统势力十分强大,不肯退出历史舞台,两种体系形成多次交锋.《崇祯历书》的编纂,启动了中国天文学体系的转轨. 在奉旨编纂的国家历法中,大量采用西方天文学内容,将计算的原理纳入西方天文学体系,表现了新天文学体系的生命力;以魏文魁为首的东局是传统势力的代表,他们竟能说服皇帝达到阻挠颁发《崇祯历书》的目的,显示了传统势力的强大;清初《西洋新法历书》的颁用再一次表明新学的力量,为中国天文学体系的转轨创造了内部条件;杨光先的反扑将传教士汤若望送上黄泉路,在一个短时间内形成旧历法的"复辟",传统体系出现短暂"辉煌";南怀仁最后的胜诉,随着汤若望案件的平反昭雪,转轨得到继续. 因"技不如人",传统天文学势力一蹶不振;统治者的"规矩"仍使引进的西方天文学"就范",天文学仍被看作编历和择吉之类的"技艺",在达到一定水平后就很难进一步发展.

鸦片战争以后，以哥白尼体系为主要内容的新天文学知识，首先被中国的先进知识分子利用为新的思想武器，向腐朽的社会制度进攻. 它是天文学观念变化的产物，显示出新天文学作为思想武器的威力.

在哥白尼的《天体运行论》发表以后，近代天文学伴随着望远镜的发展而发展. 没有以精良望远镜装备的天文台，就迈不上近代天文学的台阶.

中国近代最早出现的天文台，是帝国主义列强为使中国进一步殖民地化而修建的. 从1842年起就有法国懂天文的传教士带着精良的望远镜先后来到上海，1844 年开始观星报时，1877年建成徐家汇授时台，为外国船舰提供气象和时间服务. 1899年，法国人决定在上海松江的佘山修建天文台. 1901 年，佘山天文台告竣，拥有当时世界一流的天文折射望远镜，除照相天体测量外还从事地磁、地震测量与监测工作. 1898 年，德国人在青岛建立海岸信号局，1900 年在局内设气象天测所，也拥有赤道仪和测时仪器. 辛亥革命以后，这些天文台先后收回，成了中国现代天文台的一部分.

中国完全凭借自己力量兴建的第一座现代天文台是 1934年建成的南京紫金山天文台. 至此，中国天文学走上现代天文学发展之路.

在西学东渐的过程中，中国古代天文学体系缓慢地、逐步地向近代天文学过渡，并在摆脱殖民地危险的斗争过程中，完成了近代天文学向现代天文学的过渡.

当然我们所说的中国特色也离不开向西方学习这个大前提. 17 世纪初，传教士开始将欧洲天文学和天文仪器传入中国. 了解这段历史，对于理解中西文化的特质、异同、融合与走向，认识两种科技和文化的交流，可起到窥一斑而见全豹的作用.

一些学者曾对传教士的某些仪器做过专门研究. 张柏春教授曾专门探讨曾被忽视的技术内容，而且首次系统研究了17—18 世纪传入中国的欧洲天文仪器技术.

第谷(Tycho Brahe)、赫维留(J. Hevelius) 使欧洲古典天文仪器达到了顶峰. 随着望远镜、测微计等装置的发明，天文仪器在欧洲实现了近代化. 中国古代天文仪器在宋元时期达到高峰,但到明朝时陷于停滞.

1600 年前后,耶稣会传教士利玛窦将欧洲的天球仪、星盘和日晷等小型仪器介绍给中国人. 1629 年起,邓玉函(Johann Terrenz)、罗雅谷(Giacomo Rho)、汤若望(Johann Adam Schall von Bell)等传教士应徐光启的邀请供职皇家天文机构,在《崇祯历书》等书籍里描述了十几种欧洲式天文仪器,包括托勒密时代的仪器、第谷的仪器和伽利略的望远镜. 他们还试制和使用了部分欧式仪器.

1669—1674 年,耶稣会传教士南怀仁(Ferdinand Verbiest)为北京观象台主持设计制造了黄道经纬仪、赤道经纬仪、地平经仪、象限仪、纪限仪和天体仪各一架,刊刻了有关设计图纸和说明书. 它们取代了浑仪和简仪等传统仪器,使中国天文仪器的精度达到了空前的水平. 南怀仁主要参考了第谷的设计,同时吸收了中国的造型艺术. 他将欧洲的机械加工工艺与中国的铸造工艺结合起来,实现了他的设计. 赫维留和南怀仁都是欧洲古典仪器的最后代表人物,但后者的仪器不及前者的精致.

1713—1715 年,纪理安(Kilian Stumpf)为观象台添造了一架欧洲风格的地平经纬仪. 1745—1754 年,戴进贤(Lgnace Kögler)、刘松龄(August von Hallerstein)和他们的中国合作者按照皇帝的意思,为观象台制造了一架玑衡抚辰仪. 它遵循中国浑仪的结构旧制,采用了南怀仁用过的刻度制、零件结构和制造技术,本质上属于复古的设计.

传教士先后介绍了 30 多种仪器和仪器零部件,以及 20 余项机械设计和制造技术. 它们之中的大多数对于中国人来说属于新知识,但是未能广泛传播. 有些技术仅停留在书本描绘阶段,有些仪器只是御用品.

传教士来华后,致力于开拓宗教事业,缺乏跟踪欧洲仪器技术前沿的需要和意识,对欧洲的新进展了解不多. 他们所造仪器在中国历史上是先进的,但与同时期的欧洲产品相比则是落伍的. 他们的敲门砖性的科技活动不足以将中国科技引向近代欧洲那种探索性的研究.

中国传统天文学的内容、方法和目标不会引发仪器的近代化. 天文学的特殊地位使它的兴衰深受朝廷态度的影响. 与文艺复兴以后的欧洲不同，科学和技术尚未纳入明清社会的主要知识建制，游离于科举制之外. 传统科技适应了小农经济的延续. 人们满足于自己的文化传统. 只有很少的工匠有机会了解传教士的技术. 外来的仪器技术很难走出钦天监和皇宫.

为了方便读者对欧洲在近代天文学上领先中国的程度有所了解，我们以布拉格天文钟为例. 布拉格旧城区中心有一个古色古香的天文钟（捷克语 orloj，英语 horologe）. 无论是一般游客，或是热爱数学的人，都会慕名而来一睹这个举世稀有的珍品. 捷克科学院数学研究所高级研究员、布拉格查理大学数学及物理学院教授 M. Krizek、捷克理工大学信息技术学院计算机科学系助理教授 A. Solcova、美国华盛顿天主教大学数学教授 L. Somer 专门撰文揭示天文钟与三角形数之间鲜为人知的关系，探讨三角形数的特性，以及这些特性如何提升大钟的准确度.

布拉格天文钟的数学模型设计来自简 · 安卓亚（Joannes Andreae，捷克语 Jan Ondrejuv，生于 1375 年，卒于 1456 年）. 安卓亚又名辛蒂尔（Šindel），在国王查理四世于 1348 年所创办的布拉格大学任教. 1410 年，辛蒂尔当上大学院长，天文钟的设计意念终于通过卡丹市（Kadaň）的钟匠密库拉斯（捷克语 Mikulás，即英语 Nicholas）得以实现.

布拉格天文钟设于旧城市政厅一座约六十米高的钟楼内，而两个大钟盘则镶嵌在钟楼南面的外墙上. 六百年来，天文钟经历过几次大型翻新，其中一次约在 1490 年，由克伦洛夫城（Ruze）的钟表工匠简恩（Jan，又名哈劳斯大师（Master Hanus））带领进行. 天文钟下钟盘的左方特别设置一面纪念碑，用来表彰这些钟匠们的付出和贡献.

天文钟的上钟盘是一个靠发条机制控制而运作的星盘，象征天球（celestial sphere）由其北极通过南极落在切平面上的球极平面投影（stereographic projection）. 钟盘的中心点相当于天球的南极，南极四周的最小内圆代表南回归线，而外圆则代表北回归线，两者之间的同心圆相当于天球赤道.

球极平面投影有一基本性质（由古希腊天文学家托勒密提出）：球体上所有异于北极的圆，经过球极平面投影法，在平面上的投影也是一个圆. 因此,天球黄道的投影也是圆形,用刻有十二星座图案的镀金钟圈表示. 虽然天球黄道的中心点并不是南极点,但是镀金钟圈却神奇地绕着南极点转动. 此外,天文钟也指出了太阳在黄道上的大概位置、月球的运动和月相,以及日、月和十二星座各自的出、落和中天时间.

镀金太阳指针在罗马数字钟圈上转动,显示的是中欧时间(Central European Time,简称 CET),值得留意的是,中欧时间和原来的布拉格当地时间相差只有 138 秒. 旁边那根镀金星星指针所显示的是恒星时(sidereal time). 最外那个钟圈上有金制的阿拉伯数字 1 至 24,标示从日落起计算的古捷克时间;而下方黑色的阿拉伯数字 1 至 12,是用来标示早在巴比伦时代已经开始使用的行星时间(planetary hours). 行星时间则由日出开始算起,与古捷克时间的计算方法相反.

钟盘下方的黑色圆形部分代表天文曙暮光(astronomical night),即太阳处于地平线下 18 度的时段;外围的棕色部分象征黎明和黄昏(AVRORA 和 CREPVSCVLV 标志着白昼和夜晚),而 ORTVS 和 OCCASVS 则代表日出和日落.

天文钟的主装置有三个同心大齿轮,每个直径为116厘米,最初由三个各有 24 齿的小齿轮驱动. 第一个大齿轮有 365 齿,每个恒星日(即 23 小时 56 分 4 秒) 推动星座钟圈转一周. 第二个大齿轮有 366 齿,每一平太阳日(mean sun day) 推动太阳指针转动一圈. 由于地球环绕太阳的公转轨道是椭圆形而非圆形,因此太阳在天球上的运动速度不均一. 现时,星座钟圈的位置每年要经人手调校两次. 第三个大齿轮有379齿,推动月亮指针根据月球的视运动(mean apparent motion) 而转动. 因为月球轨道同样是椭圆形,所以月亮指针也需要不时以人手校准. 月亮指针其实是个空心球体,内藏机关,可展示月相. 这个指针设计于 17 世纪,转动的动力来自椭圆环圈的运动.

下面的钟盘是个月历钟,上面有十二幅由马内斯(Josef Mánes) 绘画的饼图画,每一年转一周,最上的钟针标示一年中的某一日,同时亦提供取名日(name days) 等信息.

那么布拉格天文钟究竟隐藏着怎样的数学原理呢?

这个例子诠释了 15 世纪钟表工匠的精湛技术. 天文钟的

机械组件里,有一个大齿轮,它的圆周上有 24 道齿槽,齿槽间的距离随圆周逐渐递增(图 1). 这个装置使大钟每天重复地按时敲打一至二十四下. 与大齿轮连着的一个辅助齿轮有六道齿槽,齿轮圆周按照“1,2,3,4,3,2”的比例分成六段. 这几个数字合起来构成了一个循环周期,令齿轮不断地重复转动. 这六个数字的和是 15.

每到整点,扣子便会升起,大小齿轮便会运转. 耶稣十二门徒的小木偶会通过钟面两侧的小窗口列队绕行一圈,然后钟声徐徐响起. 待扣子回落在齿槽时,两个齿轮就会停止转动. 大钟每天敲打的次数是 $1+2+\cdots+24=300$. 由于 300 能被 15 整除,所以小齿轮每天同一时间的位置都是不变的.

大齿轮外显示的数字表示大钟在整点时敲打的次数——“9, 10, 11, 12, 13……”. 后面小齿轮的弧长比例为 1, 2, 3, 4, 3, 2. 上面的小长方形代表卡在两个齿轮之间的扣子. 小齿轮转动时, 通过其齿槽产生一个循环序列, 其总和相等于整点时大钟敲打的次数——1, 2, 3, 4, 5=3+2, 6=1+2+3, 7=4+3, 8=2+1+2+3, 9=4+3+2, 10=1+2+3+4, 11=3+2+1+2+3, 12=4+3+2+1+2, 13=3+4+3+2+1, 14=2+3+4+3+2, 15=1+2+3+4+3+2…….

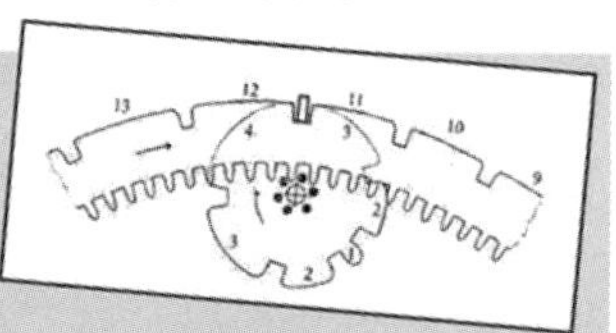

The number of bell strokes is denoted by the numbers ⋯ , 9, 10, 11, 12, 13, ⋯ along the large gear. The small gear placed behind it is divided by slots into segments of arc lengths 1, 2, 3, 4, 3, 2. The catch is indicated by a small rectangle on the top. When the small gear revolves it generates by means of its slots a periodic sequence whose particular sums correspond to the number of strokes of the bell at each hour: 1, 2, 3, 4, 5=3+2, 6=1+2+3, 7=4+3, 8=2+1+2+3, 9=4+3+2, 10=1+2+3+4, 11=3+2+1+2+3, 12=4+3+2+1+2, 13=3+4+3+2+1, 14=2+3+4+3+2, 15=1+2+3+4+3+2⋯

图 1

大齿轮有120个内齿,啮合在一个针齿轮之中,针齿轮有六支围住小齿轮轴心的水平小横杆. 大齿轮一天转一圈,而小齿轮则以高四倍左右的圆周速度一天转二十圈. 这么一来,就算大齿轮出现磨损的情况,小齿轮都可以保持天文钟按刻报时的准确度. 与此同时,小齿轮能够有效地使大钟在每天凌晨一时,只敲打一次. 大齿轮的第一、二个齿槽之间并没有轮齿,即便有,也会因为太小而容易断开,所以,扣子只能够接触到小齿轮弧长为一的轮齿.

从相关文献得知,上述的数列能够不断被建构出来,直至无限大. 可是,并不是所有周期数列都拥有如此巧妙的总和特性. 例如,我们可以很快便知道 1,2,3,4,5,4,3,2 不可用,因为 $6<4+3$;而 1,2,3,2 也不可用,因为

$$2+1<4<2+1+2$$

布拉格天文钟很可能是世上现存少数装有零件的大钟当中最古老的一个. 正因上述完美的总和特性, 美国数学家斯洛恩 (Sloane) 把 1,2,3,4,3,2,1,2,3,4,… 称为时钟数列 (clock sequence).

下面简洁地论述三角形数

$$T_k = 1 + 2 + \cdots + k \quad (k = 0,1,2,\cdots)$$

与天文钟的关系, 并找出所有跟时钟数列 1,2,3,4,3,2 拥有相同特性的周期数列, 亦即可应用在小齿轮构造的周期数列.

设 $N = \{1,2,\cdots\}$. 若对任意正整数 k, 存在一个正整数 n 使得

$$T_k = a_1 + \cdots + a_n \qquad (*)$$

成立, 那么该周期数列 $\{a_i\}$ 会被称为辛蒂尔数列, 其中等号左边的三角形数 T_k 等于大齿轮所有时刻的总和 $1 + 2 + \cdots + k$, 而右边数字的总和则表示小齿轮相应的转动圈数(图 2). 我们在相关参考资料中证明了, 上述条件可被一个弱得多的条件所取代, 只需要有限个 k, 那就是, 序列 $a_1, a_2, \cdots, a_p, a_1, a_2, \cdots$ 的周期长为 p, 若存在正整数 n, 使等式(*) 对 $k = 1,2,\cdots,a_1 + a_2 + \cdots + a_p - 1$ 成立, 那么该数列就是辛蒂尔数列. 这样便可在有限的运算次数中, 检查某一周期 $a_1, \cdots, a_p$ 能否得出辛蒂尔数列.

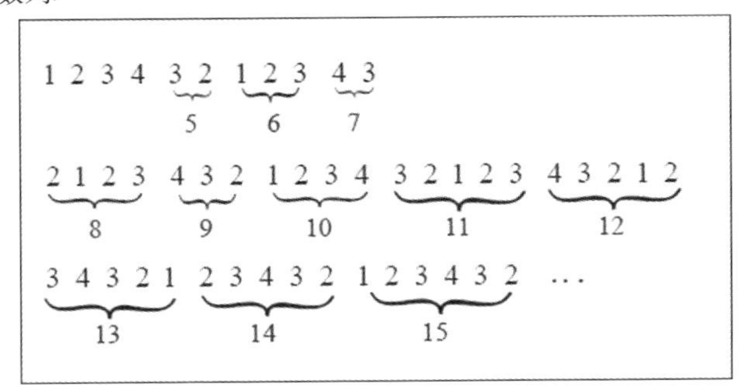

图 2　每行上面的数代表了小齿轮的小节的长度, 而下面的数表示第 k 个小时大钟敲打的次数

现代社会专业分工日益细密, 知识被严重割裂, 大多数科研工作者终其一生只在自己的一亩三分地上独自耕耘, 各不相

同的系科和专业之间老死不相往来. 通识教育旨在培养出能独立思考、对不同学科都有认识,且能将不同的知识融会贯通的社会公民.

通识教育发轫于美国20世纪初.

1934年,发生在芝加哥大学的教育大辩论(Chicago Fight)轰动全美,是美国高等教育史上影响非常深远的辩论. 芝加哥大学被看作美国现代大学的起点. 年轻有为的校长哈钦斯(Robert Hutchins)有感于美国大学走入了功利主义、专业主义、唯技术主义、唯市场化的歧途,呼吁大学所有不同科系、不同专业之间必须具有共同的精神文化基础,接受共同的教育,从而提出"通识教育"(general education)的主张. 只有这种通识教育才能沟通不同专业的人才,从而建立大学所有师生的共同文化语言,更重要的是,只有这种通识教育才能沟通现代与传统、过去与未来,使文明不致断裂.

芝加哥大学由此建立了美国现代研究型大学中最强化通识教育的本科教育体制,本科四年不分专业,全部用于阅读东西方经典原著. 虽然现在已经改为本科的前两年通识教育、后两年专业分流,但哈钦斯的努力已经推动了整个美国顶尖大学的通识教育课程,从哥伦比亚到芝加哥,从哈佛到斯坦福,都以不同的课程改革模式采纳了哈钦斯的建议.

21世纪以来,我国的北京大学、清华大学、复旦大学、中山大学也在陆续尝试落实通识教育的课程配置和教学方式. 复旦大学于2012年组建了复旦学院(本科生院),全面推行住宿书院制度,接受通识教育核心课程.

他们靠《时间之问》这本书打通学科边界、融合人类知识的共同基础,正是通识教育的一次完美示范. 书中同样也对我们的文明传统展开了清晰的梳理和深刻的反思. 传统文化对于我们现代人有什么意义? 在"二十四节气是科学还是文化"一章中,作者总结道:

"地质运动的变化让古老的地层逐渐被新的地层所覆盖,越向下的地层越古老,新的地层是建立在古老的地层上面的,虽然我们看不到古老的地层,但是如果没有它们,地表和上面的建筑就成了空中楼阁. 如果没有那些古老的传统文化,我们的现代生活将如浮萍一般飘零，如失根的兰花一样悬浮在空中.”

我们虽然离传统文化越来越远，视力所及都是新型的文化，可是传统文化并没有消亡，只是从我们的视线里暂时消失而已.传统文化正变为坚实的大地的底层部分，默默地托举着我们……每次过传统节日，就是和这些平时看不到的底层大地的一个约会，它定期提醒我们：我们来自哪里？我们的根延伸到了哪里？”

作者从“时间是什么”这个基本问题出发，开启了天马行空的想象力.

——时间是现在吗？“此时此刻”是否存在？

——时间是过去吗？万物的开始和源头为何捉摸不定？

——时间是未来吗？未来为什么难以预测？

很多学科里都有“时间”的影子，时间对于它们意味着什么？这些学科之间有着怎样的关联？

跟随着作者思考的脚步，读者仿佛踏入了金碧辉煌的科学殿堂，穿过一间又一间装满了思想宝藏的大厅，主题是：节气、历法、数学、机械、音乐、时钟、生物学……精妙绝伦的科学成就与震古烁今的科学名家如同琳琅满目的珍宝，令人目不暇接：

——四季轮回、日月盈仄，头顶的星空令人类对宇宙充满敬畏，并发明了节气和历法与之呼应.

——为了更好地推算天象，中国古人发展了数学，发明了闰月和闰年的计算.

——为了更好地预测天体在星空中的位置，两千多年前的古希腊人创造了精密的安提基特拉机械.

——中国古人用音乐祭祀上天，注重音律的和谐.为了实现完美的转调与返宫，明太子朱载堉创造了十二平均律，现已成为全世界通用的音律体系.

——为了在航海时准确测量经度，英国木匠之子哈里森发明了轻便的钟表，解决了影响无数船只和海员的命运的难题.

——为了适应地球的昼夜节律，从细菌、含羞草到人类，在亿万年间都形成了自己的生物钟.

作者用"时间"这条主线,有条不紊地将主题各异的版块编织在一起,构成了一个圆满的时间全景图:

年轮是时间的刻度——宇宙星体周而复始的回归;

数学是时间的语言——人类通过精确的测量和计算,发明了历法和节气,与季节的轮回相呼应;

星空是时间的指针——古希腊人用齿轮机械来预测天体在天空中的周期性回归和位置变动;

音乐是时间的奏鸣——音符的自由转调与完美回归令人与天地和谐感应;

嘀嗒是时间的脚步——摆钟、石英钟乃至原子钟,都严格遵循物体自身固有的振动节拍回归;

生命是时间的脉动——生物钟的回归与地球自转的周期完美呼应……

时间的六块拼图,为万事万物编制了巧妙的索引,也对前人反复探索的问题做出了新的思考和回答.

在现代科学体系中,天文学处于一个非常重要和特殊的位置,它以宇宙为研究对象,无法进行受控的实验,使得天文学研究是一种真正意义上的对未知领域的探索.同时,浩瀚的星空、神秘的宇宙总是激发人们无穷的兴趣,天文学知识的普及一直是科学普及的热门领域,并越来越成为大学课堂中通识教育的重要内容.然而,无论是在包含天文学在内的科学通识教育中还是天文科普中,经常会面临的一个难题是:如何把高深晦涩的天文学理论传授给受教育者、普及到公众中去.不得已而为之的常见办法是忽略理论背景,只强调事实和结论.

新闻媒体在传播重大科学进展时更因为受限于报道的篇幅和追求轰动的效应,都忽略掉相关的理论背景,只突出强调孤立的科学事实和成果.这样一种支离破碎的教育和普及模式,带给人们的只是一些无根的"知识碎片"[①],其效果是让科

① 对此美国俄亥俄州立大学历史学教授约翰·伯纳姆(John C. Burnham,生于1929年)在其著作《科学是怎样败给迷信的——美国的科学与卫生普及》中有深入论述.

学教育只能停留在表面，无法从整体上深入地把握科学知识.有时这种科学教育和普及模式甚至走向反面，给科学知识蒙上一层神秘面纱，把科学家塑造成魔术师.

现状是，无论是在初等和高等学校的科学通识教育中，还是在向公众传播科学的过程中，这种剥离知识背景的"破碎模式"普遍存在着.事实上，如果把科学通识教育的目标设定为告诉受众这些科学知识是什么，那么就很难摆脱以上这种教育模式.毕竟在普及现代宇宙学知识时，要公众先掌握量子引力理论是不现实的.实际上，科学通识教育的真正目标应该是让受众去体会科学发现的过程，从中领会科学探索的方法，进而培养出一种独立的理性思索能力和不迷信、不盲从的科学精神.为了达到这个目的，恰当的办法是告诉受众这些知识是怎么来的，即引入历史的视角.

在科学通识教育和普及当中引入历史视角，可为学生和公众理解科学提供一个必要的知识背景，通过还原出科学史上一些关键问题的提出和解决的历史"现场"，使得现代教科书中的科学知识成为"有根"的知识而不是"空降"的知识，从而让学生和公众更好地理解现代理论.通过对历史上一些引发关键进步的案例的学习和分析，还可培养学生发现问题、提出问题和解决问题的科研创新素质.这样一种强调历史视角的普及教育，能够让受教育者深刻领会一种真正的科学探索方法，培养一种真正的科学精神.

理性探索的精神作为一种基本素质，是一个受过合格的高等教育的人所应该具备的.但理性探索精神的培养，不能靠空洞的灌输，而是要在具体的案例教学中耳濡目染.现以地动观念的确立为例，说明理性探索精神的重要性.

地球在运动，它在自转的同时也绕日公转.虽然与我们的感觉经验完全相背，但这已经成为一个常识.然而，教育者要向受众给出一个地球在运动的证明，却是不容易的.对大多数人而言，地动的观念只是一种被灌输的、背得出的正确知识.如何让它成为一种真正被理解的知识呢？这就需要回溯历史上地动观念的确立过程.

早在古希腊，毕达哥拉斯学派的哲学家菲洛劳斯就提出过一个地动学说,他认为地球和日、月、行星都绕着一团中央火运行. 在雅典柏拉图学园学习过的赫拉克雷迪斯则提出天体东升西落的周日运动是由于地球自转造成的视运动. 毕达哥拉斯学派和柏拉图主义都有一种重视数学、强调理性探讨的思维习惯,他们轻视经验,大地不动这一经验感觉不能成为束缚他们思维的障碍. 所以早期的地动思想出自这两个学派不是偶然的.

希腊化时期萨摩斯岛的阿里斯塔克在一篇题为"论日月的大小和距离"的论文中则向我们展示了希腊几何演绎推理的威力. 文章开篇首先给出了6条假设,然后运用平面几何的基本原理,证明了18个命题,其中包含的一个命题给出:"太阳与地球的直径之比大于19比3,但小于43比6."

虽然阿里斯塔克给出的基本假设中有几条资料的误差很大,导致结论与事实也相去甚远,但所获得的结论——如太阳是一个比地球在直径上大六七倍,体积上大近300倍的球体——对人们日常的感觉经验已经形成了一个强烈的冲击. 鉴于太阳比地球大得多,而大的东西围绕小的东西转动不合常理,所以阿里斯塔克认为太阳应该位于中心,地球绕着太阳转动,而不是反过来.

以上三位希腊哲学家、天文学家基于从哲学观念和数学演绎出发所导出的结论,提出了一种初步的地动思想. 但这种地动思想没有产生什么实质性的影响,它被笼罩在以亚里士多德、欧多克斯、喜帕恰斯和托勒密为代表的豪华学术团队所提出的地静观念的阴影之下. 从学理上来说,当时的地动观念面临着两点关键的质疑:(1)如果地球在自转,那么垂直上抛的物体如何能掉落回原地?(2)如果地球在绕日公转,那么为什么观测不到恒星的周年视差?实际上,到哥白尼出版他的《天体运行论》之时,这两条质疑仍是无法回答的.

哥白尼提出地动学说的思想资源来自希腊哲学. 是柏拉图提出了一个成为此后几个世纪中天文学家的首要任务的特殊问题,即行星运动问题. 哥白尼作为一名新柏拉图主义者,他认为天体应该有简单完美的运动,也应该有简单完美的数学描述. 在他看来托勒密体系在这一点上是"不合格"的. 尤其是托勒密引入的对点，使得天体不再做匀速圆周运动．哥白尼在1530年左右完成的一篇《关于天体运动假说的要释》的手稿中提出了7条公理，把地球的绕日运动、上抛物体落回原地和恒星周年视差难以观测等疑难问题都用公理的形式加以解决了．公理是讨论问题的公认前提条件，是不容置疑的．

综上可知，到哥白尼为止，地动的观念基本上是理性探索的一个结果，并无直接的证据证明它．然而学术界对哥白尼学说的接受不必等到证明地球是在绕日运动的直接证据的发现．伽利略如此，开普勒如此，后来的笛卡儿和牛顿也是如此．事实上，1822年教廷正式裁定太阳是行星系的中心的时候，直接证明地球在绕太阳运动的证据并没有被发现．直到1838年白塞尔用精密的仪器发现了恒星周年视差之后，才直接证明了地球确实是在绕太阳运动．1851年法国物理学家傅科在巴黎用一个摆长为67米的单摆演示了地球自转的可观测效应．

在科学教育中需特别重视对学生的学术创新能力的培养，这点越来越获得大家的共识．然而，在现有的课堂教育中，科学知识的传授大多遵循这样的模式：先灌输正确的知识，然后辅之以演绎、推导，并进行必要的习题练习．经过如此这般训练过的学生，大多能背出很多科学定律，也能解算不少习题，从而通过考试顺利毕业．然而，真正的科学研究和学术创新，不是按照这样的顺序展开的．这样的合格毕业生很难做出真正创新性的工作．

天文学史的通识教育能够弥补现有课堂教育模式的缺陷．以开普勒行星运动三定律为例，它们即使对于只受过初等教育的人来说也是耳熟能详的．但是如果只是记住了这么三条行星运动定律，那么我们的获益是非常有限的．从获得行星运动三大定律的真实过程所展示的科研现场中，我们能获得更多更深刻的启示．

首先，激励开普勒进行天文学研究的动力来自两个方面．一是源自宗教上的一种使命感．开普勒的一个基本信念是：上帝按照某种先存的和谐创造世界，这种和谐的某些表现可以在行星轨道的数目与大小以及行星沿这些轨道的运动中追踪到．也就是说，相信现象背后存在着一致性或规则，这是进行探索的先决条件. 1596 年开普勒发表《宇宙的奥秘》一书,书中遵循柏拉图主义的信条,认为宇宙是按照几何学原理来构造的. 二是一种时代的需要. 第谷早在其青年时代看到当时大航海时代的迫切需求之一,是用一种简便的数值方法编算一份行星历表. 所以当第谷收到开普勒寄去的《宇宙的奥秘》之后,对开普勒在书中展示出来的数学才能大为赞赏,并写信热情邀请开普勒去汶岛与他一起工作. 第谷离开汶岛到布拉格之后又一次写信邀请开普勒前去. 开普勒接受了第二次邀请,并在第谷意外早逝之后接任了第谷原先担任的鲁道夫二世宫廷数学家的职位,同时也承担了第谷原先要完成的工作:用一种简便的数值方法编算一份行星历表 —— 将被称为"鲁道夫星表".

其次,开普勒拥有开展其工作的扎实基础. 为了探索推算行星历表的简便数学方法,开普勒有三大遗产可资利用:(1) 哥白尼的日心体系;(2) 第谷的精确观测数据 —— 尤其是火星的位置数据;(3) 吉尔伯特在《论磁》中表达的地球是一个磁体的思想.

开普勒结合他高超的数学技巧、灵活的解决问题思路和耐心的推算,导出了行星运动第一和第二定律. 在 1609 年出版的《新天文学》中开普勒发表了这两条定律. 在 1619 年出版的《宇宙和谐论》中他进一步发表了行星运动的第三定律. 在《宇宙和谐论》中开普勒再次展示了典型的毕达哥拉斯派的柏拉图主义倾向,他寻求在几何学和天文学的各个方面可以发现的和谐比例;他研究了行星在轨道上的加速和减速等问题,他相信能够从中得出天体音乐的真正音符. 这些哲学上的信条在现在看来很难成为科学研究的基础,但它们确实曾经成为开普勒前进的基石.

另外,还值得一提的是,开普勒行星运动三大定律发表之初,并没有引起多少好评. 就是与开普勒惺惺相惜、同为哥白尼主义者的伽利略也不能接受抛弃圆这种完美形状的做法 —— 在 1632 年出版的《关于托勒密和哥白尼两大世界体系之对话》中伽利略对开普勒的行星定律未置一词. 由此可见开普勒工作的真正创新性. 开普勒获得行星运动定律的过程确实让很多人或多或少有些疑虑,直到牛顿从更基本的假设 —— 平方反比

的引力 —— 出发严格证明了开普勒三定律后,后者才被人们坦然接受.

综上,我们从开普勒导出行星运动定律的过程中可领略到一种完全原汁原味的原创性学术创新活动:基于已有的条件在黑暗中艰苦探索,无法预知真理的亮光出现在何处. 科学探索就好比在夜晚的大街上丢了一枚硬币,我们只能在几盏昏暗的路灯所照亮的地方寻找这枚失落的硬币. 第谷的实测数据、哥白尼的日心体系、吉尔伯特的《论磁》,甚至柏拉图的哲学和亚里士多德的物理学,都可以成为这样的路灯. 开普勒的可贵之处就是在这样的工作条件下开展研究并取得成就.

真正的科学探索是一个攀爬高峰的过程,而不是从真理的高峰上俯冲下来 —— 后者这种"走下坡路"式的科学研究模式只能在既有范式下做一些匠人式的重复工作,很少有创新性可言. 科学探索的过程无疑是曲折的,要面临许多"山重水复疑无路"的困境,最后才得以达到"柳暗花明又一村"的境界.

在此,以人类对宇宙尺度的曲折认识过程为例,说明随时掌握最先进的科学研究方法的重要性. 根据最新的观测结果推算,宇宙的半径有 137 亿光年. 但知道这么一个真相,背出这么一个数字,并没有多大意义. 知道宇宙有多大其实不重要,重要的是知道人们如何知道宇宙有多大.

早在希腊化时期,托勒密就已经开始估算宇宙的大小. 托勒密从他的地心模型出发,假定天空中布满同心的行星天层,这些天层相互之间既不重叠,也没有缝隙. 托勒密算出整个宇宙的半径是地球半径的 19 865 倍 —— 用现在的地球半径公里数代入得到 120 700 000 公里,不到一个天文单位. 也许有人认为这一宇宙尺度错得很离谱,这个宇宙尺度甚至还小于地球到太阳的实际距离. 但是我们应该这样来看,是托勒密首次采用在当时来说最为可靠的方法,估算了宇宙的大小,并把宇宙尺度变得前所未有的巨大,以至于让人类心灵难以真正理解它了.

17 世纪下半叶的惠更斯和牛顿等人通过比较天狼星和太阳的亮度,来估算恒星的距离,从而对宇宙的尺度做出一个初步的估计. 当时的天文学水平已经认识到恒星都是遥远的太阳,并认为:(1) 恒星与太阳一样在真实亮度上没有差别;(2) 光线在空间没有衰减,光线只是按照距离的平方减弱.通过估算,惠更斯得出天狼星距离地球至少达 27 664 天文单位.英国人格里高利利用行星反射的太阳光来估算天狼星与太阳的光度比,得到的天狼星距离为 83 190 天文单位.牛顿用同样的方法,采用修正后的太阳系尺度数值,得到天狼星在 1 000 000 天文单位之外.当然,现在我们知道不同恒星的亮度可能相差很大,宇宙空间也不是完全透明的,存在星际削光,所以这些估算结果并不精确.但在 17 世纪,没有别的办法能把人们思维的触角伸到如此遥远而有意义的距离上.

在人类对宇宙尺度的把握过程中,最为关键的一步是确定银河系的大小和确认是否存在河外星系.为此,天文学家们想尽各种办法,对宇宙的尺度展开了艰苦卓绝的探索.越来越精密的三角法测得的恒星距离是最可靠的,但是该方法只适用于非常近的恒星.一些天文学家提出对可见恒星逐个进行全面研究,以确定它们的空间分布.但是这些恒星的有关数据 —— 坐标位置、视星等和自行等 —— 积累得太慢了.

最后是一种特殊的变星带来了契机.早在1782年古德里克发现造父一(仙王座δ)亮度以5.37天的周期发生变化,后来人们相继发现另一些恒星也以与造父一相似的方式发生变化,有特别规则的光变曲线和固定的光变周期,这类变星后来被称为“造父变星”.

先有 20 世纪初在秘鲁阿雷基帕一座天文台工作的美国女天文学家勒维特确认了小麦哲伦云的许多变星的视星等与光变周期之间存在某种确定的关系,即周光关系.然后赫茨普隆指出小麦哲伦云中的这些变星都是造父变星.于是就只须测出银河系内一颗造父变星的距离并测定它的视星等和光变周期,就能确定周光关系的零点.

1915 年沙普利利用 11 个造父变星的自行和视向速度数据求出了它们的距离,并用统计方法定出了周光关系的零点,得到了造父变星的周期与绝对星等之间的对应关系,确立了利用造父视差法求得天体距离的方法.最后沙普利在一系列假定的基础上,通过大量的观测,得出第一个接近正确的银河系图景:

银河系中心在人马座方向，太阳离它约 5 万光年，银河直径为 30 万光年. 从威廉 · 赫歇耳以来人们一直认为太阳在银河系的中心，沙普利为建立正确的银河系图像跨出了重要的一步. 同样利用造父变星，哈勃进一步测定了仙女座大星云的距离足有一百万光年之远. 至此，人类认识到了宇宙的基本构成单元是星系，人类所在的银河系只是其中的普通一员.

也正是对河外星云的观测，最终描绘出了我们如今所知的宇宙尺度和宇宙图景. 20 世纪 10 年代的观测就发现旋涡星云有巨大的视向速度，从 1925 年起，哈勃致力于“旋涡星云的退行速度和它们的距离的关系”的课题研究，到 1929 年，哈勃在已获得的 24 个星系视向速度和独立的距离测定的基础上，发表了“星系退行速度(v) 正比于它的距离(d)”的哈勃定律，也叫红移定律. 用公式表示为 $v = H \cdot d$，H 为哈勃常数，哈勃 1929 年发表的此常数为 500 km/s/Mpc.

哈勃定律表明宇宙随着时间推移在膨胀. 那么当时间倒退，星系就相互靠近. 可以推断，在早先某个时候宇宙必定曾经极度稠密. 从那时到现在这段时间可以叫作“宇宙的年龄”，宇宙年龄就是哈勃常数的倒数 —— 哈勃常数越大，宇宙越年轻. 从 1929 年的哈勃常数算出的宇宙年龄为 18 亿年，小于公认的地质学家所要求的地球年龄. 巴德对造父变星定标的修正把哈勃常数缩小了约一半，变为 260 km/s/Mpc. 1958 年哈勃的学生桑德奇把哈勃常数进一步向下修订到约为 75 km/s/Mpc. 这两次哈勃常数的修正都减轻了宇宙年龄与地质年代尺度的冲突. NASA 综合了最新的几种观测资料，给出哈勃常数推荐值为 70.8 ± 1.6 km/s/Mpc，对应的宇宙年龄约为 137 亿年，对应的可见宇宙半径为 137 亿光年.

从托勒密时代的不到一个天文单位到如今的 137 亿光年，人类认识宇宙尺度的前后差距已无法形容. 但不管是一个天文单位还是 137 亿光年，对人类的感官而言都没有多大差别. 在人类对宇宙尺度的把握过程中我们可以获得的真正启发是，没有什么永远不变的科学真理，永远不变的是不断地完善探求真理的科学探索方法.

上文以地动观念的确立、行星运动定律的提出和宇宙尺度的曲折认识过程等三个方面的具体探索活动为案例,论述了天文学史的通识教育功能,强调了在现代的天文科学通识教育中坚持一种历史视角的重要性和必要性. 除了在理性精神、探索方法和创新素质等通识教育基本要点的培养和训练之外,天文学史所展示的天文与其他人文学科在历史上的密切关联和互动的图景,也有助于培养大家多元、宽容地对待事物的态度,从而养成更为健全的人格.

本书的一个优点是它大量地采用了数学的语言,而非国人所常用的描述性日常语言. 剑桥大学的理论物理学博士克里斯托弗·加尔法德(Christophe Galfard)是史蒂芬·霍金的亲传弟子,他师从霍金,花了6年时间从事黑洞信息悖论的研究. 他擅长将科学化繁为简,他的著作《极简宇宙史》被认为是《时间简史》的简洁和诗意版.

在媒体采访他时,当问到写作《极简宇宙史》遇到的困难时,他的回答相当精彩. 他说科普有一条很微妙的界线,一边是正确的科学,另一边是完全的错误,要始终保持在这条正确的线上非常难,因为如果你不采用技术的语言,很难做到完全正确的解释. 数学就是一种很好的语言,它可以用来解释物理学,而且解释得很好. 但是如果你把数学语言翻译成科普读物的语言,同时保持它的正确性,就很难做到完美翻译,很难做到数学上的完全恰当,所以待在这条线上,即不用技术术语让读者理解,同时保持正确性,这是一大挑战. 这也是为什么我们数学工作室要不惜重金将本书引介到国内的原因.

说到数学与天文学的关系就不能不提到一个古希腊人,他就是伊巴谷(Hipparchus). 据美国最著名的科普作家阿西莫夫介绍:伊巴谷是希腊天文学家. 公元前约190年生于奈西厄(今土耳其西北部伊兹尼克);约卒于公元前120年.

伊巴谷是希腊最伟大的天文学家,就像阿基米德是希腊最伟大的数学家一样. 还有,虽然他可能在亚历山大受过教育,但他没有在那里工作,这种异乎寻常的做法也与阿基米德相似. 他在爱琴海的罗得岛上建立了他的观象台,并发明了许多用肉眼观察天象的仪器,这些仪器后来沿用了一千七百年.

伊巴谷继承了阿利斯塔克测量太阳和月亮大小和距离的

研究. 他不仅使用了阿利斯塔克的月食方法,还测定了月亮视差. 当我们移动自己的位置时,就会发现与远处物相比的一近物体位置的明显变化,这就是我们都体会到的视差.(从火车车窗向外看,我们会看见近处的树相对于远处的树在移动.)

近物移动的角度既取决于你自身位置变化的大小,又取决于近物的距离. 如果你知道你所移动的距离,你就能计算出该物体的距离. 为了做到这点,你必须知道直角边和斜边构成各种直角三角形各边的比例. 当时这个理论为大家所知,有些数学家曾努力想运用这些比例,但伊巴谷首先将这些比例制出一个精确表格,所以通常都认为他是三角学的奠基人.

在适当的变化条件下,通过测量月亮相对于星星的位置,就能测定月亮的视差,并算出其距离. 他发现该距离为地球直径的三十倍,这个数值是正确的. 如果有人将这个值用于由埃拉托斯尼测出的地球直径的话,那么就会表示出月亮距离地球25万英里.

遗憾的是,没有其他天体像月亮离地球这么近,所以都没有这么大的视差. 在发明望远镜之前,没有其他天体有大到测得出来的视差. 所以,在伊巴谷后一千九百年间,月亮就是人们所知离地球有多远的唯一天体.

公元前134年,伊巴谷在天蝎座里观察到一颗星,他未能在以前的观察记录中找到这个星体. 这是件严重的事情. 今天我们都知道平常用肉眼看来是模糊不清的星体,偶尔确会爆发,突然变亮而能看得见,但在古希腊时代,设想不到这类事,人们坚信天体是永恒不变的. 由于以前的观察实质上是不系统的,所以伊巴谷不能轻易地说这个星球是否就是相反的一例. 他决定绘制一份标有记录一千多颗亮星的连续位置的精确星图,以使以后的天文学家不会遇到类似的困难. 这是第一幅准确的星图,远远胜过欧多克斯和埃拉托斯尼早期画的星图.

为了绘制这幅星图,伊巴谷根据每个星体的纬度(与赤道南北相隔的角距)和经度(与任意一点东西相隔的角距),标出它的位置. 依此类推,用相同方法可以容易地标出地球表面的位置. 大家都注意到,早在离那时一百五十年前,狄西阿库斯已把经纬度用在地图上了. 但从伊巴谷开始,经纬度就变成地图上井井有条的坐标格,一直沿用到今天.

伊巴谷的星图引起了另一重要发现,因为他把自己的观察记录与他从前人报道中所能找到的观察记载进行了比较,他发现从西向东存在一均匀的移动.他只能这样解释:他假设天球的北极在空中做缓慢的圆周运动,完成一周需时 26 700 年.这就意味着二分时刻每年都要稍微提前一点,这个现象称为"岁差",一直到哥白尼时代,才证明这种运动的原因是地球在地轴上的一种缓慢摆动,而不是星球在运动.这就要求在伊巴谷一千八百年后的牛顿来解释这种岁差的原因.

伊巴谷还是第一个根据星的亮度将星划分为几个等级的人.空中最亮的 20 颗星为"一等星",然后以光亮度依次递减为二、三、四、五等.第六等亮度的星则刚刚能用肉眼观察到.这种排列体系一直保持到今天(尽管在这期间经过改进和发展).

伊巴谷最有抱负的成就在于研究出宇宙的一幅新的天象图,取代了欧多克斯的天象图.早先卡利普斯和亚里士多德的理论使天空布满了大量的天球,而这套方法早已不实用.所以伊巴谷从新观点着手解决这个问题.这个问题在半世纪前曾由阿波洛尼乌斯提出过,但当时未能得到发展.

伊巴谷把最外层布满星星的天穹以内的天球数字减到七个,每一行星有一个天球.但是单个行星实际上不是这个天球的一部分,它是一个较小天球的一部分,而处于主天球上的正是这小天球的中心.随着小天球转动时,行星做圆周运动,而当小天球的中心作为大天球的一部分转动时,该行星也同时沿一大圆周运动,大天球就是"均轮",小天球就是"本轮".

通过调整两个天球的速度,把较小的本轮叠放在较大的均轮上,就能与该行星的实际运转完全一致了.伊巴谷还用了对问题的解决起了作用的偏心运动的概念,即他认为行星并不围绕地球的中心运转,而围绕接近地球中心的一空间假设点运转,而这假设点本身又围绕地球中心运转.

伊巴谷的宇宙天象图是非常复杂的,但它保留了柏拉图和亚里士多德的原则,大意是说地球是宇宙的固定中心,行星的运动是多个圆周运动的综合.

实际上,阿利斯塔克关于行星围绕太阳旋转的观点,在概念上看来好像简单得多,所以似乎应该占上风. 但事实并非如此. 首先,难以设想整个地球漫天飞舞(除非当你还是孩童时就这么教给你的,那时你对任何事都会轻信的). 再者,伊巴谷的天象图是有用的,而阿利斯塔克的则不然. 行星的位置变化对宗教仪式是举足轻重的,在星占学中也是重要的. 而伊巴谷所做的一切是要创造出能够计算行星在未来任何时候的位置的一套数学体系.

伊巴谷天象图中的本轮、均轮、偏心圆帮助他进行计算,就像画在几何图形上的辅助线帮助人们证明定理一样. 今天我们回过头去看,觉得没有理由认为"辅助线"是真实的,而约在一千六百年期间天文学家坚持认为,这些都是真实存在的. 当然,不论辅助线是否真实,伊巴谷计算行星位置的方法还是奏效的.

另一方面,阿利斯塔克关于行星围绕太阳运转的观点仅是一幅美丽的图画. 根据我们所知,他的这一体系是不能用数学方法计算出行星的预计位置的,所以他的天象图是没有用处的.

最后,当哥白尼确实研究出阿利斯塔克天体学说的数学计算方法时,就结束了伊巴谷天体学说的生命.

所以说如果没有研究出恰当的数学方法的话,那么我们还会学习那些本轮、均轮.

本书中用到的数学知识并不高深,但并不代表天文学中就用不到高深的数学. 世界著名应用数学家林家翘先生成名于美国,后落叶归根任教于清华大学. 他曾用数学方法研究了天文学家力所不及的难题.

发现螺旋星系已经是两个世纪之前的事情了. 1920 年 4 月 26 日在华盛顿举行了一场世纪天文大辩论. 当时天文学家对"螺旋星云"的本质存在分歧. 为此,天文学家沙普利和柯蒂斯展开了一场激烈的辩论,他们分别对六个证据进行了不同的解释,沙普利认为螺旋星云属于银河系,柯蒂斯则认为螺旋星云是独立的"岛宇宙",远在银河系之外. 辩论的结果由裁判官投票决定,可惜的是,虽然柯蒂斯更接近真相,但他只赢得了一局. 1922 年 5 月,IAU 在意大利罗马召开了第一次大会. 1923 年

10 月,哈勃在仙女座星云找到了第一颗造父变星.起初,哈勃认为自己找到的是新星(N),但最终发现这是一颗造父变星(VAR).造父变星是一种亮度会发生周期性变化的天体.在20世纪初被称为"哈佛计算员"的美国天文学家勒维特发现了造父变星的周期和亮度间的关系.在勒维特的工作基础上,哈勃计算了造父变星的距离,最终确定仙女座星云不可能在银河系之内!1925 年 1 月 1 日,哈勃在美国天文学会会议上宣布了他的发现,震惊全世界!现在已经知道,几乎所有的盘状星系都存在大尺度的宏图,并表现为具有螺旋结构.多年来,如何解释这些螺旋结构的问题一直吸引着杰出的天文学工作者的兴趣.但是,一直到 20 世纪中叶,总无法摆脱较差自转的困境,这个困难就成为数学家所进行讨论的起点.主要的问题在于,螺旋图样是由物质臂构成的,还是由密度波构成的.虽然已故的 Bertil Lindblad 提出过密度波的理论,并且多年致力于发展这个理论.但是,由于他所使用的有限的数学方法不足以去处理恒星系统的集体模式,他未能使这个理论具有定量的形式.因而,这个理论未能被读者接受.大多数天文学工作者和天体物理学工作者都表示了保留的态度.

林家翘与其合作者为此建立了无限薄恒星盘的动力学.

在国际天文学会第 38 届讨论会和 1968 年美国纽约州立大学举办的第 2 届天文学和天体物理学暑期讲学班上的两篇报告中他们给出的基本方程组如下:

考虑处于较差自转中的一个无限薄恒星盘,此盘可以和薄层气体及磁场同时存在.我们只考虑盘面中的运动.我们写出参考于任意选择的较差自转系统中的恒星动力学的基本方程,即

$$\frac{\partial \Psi}{\partial t} + c_{\bar{\omega}} \frac{\partial \Psi}{\partial \bar{\omega}} + \left(\Omega + \frac{c_\theta}{\bar{\omega}}\right) \frac{\partial \Psi}{\partial \theta} + \left(a_{\bar{\omega}} + \Omega^2 \bar{\omega} + 2\Omega c_\theta + \frac{c_\theta^2}{\bar{\omega}}\right) \frac{\partial \Psi}{\partial c_{\bar{\omega}}} + \left(a_\theta - \frac{\kappa^2}{2\Omega} c_{\bar{\omega}} - \frac{c_{\bar{\omega}} c_\theta}{\bar{\omega}}\right) \frac{\partial \Psi}{\partial c_\theta} = 0 \tag{1}$$

其中的符号定义如下.函数 $\Psi(\bar{\omega},\theta,c_{\bar{\omega}},c_\theta,t)$ 是二维分布函数,因而在空间的柱面坐标系$(\bar{\omega},\theta)$ 和本速分量$(c_{\bar{\omega}},c_\theta)$ 组成的相

空间中,处于体积元 $d\tau$ 中的恒星(每颗星的质量都是 m_*)数目是

$$dN = \Psi\bar{\omega}d\bar{\omega}d\theta dc_{\bar{\omega}}dc_\theta \tag{2}$$

这里,体积元

$$d\tau = \bar{\omega}d\bar{\omega}d\theta dc_{\bar{\omega}}dc_\theta \tag{3}$$

其中的"本速"是相对于任意选择的具有角速度 $\Omega(\bar{\omega})$ 的圆周运动定义的;在此参考系中不存在径向运动. 这样,恒星的总速度的分量就是

$$\Pi = c_{\bar{\omega}},\Theta = \bar{\omega}\Omega(\bar{\omega}) + c_\theta \tag{4}$$

甚至在轴对称的运动状态中,$c_{\bar{\omega}}$ 和 c_θ 的平均值也并非必须等于零.

恒星系统的表面密度为

$$\sigma_*(\bar{\omega},\theta,t) = m_*\iint\Psi dc_{\bar{\omega}}dc_\theta \tag{5}$$

而且总速度分量(Π,Θ)的平均值($V_{\bar{\omega}} + v_{\bar{\omega}},V_\theta + v_\theta$)为

$$\frac{\sigma_*}{m_*}(V_{\bar{\omega}} + v_{\bar{\omega}}) = \iint\Pi\Psi dc_{\bar{\omega}}dc_\theta \tag{6a}$$

$$\frac{\sigma_*}{m_*}(V_\theta + v_\theta) = \iint\Theta\Psi dc_{\bar{\omega}}dc_\theta \tag{6b}$$

其中 $V_{\bar{\omega}} = 0,V_\theta = \bar{\omega}\Omega(\bar{\omega})$.

在盘面 $z = 0$ 中,加速度分量($a_{\bar{\omega}},a_\theta$)只可能有一部分来源于表面密度分布 σ_*,通常认为,这些加速度分量是一个引力势 $\mathscr{V}(\bar{\omega},\theta,z,t)$ 在平面 $z = 0$ 上的微商. 来源于 σ_* 的这一部分引力代表恒星的自引力,用一个上标 s 来作标记①. 这样,自引力场($a_{\bar{\omega}}^{(s)},a_\theta^{(s)}$)用自引力势 $\mathscr{V}^{(s)}(\bar{\omega},\theta,z,t)$ 表示为

$$a_{\bar{\omega}}^{(s)} = -\frac{\partial}{\partial\bar{\omega}}\mathscr{V}^{(s)}(\bar{\omega},\theta,0,t) \tag{7a}$$

和

$$a_\theta^{(s)} = -\frac{1}{\bar{\omega}}\frac{\partial}{\partial\theta}\mathscr{V}^{(s)}(\bar{\omega},\theta,0,t) \tag{7b}$$

而自引力势满足三维的泊松方程

---

① 上标 s 与下标星号将交替使用.

$$\frac{\partial^2 \mathscr{V}^{(s)}}{\partial \overline{\omega}^2} + \frac{1}{\overline{\omega}} \frac{\partial \mathscr{V}^{(s)}}{\partial \overline{\omega}} + \frac{1}{\overline{\omega}^2} \frac{\partial^2 \mathscr{V}^{(s)}}{\partial \theta^2} + \frac{\partial^2 \mathscr{V}^{(s)}}{\partial z^2} = 4\pi G \sigma_* \delta(z) \tag{8}$$

在最后这个方程中,$\delta(z)$ 是狄拉克 δ 函数.

量 $\kappa(\overline{\omega})$ 是联系于 $\Omega(\overline{\omega})$ 的通常的周转圆频率,其定义为

$$\kappa^2 = (2\Omega)^2 \left[1 + \frac{\overline{\omega}}{2\Omega} \frac{\mathrm{d}\Omega}{\mathrm{d}\overline{\omega}}\right] \tag{9}$$

由于 $\Omega(\overline{\omega})$ 是任意选择的,在此问题的物理系统中 κ 就不存在什么直接的解释. 但是,如果“合理” 选择 $\Omega(\overline{\omega})$,我们就仍然有通常的解释,即 κ 是周转圆频率.

偏微分方程(1) 的特征方程组为

$$\begin{aligned} \mathrm{d}t &= \frac{\mathrm{d}\overline{\omega}}{c_{\overline{\omega}}} = \frac{\mathrm{d}\theta}{\Omega + c_\theta / \overline{\omega}} = \frac{\mathrm{d}c_{\overline{\omega}}}{a_{\overline{\omega}} + (\Omega\overline{\omega} + c_\theta)^2 / \overline{\omega}} \\ &= \frac{\mathrm{d}c_\theta}{a_\theta - (\kappa^2/(2\Omega) + c_\theta/\overline{\omega}) c_{\overline{\omega}}} \end{aligned} \tag{10}$$

这个方程组有下面两个积分关系:对于定常位势有

$$\frac{1}{2}[c_{\overline{\omega}}^2 + (\overline{\omega}\Omega + c_\theta)^2] + \mathscr{V}(\overline{\omega}, \theta, 0) = E \tag{11}$$

而对于轴对称的位势有

$$\overline{\omega}(\overline{\omega}\Omega + c_\theta) = J \tag{12}$$

现在考虑轴对称的平衡态,其分布函数为

$$\Psi = \Psi_0(\overline{\omega}, c_{\overline{\omega}}, c_\theta) \tag{13}$$

其加速度分量为

$$(a_{\overline{\omega}}, a_\theta) = (a_{\overline{\omega}_0}(\overline{\omega}), 0) \tag{14}$$

基本方程(1) 变成

$$\begin{aligned} & c_{\overline{\omega}} \frac{\partial \Psi_0}{\partial \overline{\omega}} + \left(a_{\overline{\omega}_0} + \Omega^2 \overline{\omega} + 2\Omega c_\theta + \frac{c_\theta^2}{\overline{\omega}}\right) \frac{\partial \Psi_0}{\partial c_{\overline{\omega}}} + \\ & \left[0 - \left(\frac{\kappa^2}{2\Omega} + \frac{c_\theta}{\overline{\omega}}\right) c_{\overline{\omega}}\right] \frac{\partial \Psi_0}{\partial c_\theta} = 0 \end{aligned} \tag{15}$$

为了方便起见,我们将选择 $\Omega(\overline{\omega})$ 使其满足条件

$$a_{\overline{\omega}_0} + \Omega^2 \overline{\omega} = 0 \tag{16}$$

通过这样的选择,(15) 就简化成

$$c_{\bar{\omega}} \frac{\partial \Psi_0}{\partial \bar{\omega}} + \left(2\Omega + \frac{c_\theta}{\bar{\omega}}\right) c_\theta \frac{\partial \Psi_0}{\partial c_{\bar{\omega}}} - \left(\frac{\kappa^2}{2\Omega} + \frac{c_\theta}{\bar{\omega}}\right) c_{\bar{\omega}} \frac{\partial \Psi_0}{\partial c_\theta} = 0 \tag{17}$$

因为在这种情况下,(11) 和(12) 这两个积分都成立,(17) 的通解就具有形式

$$\Psi_0 = \Psi_0\left\{\bar{\omega}(\bar{\omega}\Omega + c_\theta), \frac{1}{2}[c_{\bar{\omega}}^2 + (\bar{\omega}\Omega + c_\theta)^2] + \mathscr{V}_0(\bar{\omega})\right\} \tag{18}$$

其中

$$\mathscr{V}_0(\bar{\omega}) = \int_{\bar{\omega}_0}^{\bar{\omega}} \Omega^2 \bar{\omega} \mathrm{d}\bar{\omega} \tag{19}$$

应当注意的是,$\mathscr{V}_0(\bar{\omega})$ 不一定仅仅取决于恒星的分布(13),还可能取决于诸如星系中气体的对称分布.

从观测知道,弥散速度满足椭球分布(到一级近似). 称之为 Schwarzschild 分布的分布函数具有下列形式

$$\Psi_s = P_0(\bar{\omega}) \exp\left\{-\frac{c_{\bar{\omega}}^2}{2\langle c_{\bar{\omega}}^2\rangle} - \frac{c_\theta^2}{2\langle c_\theta^2\rangle}\right\} \tag{20}$$

其中 $P_0(\bar{\omega})$,$\langle c_{\bar{\omega}}^2\rangle$,$\langle c_\theta^2\rangle$ 都是径向距离 $\bar{\omega}$ 的函数. 只有当 $c_\theta/\bar{\omega}$ 项比起 2Ω 和 $\kappa^2/(2\Omega)$ 这些项来可以忽略不计的时候,这类函数(20) 才是(17) 的解. 在那种情况下,角动量积分 $J = \bar{\omega}(\bar{\omega}\Omega + c_\theta)$ 就变成

$$J \approx \bar{\omega}^2 \Omega \tag{21}$$

并且由(17) 导出一个特征积分

$$\frac{1}{2}\left\{c_{\bar{\omega}}^2 + \left(\frac{2\Omega}{\kappa}\right)^2 c_\theta^2\right\} = c(\bar{\omega}) \tag{22}$$

这样一来,就可以从两个积分不变量(21) 和(22) 组建出形式(20).

我们怎么能够得到(14) 的一个精确解,这个解在小弥散速度的情况下会立即退化变成(20) 呢? 这个问题已经由徐遐生(1968 年) 用下述方式解答了.

首先对角动量积分关系定义一个距离 r,它满足关系

$$J = \bar{\omega}(\bar{\omega}\Omega + c_\theta) = r^2\Omega(r) \tag{23}$$

那么,位于距离 r 做周转圆运动的恒星,严格地具有所给定的 J

值. 其次,对能量积分关系引入"周转圆能量"$\mathscr{E}$,其定义为

$$\mathscr{E} = E - E_c \tag{24}$$

其中 E_c 是处于上述圆轨道上恒星的能量,即

$$E_c = \frac{1}{2}r^2\Omega^2(r) + \mathscr{V}_0(r) \tag{25}$$

显然,这样定义的恒星没有周转圆运动,也没有周转圆能量.

现在,J 和 $\mathscr{E}$都是完全确定的运动积分. 这样,J 和 $\mathscr{E}$的任何函数都是(17) 的精确解. 可以预料,$\mathscr{E}$将正比于(22) 中的量 $c(\bar{\omega})$,因为 $c(\bar{\omega})$ 显然也是周转圆运动程度的一个度量. 略微做一点计算就表明,当无量纲参数 $\sqrt{2\mathscr{E}}/r\kappa(r)$ 不大的时候,确实有

$$\mathscr{E} \approx \frac{1}{2}\left[c_{\bar{\omega}}^2 + \left(\frac{2\Omega}{\kappa}\right)^2 c_\theta^2\right] \tag{26}$$

这样,如果记

$$\Psi_s = P_0(r)\exp[-\beta(r)\mathscr{E}] \tag{27}$$

则对稳恒分布函数,我们就有方程(17) 的一个精确解;而同时,这个分布函数与函数(20) 近似地相同. 徐遐生还指出,可以得到 $P_0(r)$ 和 $\beta(r)$ 的如下物理解释

$$\beta(r) = \{\langle c_{\bar{\omega}}^2\rangle(r)\}^{-1} \tag{28}$$

$$P_0(r) = \frac{2\Omega(r)}{\kappa(r)} \cdot \frac{\sigma_{*0}(r)}{2\pi m_* \langle c_{\bar{\omega}}^2\rangle(r)} \tag{29}$$

其中$\langle c_{\bar{\omega}}^2\rangle(\bar{\omega})$ 是位于径向距离 $\bar{\omega}$ 处的径向弥散速度的方均值,并且,要把$\langle c_{\bar{\omega}}^2\rangle$ 折算成对给定角动量 J,由(23) 确定的"圆距离"r 处的值. 结果(28) 和(29) 准确到量级$\{1 + 0 | \sqrt{2\mathscr{E}}/r\kappa(r) |\}$. 徐遐生将(27)(28) 和(29) 所定义的分布函数称为修正的 Schwarzschild 分布.

当我们知道了 $\Omega(\bar{\omega})$,$\sigma_{*0}(\bar{\omega})$ 和$\langle c_{\bar{\omega}}^2\rangle(\bar{\omega})$ 以后,显然我们就能够处处按照修正的 Schwarzschild 分布组建成一个星系的模型. 我们注意到,前面的两个量彼此之间通过(19) 联系在一起,而对于一个纯粹的盘状模型有

$$\mathscr{V}_0(\bar{\omega}) = \int_0^\infty K(\bar{\omega},\bar{\omega}')\sigma_{*0}(\bar{\omega}')\mathrm{d}\bar{\omega}' \tag{30}$$

其中 $K(\bar{\omega},\bar{\omega}')$ 可以表示成一个椭圆积分

$$K(\bar{\omega},\bar{\omega}') = -G\oint \frac{\mathrm{d}\phi}{\sqrt{1+\alpha^2-2\alpha\cos\phi}},\alpha = \bar{\omega}/\bar{\omega}' \quad (31)$$

这就是在自转曲线知道以后(例如,通过观察)盘状星系的质量模型问题;这个问题曾经由一些作者用不同的方法处理过.我们在后面将要看到,一旦给出了质量模型,从稳定性考虑还有一个获得$\langle c_{\omega}^2 \rangle$的判据.这样,在原则上,一旦知道了自转曲线,我们就能够组建一个纯粹的恒星盘模型.由于在确定弥散速度$\langle c_{\omega}^2 \rangle^{1/2}$时,发现气体以及盘的厚度影响都非常重要,所以这样的模型只能设想成是近似的.

另一个例子是黑洞中隐藏的5个公式(吴兵,摘自“量子学派”公众号).最近全球都在为一个天文学事件而疯狂.

北京时间2019年4月10日21时,人类历史上首张黑洞照片正式披露.

黑洞,这个神秘莫测,看不见摸不着,能吞噬一切物质,甚至连光都不放过的宇宙怪兽,第一次不再活在科幻大片的虚拟设想中,真正与我们见面.

成功拍下黑洞照片的事件视界望远镜,据科学家声称,对深空天体的观察能力,相当于在纽约能数清洛杉矶的一个高尔夫球表面的凹痕.

对于物理学家来说,可能他们需要照片来证实自己的理论.但对于数学家来讲,他们无须任何照片,这100多年来,他们通过对公式的演算就能推导出黑洞的各种性质.

有人在网上列出了5个与黑洞相关的数学公式,才是破解黑洞真相的密钥.

1.爱因斯坦“引力场方程”,发现黑洞?

$$R_{\mu\nu} - \frac{1}{2}g_{\mu\nu}R = \frac{8\pi G}{c^4}T_{\mu\nu}$$

很少有人比发现黑洞存在的这个人更讨厌黑洞:他就是爱因斯坦.

1915年,爱因斯坦发表了广义相对论,提出了著名的“引力场方程”.

本来希望大家用这个方程能认真理解物质是如何引起时空弯曲的 —— 就像一个铅球放在弹簧垫上,就会引起弹簧垫表面向下凹陷.

但没想到这个弹簧垫上一个月后直接破了个洞,史瓦西在场方程中找到了第一个非平坦时空的准确解时,意外地发现了一个密度足够大的物体,它最终将在时空中形成一个被称作奇点的“无底洞”,即黑洞就是场方程的一个解.

我们来看一下场方程,里奇曲率张量减去二分之一的度量张量与里奇标量的乘积,与能量—动量—应力张量成正比. 也就是说,如果已知一个恒星、一个黑洞甚至一个宇宙,可以算出物质能量浓度周围的曲率.

按照广义相对论,物质决定时空如何弯曲,而光和物质的运动将由弯曲时空的曲率决定,当曲率大到一定程度时,光线就无法跑出去了,黑洞的概念也就由此而生.

那黑洞究竟长什么样子?

如果一切都如广义相对论的预期,那么我们看到的黑洞图像将会是:

一个圆形“剪影”被一圈明亮的光子圆环所围绕.

观测黑洞的剪影非常重要,因为它的形状和大小是由爱因斯坦的广义相对论所决定的.

科学家一直很渴望在黑洞这样极端的引力环境中,检验广义相对论的有效性.

2. 史瓦西半径公式,黑洞的大小?

$$r_s = \frac{2GM}{c^2}$$

史瓦西,不仅是使用广义相对论方程证明黑洞的确能够形成的第一人,更是首次发现了史瓦西半径存在的人.

爱因斯坦使用传统的直角坐标系去破解自己的场方程,最终得到了一个近似解. 这让向来具有强迫症的史瓦西实在看不下去,于是,他另辟蹊径地引入了一个类似于极坐标系的坐标系,使得场方程变得更优雅明确,并导出了场方程的第一个精确解.

这个解给出了一个静态球对称黑洞(即史瓦西黑洞)的描述,并定义了任何具有质量的物质都存在的一个临界半径特征值,即“史瓦西半径”.

式中，r_s 为天体的“史瓦西半径”，G 为万有引力常数，M 为天体的质量，c 为光速.

这个半径，也是黑洞的视界半径，即黑洞的重力场捕捉光使其不能逃逸的范围.

通过公式，我们可以计算出一个物体想要变成黑洞，其半径要缩小到多少才行，太阳需要缩小成 3 千米才有机会变成黑洞，而地球的史瓦西半径只有约 9 毫米.

史瓦西为黑洞确立了一个“视界”.

这个视界是光子的牢笼，光子只能被禁闭在“视界”之内，“视界”之外的空间仍然是平直的欧几里得空间，光子仍然遵守地球空间中的一切物理定律.

在它的中心，所有的物质都被无限压缩，时空被无限弯曲，“一切科学预见都失去了效果.”没有时间，也没有空间.

它就像宇宙中的无底洞，任何物质一旦掉进了这个“引力陷阱”，基本就再也逃不出来了.

3. 黑洞熵公式，黑洞有“毛”吗？

$$S = \frac{\pi Akc^3}{2hG}$$

这个公式让我们了解黑洞本身的性质.

如果往黑洞里倒一杯热茶会怎样？

20 世纪 70 年代，作为“熵 + 定律”的忠实粉丝，惠勒向“经典黑洞”提出了质疑.

热茶既有热量又有熵，但一切物质被黑洞吞下后就不见了，造成总体的“熵值”似乎不是增加而是减少了，这不是有悖“熵 + 定律”吗？

广义相对论所预言的“经典黑洞”，奉行的是“黑洞无毛定理”，也被戏称为“黑洞三毛定理”.

所谓三毛，指的是无论什么样的天体，一旦塌缩成为黑洞，就剩下电荷 Q、质量 M 和角动量 L 三个最基本的性质.

天体的形状、大小、磁场分布、物质构成的种类，等等，都在引力塌缩的过程中丢失了. 对黑洞视界之外的观察者而言，只能看到 M，L，Q 这三根毛.

那熵，这个代表微观信息不确定度的物理量在哪？

1972 年霍金证明的"黑洞视界的表面积永远不会减少" 给了贝肯斯坦极大的启迪.

借助于史瓦西半径为黑洞确立的"视界",1972 年,贝肯斯坦发表了一篇霸气论文《黑洞和熵》,提出黑洞的熵就是它的表面积除以普朗克常数平方再乘以一个无量纲数. 或者说,越大的黑洞熵越多,熵和表面积完全成正比.

贝肯斯坦的黑洞熵概念使得"熵增加原理" 对黑洞仍然成立.

比如说,当你扔进黑洞一些物质,就像惠勒所说的一杯茶,之后,黑洞获得了质量. 而黑洞的面积是和质量成正比的,质量增加使得面积增加,因而熵也增加了. 黑洞熵的增加,抵消了被扔进去的茶水的熵的丢失.

4. 黑洞温度公式,黑洞温度有多高?

$$T = \frac{hc^3}{8\pi kGM}$$

传统上认为,黑洞有进无出,任何东西都不能从黑洞的视界之内逃逸出来.

当贝肯斯坦提出黑洞熵概念后,所有人都觉得:这个人一定是疯了!

当年的专家们都确信"黑洞无毛",可以被三个简单的参数所唯一确定,那么,黑洞与代表随机不确定性的"熵" 应该扯不上任何关系!

霍金一开始也表示不相信:如果黑洞具有熵,那么它也应该具有温度, 要有温度就一定要向外发出热辐射, 这怎么可能?

然而与贝肯斯坦战斗、进行了一系列的计算后,霍金发现原来"黑洞不黑"!

承认了贝肯斯坦"表面积即熵" 的观念,霍金在此基础之上提出了著名的"霍金辐射":原本经典理论上"一毛不拔" 的黑洞在黑洞量子力学中也可以通过一定的机制发射黑体辐射!

根据熟知的热力学公式,温度可以看作使得系统的熵增加 1 比特所需要的能量. 因此,从黑洞熵的表达式,可得史瓦西黑

洞的温度

$$T = \frac{hc^3}{8\pi kGM}$$

其中 c 表示光速, h 是普朗克常数, G 是牛顿引力常数, π 是圆周率,而 k 是玻尔兹曼常数.

这个公式表明,一个黑洞犹如一个具有温度的热体一样发射辐射,其温度只与它的质量有关.

黑洞的质量越小,其温度就越高.

通过这个黑洞公式,热力学、力学和量子力学被结合在了一起,这也成了霍金的成名之作.

5. 黑洞行为,拉马努金公式

$$\left\{1 + 2\sum_{k=1}^{\infty} \frac{\cos k\theta}{\cos hk\pi}\right\}^{-2}\left\{1 + 2\sum_{k=1}^{\infty} \frac{\cos hk\theta}{\cos hk\pi}\right\}^{-2} = \frac{2T^4(3/4)}{\pi}$$

拉马努金躺在病床上,他的女神在梦里给了他最后一个公式 —— 模 θ 函数.

这个公式令同时代所有的数学大师都不解,没有人能看懂它描述的是什么.

2012 年,这个神秘的公式终于被破解,科学家发现它有助于研究黑洞行为.

然而在 100 年前,还没有一个人知道黑洞是什么!

一个世纪后的拉马努金,又用他自学成才的数学天赋再一次征服了宇宙.

这个征服宇宙的神秘函数,本质上是模形式.

拉马努金猜测,在输入特殊值时,也许能这样描述模 θ 函数:它和模形式毫不相像,但特性类似,这种特殊值称为奇点,靠近这些点时,函数值趋向无穷大.

如函数 $f(x) = 1/x$,它有一个奇点 $x = 0$. 随着 x 无限接近 0,函数值 $f(x)$ 渐增至无穷大.

这位对数学有着野兽般直觉的天才相信,对于每一个这样的函数,存在一个模 θ 函数使得它们不仅奇点相同,奇点的函数值也以几乎同样的速率趋近于无穷.

而黑洞的中心其实就是一个奇点.

在这个奇点上,史瓦西半径几乎为 0,时空曲率和物质密度都趋于无穷大,时空流形达到尽头,引力弯曲成了一个"陷阱",成了一个无限吞灭物质的无底洞.

从奇点到奇点,冥冥之中,这似乎喻示着模 θ 函数与黑洞之间早就写下了一场缘分.

这位一生坚信着"娜玛卡女神在梦中用公式向他启示"、写下 3 900 个公式的数学大师,在生命弥留之际,一定也曾点亮一盏油灯,虔诚着向女神祈求灵感.

在那一刻,他一定是看到了奇点、最接近无限的人.

6. 数学家眼中的黑洞.

在数学家的眼中,宇宙是可以计算的:如果知道支配宇宙系统的基本定律,并且知道它的初始状态,就应该能据此无限地推演它的发展直到未来. 无论用牛顿定律来预测天球的未来位置,还是麦克斯韦方程描述电磁场,或者是爱因斯坦的广义相对论来预测时空形状的演变,这些原理都是成立的.

作为一个普通人,我们用五官去感知宇宙,所以黑洞的这张照片对我们来说非常重要. 而对于一个数学家来说,他们更在乎的是公式是否严谨,只有公式严谨,这样推导出来的黑洞才是正确的. 这让我们想起爱因斯坦的一段往事:当年全世界在为光线弯曲的实验震撼时,唯有爱因斯坦非常平静,因为他坚信广义相对论的数学底层是坚实的,无须实验来证明,一切都在意料之中.

于是我们又一次回到了数学.

克莱茵(Morris Kline)在其《数学简史:确定性的消失》这本书中,透过数学史上的大事件一步一步剥开数学思想与数学思维变迁的脉络,探讨了数千年来数学在直觉、逻辑、应用之间穿梭往复的炫目旅程,再现真实数学的发展过程,阐述数学的起源、数学的繁荣和科学的数学化,直到当代数学的现状:数学与确定性(逻辑,严密性,完备性)渐行渐远.

尽管数学是一项纯粹的人类创造,但它为我们开辟了通往自然的某些领域的道路,使我们走得比预想的更远. 实际上,和现实距离如此遥远的抽象概念能获得巨大的成就,这本身就不可思议. 数学解释也许确是人为,它也许是一个童话,但却是一个合乎道义的童话. 即使我们不易解释人类的理性,但它却有力量.

数学的成功是有代价的,代价就是把世界用长度、质量、重量、时间等简单概念来看待.这样的解释是不足以表示丰富多彩的人生体验的,就如同一个人的身高并非此人本身一样.数学最多只描述了自然的某些过程,但其符号并未容纳所有的一切.

此外,数学处理的是物理世界中最简单的概念与现象,它的研究对象不是人而是无生命的物质,它们的行为是重复性的,因而数学可以描述.但在经济学、政治理论、心理学以及生物学领域,数学就无能为力了.即使在物理王国,数学也只研究简单化的事物,这些简单化的事物与现实的接触就如同曲线的切线仅切曲线于一点一样.地球环绕太阳的轨迹是一个椭圆吗?不.只有当把地球和太阳都看作质点且宇宙中其他天体的影响都忽略不计时才能成立.地球上的四季是年复一年循环的吗?也很难说,我们只能说从其大体上考虑,就像人们能够感受到的那样,四季是这样循环的.

我们能够因为不能理解数学不可思议的有效性而放弃使用它吗?希维赛德曾说:我能因为不知道消化的过程而放弃进食吗?经验驳斥了怀疑者.合理的解释则为自信所不屑.在给予宗教、社会科学和哲学全部应有的尊重,而我们又清楚地认识到数学并不涉及我们生活中的某些方面的情况下,数学在给予我们知识方面取得的成功仍然是不可限量的.这门知识并不只是建立在其正确性的断言上,在从收音机到原子能发电厂的运转中、在日食或月食的预测中、在发生于实验室的成千上万的事件中,以及在日常生活中,每天我们都可以检验它的正确性.

数学处理的虽是较简单的物理世界的问题,但在这一领域中它获得了最成功的发展.人类从数学中获得的力量促使他们希望自己能占有一席之地.数学治理了自然,减轻了人类的负担,从数学的成功中人们鼓起了勇气.

关于数学为何有效的问题并不仅限于学术范围以内.数学在工程上的运用中,人们在多大程度上依赖数学来预测和设计呢?设计一座桥梁时,还需要用无穷集的理论或者选择公理吗?桥梁不会坍塌吗?庆幸的是,一些工程项目所用定理有过去的经验作为坚强后盾，人们可以放心使用. 许多工程项目都是设计过度的. 这样一来，即便我们对材料强度的有关知识了解得并不准确，但我们的桥梁都还是用钢这样的材料建造的. 因此，工程师采用的是比理论要求的强度更高的粗索和桁梁. 但是，在建造以前从未有过的一类工程时，我们就必须注意所用数学的可靠性. 在这种情况下，我们就应采取小心谨慎的态度，在建造本身开始以前采用小规模的模型或其他检验措施.

我们的重点是找到一些解决数学和数学家所面临的困境的方法. 数学并没有被普遍采纳的体系，各个不同学派所提倡的许多条道路也不可能一一探究，因为这样做将会掩盖数学促进科学进步的真正目的. 因此，我们提倡用目的作为标准. 我们也已经探讨过由这一过程引发的问题和结果了.

然而，当我们强调数学对科学的应用时，并不排除数学王国里其他有价值的甚至是明智的探求途径. 我们确已指出，即使在探求应用数学的过程中也需要各种各样的协助活动，如抽象化、一般化、严密化及方法的改进. 除此之外，我们还可证明那些与数学不直接相关的基础研究在科学探索中是有用的. 直觉主义者本打算用结构主义者的方案，取代毫无意义的存在定理，却产生了计算量的方法，而纯粹的存在定理只是告诉我们这些量的存在. 为了简单之故，我们举个老的例子，欧几里得证明了任意一个圆的面积与其半径的平方之比对于所有的圆都相同. 这个比当然是 π，于是欧几里得证明了一个纯粹的存在定理. 但是知道 π 的值对我们计算任意给定圆的面积，显而易见是很重要的. 还好，阿基米德的近似计算和后来的一些级数展开使我们能够在直觉主义者向纯粹的存在定理发起挑战以前很久就计算出了 π 值. 同样，其他一些已证明其存在的量也理应计算出来. 因而，结构主义者的方案应予以贯彻.

进行基础研究还有一种潜在的价值，这就是得出矛盾的可能性. 相容性并未证实，因此，找到矛盾或者找到明显荒谬的定理至少可以淘汰一些现在耗费数学家时间和精力的备选理论.

我们对数学地位的解释当然不尽人意，我们剥夺了它的真实性；它不再是一个独立的、可靠的、有着坚实基础的知识体系. 许多数学家背弃了对科学的热忱，这在历史上的任何时期都是令人扼腕的事,特别是在实际应用可能为数学指明了正确的前进方向时尤为可叹.而已得到实际应用的数学的惊人力量仍有待于解释.

抛开这些缺点和局限性不谈,数学对人类的贡献还有许多.它是人类最杰出的智慧结晶,也是人类精神最富独创性的产物.音乐能激起或平静人的心灵,绘画能愉悦人的视觉,诗歌能激发人的感情,哲学能使思想得到满足,工程技术能改善人的物质生活,而数学则能够做到所有这一切.另外,在推理所能及的地方,数学家们已尽了最大的努力使人类的头脑能维护其结论的合理性."数学一样的精确"作为一条谚语并非偶然,数学仍然是可用的最好的知识的典范.

数学的成就是人类思想的成就,它是人类可以达到何种成就的依据,它给予人类勇气和信心,去解决那些一度看上去不可测知的宇宙的秘密,去制服那些人类易于感染的致命疾病,去质疑、去改善那些人们生活中的政治体系.在所有这些努力中,数学也许起到了作用,也许并无作用,但是我们对成功不可抑制的渴望来源于数学.

数学的价值至少不比任何人类的其他创造小.也许所有这些价值不易于或不能广泛地为人们所领悟和欣赏,但幸运的是它们均被利用了.如果说攀登数学殿堂较攀登音乐殿堂更为艰巨,那么所得到的报酬也将更为丰厚,因为它包括人类创造力可提供的几乎所有的智力的、艺术的和情感的价值.攀登一座高山也许要比攀登一座低矮的山头更为费力,但是高处的视野可延伸到更远的地平线处,而我们能提出的唯一的问题则是哪一个价值更为重要.然而,这个问题每个人的回答不尽相同,因为个人的判断、意见和品味已融于答案中了.

就知识的确定性而言,数学是一种理想,我们为这一理想而奋斗,尽管我们也许永远不会到达.确定性也许只不过是我们在不断捕捉的一个幻影,它是如此无止境地难于捉摸.然而,理想具有力量和价值,公正、民主和上帝都是理想.的确,也有在上帝的幌子下被谋杀的人,审判不公的案件也臭名远扬,但是这些理想是千百年来文化的重要产物.数学也是一样,尽管它也仅是一种理想.也许仔细想来,这一理想将会使我们更加清楚地认识到在所有领域，我们该选择什么方向才能获取真理.

人类面临的困境实在可怜.我们是广袤宇宙中的流浪汉，在自然的劫后余迹前孤立无援，我们依靠自然提供食物和必需品.我们在为何生于这个世界，又应为什么而奋斗的问题上都被一致化了.人类孤单地生存在一个冷酷的、陌生的宇宙中，他凝视着这个神秘的、瞬息万变的、无穷的宇宙，为他自己的渺小感到迷惑、困扰甚至惊骇不已.正如帕斯卡所说：

人究竟为什么存在于自然界中？无与无穷有关，全体与无有关，对无、全体及无穷之间的点我们一无所知.事物的结束和开始都被毫无破绽地隐藏在一个难以洞察的秘密之中.同样，人类也无法知晓他为何来自一无所有，又如何被卷入了无穷无尽.

蒙田和霍布斯也用不同的语言阐述了同样的观点：

人的生命是寂寞的、穷困的、艰险的、野蛮的和短暂的，他是偶然事件的牺牲品.

凭着有限的感性知识和大脑，人类开始探究其自身的奥秘.通过使用感官瞬间所揭示的东西和可从实验中推知的事物，人类选用了公理并应用他的推理能力.他在寻求秩序，他的目的就是建立与瞬息万变的感觉相对立的知识体系，建立可以帮助他获取有关其生存环境的奥秘的解释模型.而他的主要成就，也是人类自身理性的产物，就是数学.它并不是完美的佳作，即使不断地完善也未必能去除所有的瑕疵.然而，数学是我们与感性知觉世界之间最有效的纽带.尽管我们不得不尴尬地承认数学的基础并不牢固，但是数学仍是人类思想中最贵重的宝石，我们必须将其妥善保管并节俭使用.它处于理性的前列，毫无疑问将继续如此，就算是进一步的研究复查又会发现新的缺陷.

怀特海曾写道：

"让我们把数学的追求看作是
人类精神中神赐的疯狂吧."
疯狂,也许可以这么说,
但是,毫无疑问,它是神赐的.

本书规模宏大,内容相当全面,从经典到现代. 举个例子,比如本书第 79 单元就论及了现在很热门的所谓"暗物质".

香港大学物理系副教授苏萌,最年轻的高能天体物理学最高奖 Bruno Rossi Prize 获得者,"悟空" 探测卫星团队科学家之一. 2017 年 11 月,"悟空" 卫星在轨道上运行近两年后,成功获取了目前国际上精度最高的高能电子宇宙射线探测结果. 来自深空的数据将推动关于暗物质本质的探索,在人类一代又一代的前赴后继中,寻找更广阔的世界.

曾有杂志在访问他时,问了解暗物质的本质对你、对人类来说意味着什么?

他回答说:"从我个人来讲,源自对这个世界本源的好奇心." 就因为好奇和探索,人们才会反复地去拓展自己的疆界. 人类进步一个不可避免的模式是,A 不探索、B 不探索、C 也会去探索的,总会有那些坐不住的人. 那他探索以后满足了他的好奇心,会有一些突破,这些突破谁知道有什么用呢,探索的人并不真正关心有什么用,而且很有可能没法立刻回答有什么实际意义,反正他就发发文章啊,随便告诉大家,"反正我发现了,你们没发现,看我多厉害". 总会有这样的人出现,就像极限运动一样,我非要跳得最高,然后有另一些人听说了,那就要有新的突破. 宇宙运行遵循的规律跟人的存在本身是无关的. 费曼说过,上帝在这儿下国际象棋,我们是象棋里面的一个棋子,事先并不知道下棋的规则,但我们这个棋子呢,可以通过阅读周围棋子以及自己运动的方式去洞察上帝下国际象棋的规则,规则虽然永远不能改变,但我们竟然有能力和意愿去了解规则,本身就是一件无比神奇的事. 基础科学发现本身从某种意义上讲意味着自然被我们"征服",这个"征服" 的本身又会反哺到我们的生活状态. 就像有了对热力学的理解就有了蒸汽机,有了工业革命;一百年前困扰物理学的"两朵乌云" 带来了量子力学和相对论,完全颠覆了当时人类对未来的想象.今天的我们并不比前人更聪明,但是我相信五十年、一百年后,暗物质的研究会对我们的生活有革命性影响.

本书的目标读者,既可以是国内重点大学天文学专业的学生以及类似于像哈尔滨工业大学这样具有浓厚航天背景的工科大学的学生,也可以是对自己有要求有期许的一个现代社会普通公民.在一个传统社会中人们的许多非理性愚昧都是与天有关的,所以要除愚,先要有天文学常识.

有人曾不无偏激地说从民国之后,中国那种中西合璧,文理兼备的大家就不见了.这种历史的原因我们不去评论,但伴随着现代社会的快速到来,社会进入到新时代就是文青也离不开天文学了.

正如北京大学学者金克木先生所言:“宇宙原是个有限的无穷.人类恰好是现实的虚空.只有那无端的数学法则,才统治了自己又统治了一切.”天文学是一个具有诗意的学科.在中国,你要读懂《诗经》,读懂浩如烟海的古典文学,还真得懂点儿天文学.正所谓“七月流火,八月未央”“人生不相见,动如参与商”.

最后再说一点,即使对应试的其他专业学生也是有用的.比如这样一道题:

古人通过长时间的观察,发现了一些行星运动不规则.相对恒星而言,有时行星会顺行,有时又会逆行(设太阳从东向西运行为顺行).试用有关运动学的知识来说明此现象.(清华大学工程力学系,高云峰,1998 年命题)

解:要解释这一现象,就涉及“日心说”与“地心说”.若采用“地心说”,认为地球是宇宙的中心,则解释行星的运行现象就很麻烦,要做许多的假设(历史上,托勒密为了解释这一现象,认为各星体的运动是本轮上套着均轮,有的行星甚至要套好几层均轮).但若采用“日心说”,认为太阳是宇宙的中心,则可方便地解释.

如果定性分析,以火星为例,选定某一个恒星作为参考坐标,在地心 - 恒星坐标系中,设地球与恒星的连线和地球与火星的连线夹角为 θ,θ 角的变化就表示了火星相对地球的运动.

图 3(a) 表示了不同时刻 θ 角的变化. 可以看出,从位置 1 到位置 3,θ 角在减小,从位置 3 到位置 4,θ 角在增加,从位置 4 到位置 6,θ 角减小. 由于 θ 角如此一会儿增加,一会儿减小,人们就能"看到" 火星有时顺行,有时逆行了.

图 3(a) 的结论是定性的,如果要定量计算,则由计算机画出的 θ 角的变化曲线见图 3(b)(1 个地球年). 计算所用参数是:设地球、火星绕太阳做圆周运动,初始角度为 80°. 地球绕太阳一周为 365 个地球日,地球距太阳为 1 个天文单位,火星绕太

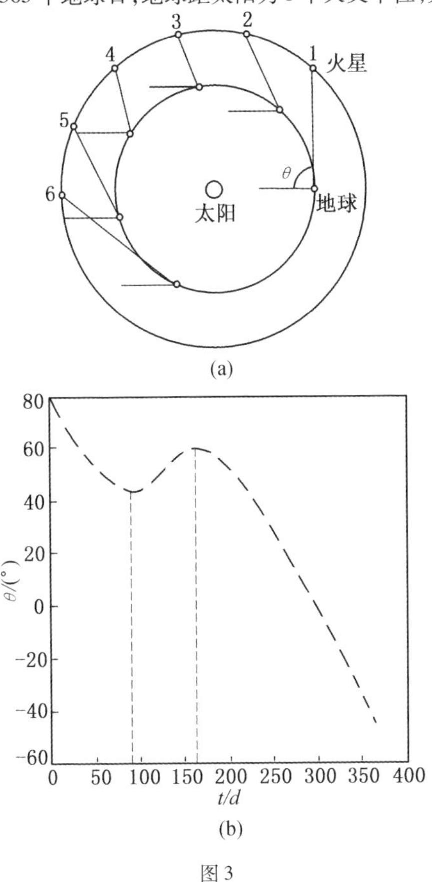

图 3

阳一周为686.7个地球日,火星距太阳为1.524个天文单位,这些参数满足开普勒定律

$$\frac{T^2}{P^3} = \text{const}$$

从图3(b)中可以看出,火星绝大部分时间是顺行(角度减小),只有少部分时间是逆行(角度增加).在本题所给的参数下,在第90天到160天是逆行.值得注意的是,各个行星都有不规则的运行现象.但是观察到这一现象可能需要几年的时间.

最后借出版前辈王云五先生1935年为汉译科学大纲所作之序结尾.①

> 今人一言及科学,则以为浩瀚广漠,不知纪极;或畏其艰深幽渺,望而却步.故越赞颂科学之神妙瑰奇,而科学之去人越远.格列高里分智识界为两类:一为创造智识之人,二为传布智识之人.今日科学智识造诣越深,而人之对科学隔阂越甚,则传布智识者之过耳.
>
> 夫传布科学,似易而实难.一、传布者非自身亦为创造之科学家,则不足以既其深;二、传布者非淹贯众说之科学家,则不足以既其广.二者具矣,而无善譬曲喻引人入胜之文字,仍未足尽传布之能事.此所以迟之又久,求一取材广博,叙述浅显之科学成书,而终未得见也.乃距今不数月前,竟有汤姆生教授(Prof. T. A. Thomson)主编之科学大纲赫然出现;是殆足弥缝学界之缺憾,而为科学前途贺乎?
>
> 汤姆生教授,当今生物学大家也.其关于生物学之贡献,言生物学者类能知之;而对于他种科学,复能多所洽识,直窥堂奥.其著述等身,大抵皆淹贯宏博,浅显清新之作也.然则汤氏于传布科学之三条件,殆

① 摘自《商务印书馆与新教育年谱 王云五文集》.王云五著.江西教育出版社,2008.

已备具无违. 本书之作者,舍汤氏外,当世亦更无适当者. 汤氏犹不自满足,于特殊问题,则请专门学者执笔,而自居于编辑之列,则作者之难与此书之价值,皆从可知矣.

本书出版后,极受当世读者欢迎,在汤氏原序中已略道及. 其第一册竟于两月中翻印至八版,颇足为汤氏序语佐证. 纽约泰晤士报对于此书之评语云:"此书以适当之人,值适当之时,以适当之方法作成之." 吾人更可为赘一语曰:"以适当之书,当适当之时,自不患无适当之读者也."

科学技术史学者毛丹在为《古方古典学图谱》中国影印版写书评时曾说:

吾师江晓原曾引"师祖"席泽宗院士的话说,某院士亲信:"自己一生学问,就从几册书中来." 吾师初闻此语颇觉夸张,因这与他一向服膺的"博览群书"之旨明显不合. 师祖曰:"这样的书,当然是指那种能够为一门学问打下扎实基础的传世之作,非等闲之书可比." 吾师率尔叩问道:"我们天文学史领域中,有何书可以当此?" 师祖略沉吟一下,曰:"诺格堡(Neugebauer)之《古代西方数理天文学史》(*A History of Ancient Mathematical Astronomy*),差可当之."

当下读者若要为自己在天文学领域打下一个初步的扎实基础,本书也"差可当之".

刘培杰
2019 年 5 月 1 日
于哈工大

数学物理大百科全书
(第1卷)

弗朗索瓦斯
纳　伯
孙圣周　著

编辑手记

世界著名数学家、哲学家、逻辑学家弗雷格曾给出了一个著名等式:半个数学家 + 半个哲学家 = 好的哲学家 + 好的数学家. 他解释说:"一个好的数学家,至少是半个哲学家;一个好的哲学家,至少是半个数学家."

本书的目的就是要用物理学家替换上述等式中的哲学家.

举两个刚刚读到的例子,从中可见物理学家对数学也会有贡献. 物理学家李政道和杨振宁在研究统计力学的一个问题时,遇到了一类特殊的多项式

$$P(z) = \sum_{j=0}^{\infty} a_j z^j$$

的集合$\mathscr{P}$. 他们能够分析出,$\mathscr{P}$中的任意一个多项式P的所有根都位于复平面的单位圆周$\{z: |z| = 1\}$上. 因此他们猜测这个结论对$\mathscr{P}$中的所有多项式P都成立. 如果他们可以找到一个酉矩阵$\boldsymbol{U}$使得$P(z)$是$\boldsymbol{U}$的特征多项式,即$P(z) = \det(z\boldsymbol{I} - \boldsymbol{U})$,那么猜想就证明了. 这是任何一个学过高等数学的人都会想到的办法,但这个方法在此不管用. 杨和李有很好的数学功底,因此找到一个证明,但这个证明并不简单. 现在有更容易的证明了,这要特别归功于浅野太郎(Taro Asano). 为证明杨 - 李单位圆定理(将在下面陈述),我们需要将单变量z的m次多项式P替换为m个变量$z_1,\cdots,z_m$的多项式$Q(z_1,\cdots,z_m)$,$Q(z_1,\cdots,$

z_m) 关于每个变量 z_i 都是一次的. 我们感兴趣的是这样一类多项式$Q(z_1,\cdots,z_m)$ 的集合 Q:只要 $|z_1|<1,\cdots,|z_m|<1$ 就有 $Q(z_1,\cdots,z_m)\neq 0$. 因此,如果 $P(z)=Q(z,\cdots,z)$ 且在 Q 中,则 P 的根 ξ 满足 $|\xi|\geqslant 1$.(在我们感兴趣的情况下,存在一个对称 $z\to z^{-1}$,因此也有 $|\xi^{-1}|>1$,从而 $|\xi|=1$.)很明显,如果 $Q(z_1,\cdots,z_m)$ 与$\widetilde{Q}(z_{m+1},\cdots,z_{m+n})$ 在 Q 中,则

$$Q(z_1,\cdots,z_m)\widetilde{Q}(z_{m+1},\cdots,z_{m+n})$$

也在 Q 中. 我们现在描述一个不那么显然的运算,称之为浅野缩并,它将 Q 中的多项式变为 Q 中的多项式. 记

$$Q(z_1,\cdots,z_m)=Az_jz_k+Bz_j+Cz_k+D$$

其中,A,B,C,D 是变量 $z_1,\cdots,z_m$ 中除去 z_j,z_k 之外的其余 $m-2$ 个变量的多项式. 浅野缩并将两个变量 z_j,z_k 替换为一个单独的变量 z_{jk},使得

$$Az_jz_k+Bz_j+Cz_k+D\to Az_{jk}+D$$

从一个 m 元多项式 Q 出发,经过一次浅野缩并,我们得到一个 $m-1$ 元多项式,如果原来的多项式在 Q 中,则所得的新的多项式也在 Q 中.(这是一个简单的练习:$Az_{jk}+D$ 的根是 $Az^2+(B+C)z+D$ 的两根之积的相反数.)可以验证,如果 $-1\leqslant a_{jk}\leqslant 1$,则两个变量 z_j,z_k 的形如

$$z_jz_k+a_{jk}(z_j+z_k)+1$$

的多项式也在 Q 中.(令多项式等于零,则得到一个映射 $z_j\to z_k$,该映射是一个对合,并且将单位圆的内部映射到单位圆的外部.)将这些多项式相继相乘,当同一个变量出现两次时做一次浅野缩并,最后令所有的变量都等于 z,则我们得到杨 - 李单位圆定理:对于实数 $a_{jk}=a_{kj}$, $-1\leqslant a_{jk}\leqslant 1$,多项式

$$P(z)=\sum_{X\subset\{1,\cdots,m\}}z^{|X|}\prod_{j\in X}\prod_{k\notin X}a_{jk}\qquad (*)$$

的所有根都位于单位圆周上.

再比如物理学家张宗燧. 张宗燧步入量子场论研究领域,主要受到玻尔(N. Bohr) 的影响. 从两人的通信中,可以看出张宗燧对理论研究的偏好. 而在理论研究中,张宗燧又有明显的数学倾向. 其研究特点为:数学技巧强,善于应用数学解析物理理论问题. 在物理研究中,他主张多做群论和对称性的工作. 其

研究成果中数学计算和表达都相当“清楚、干脆、可靠”,结论简明准确.在《数学译林》为田方增先生百岁诞辰的贺信中就提到:泛函分析学科在中国科学院数学研究所几乎一开始就是基础理论与应用并重地发展.按科学规划的精神,从1958年起数学所泛函分析学科强调其发展要侧重于与微分方程、物理学、高尖科技和国民经济建设之联系.为此,田方增、关肇直常与吴新谋、张宗燧等合作,使数学所内泛函分析的发展始终注意与微分方程及现代数学物理的联系,先后组织了量子场理论、粒子迁移理论和电磁波理论中数学问题之研究等学术讨论班.他撰写的学术论文为发展中国在这一领域的数学研究做出了重要贡献.田方增与关肇直一起成功地在中国开辟了应用泛函分析的一个重要领域 —— 粒子迁移理论的数学基础及问题的研究.

所以说数学和物理互易性强.一些数学家后来成了物理学家(例如戴森(Freeman Dyson)),而另一些人正好相反(例如钱德拉(Harish Chandra)、博特(Roul Bott)),他们从物理学家变成了数学家.最夸张的莫过于威腾(Edward Witten, 生于1951年).1990年获得菲尔兹奖的理论物理学家威腾于1976年在普林斯顿大学在诺贝尔奖得主(2004)格罗斯(David Gross)的指导下获得物理学博士学位;但他从未获得过数学博士学位.

那么学习物理到底应该掌握多少数学呢?

一位致力于学习理论物理的学生曾请教赫柏林院士怎样治学.赫先生说:“要想搞理论物理,首先数学要好.前两年先把斯米尔诺夫的五卷及变分学、微分几何、数理方法、拓扑和积分等学完,然后开始进入近代数学,要学流形、群、连续群、李群、现代微分几何等.”

当然这只是入门级的数学.

本套丛书貌似物理实则充斥着现代数学,正如中国科学院理论物理研究所吴岳良研究员所评介的那样:

本书物理学部分与数学部分的关系很难分开.实际上,经典力学、电磁学、统计力学、量子力学、流体力学、可积系统和动力系统中的许多物理问题可归结为求解数学上的常微分方程、偏微分方程、积分方程、微分积分方程等数学物理方程,物理学问题的解会涉及复变函数和特殊函数等多种函数,在求解时又会用到变分技术、调和分析、泛函分析等各种数学分析方法.同时,对爱因斯坦狭义相对论和广义相对论,它不仅改变了人们的时空观,还使得闵可夫斯基时空的几何学和黎曼空间的几何学成为物理理论的数学基础,同时也使得向量分析、张量分析和微分几何等成为必要的数学分析工具.在量子力学中,物理量成为算子,物理状态用波函数来描述,算子的谱才是测量到的物理量.在量子场论中,波函数又被二次量子化成算子用来描述基本粒子在相互作用过程中的产生和湮灭.这使得算子代数、量子化方法和路径积分等数学理论和方法成为量子物理的数学基础.粒子物理学家发现自然界的3种基本作用力:电磁相互作用、弱相互作用和强相互作用可用规范理论来描述,并完全由规范对称性来支配,这些对称性在数学上用李群和李代数来描写.事实上,晶体的结构也是由欧几里得空间中的转动群来描述,这使得群论在物理学中的应用,尤其在粒子物理中的应用变得越来越重要.在规范理论中,规范势当作基本的量子场,而它被发现就是数学家在现代微分几何学中所研究的纤维丛上的联络,这使得有关纤维丛的拓扑不变量在粒子物理和量子场论研究中变得重要起来,如规范场的磁单极子和瞬子解及手征量子反常等.在量子引力和超弦理论的研究中,不仅运用到已有的数学理论和方法,尤其是现代数学,还促进了数学理论本身的发展.同样,在凝聚态物质和光学方面,物质的拓扑相和拓扑缺陷、拓扑量子计算等也应用到了许多现代数学方法,这使得代数拓扑、代数方法、量子群、复几何、辛几何与拓扑、低维几何、非交换几何等数学理论和数学方法越来越多地渗透到理论物理的研究中.另外,在研究微观物理对象的随机性和各种随机过程的统计规律、无序系统和动力系统时,随机方法和离散数学等也得到越来越广泛的应用.

数学对物理的影响有多大?

正如本书前言中所写:

当然,数学是确实存在的.事实上,从某种角度而言,物理学是由精确的数学逻辑所操控的:古希腊人把空间几何结构变成了一种真实的艺术形式.就我所知,古希腊人是“数学物理”

的第一个践行者，他们引入了坐标轴的概念，从而把空间几何的所有量都转化为一些简单的数字.今天，这些被称作“物理学的基本定律”.直到很久以后我们才认识到如下事实：时间流可以类似地被坐标化，它连同空间一起，同样可用几何方法来解决.于是，有一些疯狂的人对数字的魔力很感兴趣，但是，我们的现实世界似乎确实包含许多超出我们分析能力的地方.

渐渐地，所有这一切都变了.月亮和其他行星的运动好像都满足几何定律.伽利略和牛顿设法去发现这些运动的合乎逻辑的定律，并注意到质量的概念也适用于太空中的物体，就像地球上的苹果和大炮一样，这使得太空更容易被我们所理解.同时人们发现，电子、磁场、光和声音也完全按照数学方程在运转.

科学家认为：开展对“数学物理”的深入研究，有助于揭示出物理学与数学之间的内在联系.事实上，从自然哲学发展到物理学，除了使用实验手段和新的思维方法，数学起了不可替代的作用.当人们通过分析大量实验数据和吸取各种唯象理论的精髓，以严格的数学语言和简洁的数学公式描述支配物质基本结构和宇宙演化的物理规律时，物理学的简洁美、统一美、对称与不对称美则通过深刻的数学美反映出来.可以说，自从物理学成为自然科学的一门独立学科后，物理学与数学之间的关系变得密不可分.古代的许多科学家既是数学家也是物理学家，尤其到了近代和现代，许多理论物理学家对数学的运用和发展起到了更为积极的推进作用，数学家和理论物理学家之间的合作也变得越来越频繁、越来越深入，他们成为“数学物理”的践行者.大家最为熟知的古希腊的阿基米德，他既是著名的数学家也是著名的物理学家，他很早就利用数学这个工具证明了杠杆原理和浮力原理，并做了大量的实验.牛顿在研究物体和天体的运动规律时发展出新的数学方法——微积分.爱因斯坦则运用对当时的物理学家来说全新的数学方法——微分几何和黎曼几何，创立了广义相对论.爱因斯坦曾回忆说：“1912年我突然认识到，高斯的曲面理论是解开这个秘密的钥匙，他的曲面坐标系意义重大.不过，当时我还不知道黎曼已经更深入地研究了几何基础.我突然想起，读大学时盖泽先生给我们上的几何就包括高斯理论 …… 我认识到几何基础具有物理学意义. 当我从布拉格回到苏黎世时,我亲爱的朋友、数学家格罗斯曼也在苏黎世. 他告诉了我高斯,然后是黎曼. 格罗斯曼两肋插刀,直接催生广义相对论."

伟大的几何学家海曼 · 格拉斯曼①在 1844 年发表了 *Lineale Ausdehnungslehre*(《延拓理论》). 这本书像麦比乌斯的那本名著一样具有丰富的思想,但与麦的写作风格不同,非常晦涩,以至几十年未被人注意,也没有被人读懂,只是在其他书和文章中出现了一系列类似的思想之后,才认识到这些思想出自格拉斯曼的书,不过为时已晚. 如果你想领略一下这种抽象的笔法,你只要看一下这本书里的某几章的标题,如:"纯数学之概念之导出""延拓理论之推导""延拓理论之叙述""表示之形式""一般形式理论之概述". 你只有费劲地钻研这些内容之后才能接触到所述内容的纯抽象的表示,不过仍然很难读懂. 直到 1862 年该书出版了后期的修订本②,格拉斯曼才用了一种比较容易接受的表示法,即坐标表示法. 此外,格拉斯曼选了一个词 ——Ausdehnungslehre(延拓论),用以暗示他的研究可应用于任意维空间,而几何学对他而言只不过是这个完全抽象的新学科在普通三维空间中的应用. 但是他造的这个新词并没有生根,人们现今简称为"n 维几何学".

我们普通读者可能易将数学物理与数学物理方程相混淆,其实这是两个内涵和外延都不同的概念,后者只能视为前者的一个真子集,而前者不论从内容上还是所涵盖的范围都远远超过了后者,但有一点共同之处是它们的问题都源自于物理,但解决都来自于数学家. 比如迪利克雷猜想的解决,"迪利克雷原理"这一数学猜想自提出之日起,历经了三十多年的激烈争论和反复,最终才被确立,这是迪利克雷在研究微分方程位势原

---

① 海曼 · 格拉斯曼,《延拓理论》出版于1844 年莱比锡. 并可参阅其 *Gesammelte mathematische und physikalische Werke*, 第 1 卷, 莱比锡, 1894 年, 第二版出版于 1898 年莱比锡.

② 柏林, 1862 年. 见其著作集第 1 卷第二部分, 莱比锡, 1896 年.

理时提出的一个猜想,其具体内容大体是:极小化迪利克雷积分

$$\iint\left\{\left(\frac{\partial u}{\partial x}\right)^2+\left(\frac{\partial u}{\partial y}\right)^2\right\}\mathrm{d}x\mathrm{d}y$$

的函数 u,满足位势方程

$$\frac{\partial^2 u}{\partial x^2}+\frac{\partial^2 u}{\partial y^2}=0$$

后来有人在研究三维位势方程(亦称拉普拉斯方程或调和方程)

$$\frac{\partial^2 u}{\partial x^2}+\frac{\partial^2 u}{\partial y^2}+\frac{\partial^2 u}{\partial z^2}=0$$

时,又提出,由位势方程所描述的相应物理状态总有一个确定的物理解,因而其本身也必然存在一个数学解,但在数学上的这种存在性,长时间地不能被证明,直到1851年,黎曼才在他的博士论文“单复变函数一般理论的基础”中,给出了位势方程边界问题解的存在性证明.由于黎曼在文中运用了他的老师迪利克雷所提出的上述猜想,故他称之为“迪利克雷原理”.可是,在其论文发表后的不长时间,这个原理便激起了热烈的讨论,特别是黎曼的这一证明受到了德国著名数学家魏尔斯特拉斯(K. W. Weierstrass,1815—1897)的尖锐批评,他指出:黎曼不加证明就先验地假定一定会存在一个使积分取得到极小值的函数,这在数学上是不允许的,尽管受到了大师的批评,黎曼并没有因此动摇自己对迪利克雷原理的信心,并且一鼓作气又运用此原理做出了一系列重要的发现.1866年,黎曼英年早逝,但关于迪利克雷原理是否成立的争论仍未停止.1870年,魏尔斯特拉斯给出了一个与迪利克雷原理相反的例子,在这个例子中,对给定的边界条件,使迪利克雷积分达到极小值的函数是不存在的,并以此来否定迪利克雷原理.由于迪利克雷原理被当时的数学权威魏尔斯特拉斯所否定,所以数学家们只好另辟蹊径来证明位势方程边界问题解的存在性,比较著名的有三种证法,1870年纽曼用“算术平均值法”给出了一个证明;1890年,许瓦兹用“交替法”又给出了一个证明,同年,庞加莱用“扫散法”也给出了一个证明.这些证明从逻辑上讲无疑都是对

的,但就是没有一个能够像以迪利克雷原理为工具那样简单、明快,这又不禁使得数学家们怀念起“迪利克雷原理”来,都对它当年被否定而感到惋惜,并随之产生了“复活”这一原理的念头,并且也为之做出了一些努力,只可惜都未能成功,数学界为此弥漫着一种悲观的气氛,数学家纽曼就表示:如此优美而又有如此广阔应用前景的迪利克雷原理,已经从我们的视线中“永远消失”了!

俗话说“三十年河东,三十年河西”,就在迪利克雷原理被否定三十年之后,即 1899 年,德国领袖数学家希尔伯特对此又发动了一场新的“救亡运动”. 他彻底冲破了那种把严格性与简单性对立起来的传统观念,批判了魏尔斯特拉斯以严格性全盘否定迪利克雷原理的做法,从迪利克雷原理的简单性、优美性以及应用的有效性出发,积极寻求它的真实性和合理性,最后终于找到了证明迪利克雷原理的途径和方法,他在德国数学联合会上报告了他的这一研究成果,并明确指出:只要对问题中的区域、边界值和允许函数的性质作适当的限制,就完全可以恢复迪利克雷原理的真实性. 他还针对数学家们认为迪利克雷原理早已沉没了的观点,意味深长地将他的这一研究工作称为“迪利克雷原理的复活”. 后来希尔伯特又给出一个更为一般的证明,从而进一步肯定了迪利克雷原理存在的合理性.

及至近代更多源自于物理的数学理论被抽象出来,而对这些数学理论的进一步研究又极大地推动了物理学的进展,如 Yang-Mills 规范场的大范围整体性质和手征量子反常与纤维丛的拓扑不变量和 Chern-Simons 示性类及指标定理之间建立起直接的联系,超弦理论中的额外维空间与 Calabi-Yan 空间之间的对应关系. 理论物理学家威腾在发展超弦理论的同时由于对数学的杰出贡献而获得菲尔兹奖,这些都是物理学与数学相互结合所呈现在“数学物理”方面的经典例子.

对此我国数学工作者早有清醒的认识,20 世纪 80 年代李大潜就撰文指出,学数学的追求纯而又纯的境界,即使从纯数学的发展来说,也不见得是一条康庄大道. 不重视实际的需要和其他领域的发展,没有广阔的视野,是很难出第一流的基础理论人才的.

基础和应用有着密切的关系,而且相互促进.搞基础理论的人重视应用方面的教育和训练,对基础理论和应用的研究会带来很大的促进.物理学中的规范场和数学上的纤维丛概念有密切的联系.据杨振宁教授自己讲,他在美国请教了很多纤维丛方面的数学家,但他们讲的一套,他听不懂,双方始终谈不到一起去.只有到了复旦大学,听谷超豪教授用物理学家可以接受的语言,把这二者的关系讲得很清楚,杨振宁教授很高兴,并和谷超豪教授合作,在规范场的数学理论方面做出很多成绩,把这方面的理论进一步发展了.为什么能这样呢?谷超豪教授在念大学时,就选修了物理系四大力学的课程.作为一个数学家,他不仅在数学上有很高的造诣,而且在物理学方面也有很好的修养.

从本书的目录我们可以看出它包含了相当全面的数学内容.它们分别是:数学物理学导言、经典力学、流体动力学、可积系统、经典场论、共形与拓扑场论、量子场论、广义相对论、量子引力、弦论与M-理论、凝聚态物质与光学、量子信息与量子计算、量子力学、无序系统、动力系统、平衡态统计力学和非平衡态统计力学、代数技巧、李群和李代数、离散数学、量子群、随机方法、复几何、微分几何、低维几何、非交换几何、代数拓扑、辛几何与拓扑、常微分和偏微分方程、泛函分析和算子代数、量子化方法和路径积分、变分技术.

本书的三位作者在序言中写道:"数学物理把数学和物理学这两大学科的优势集中到一起,它们的关系是共同发展.一方面,它运用数学这一工具把不断增长的精确性和复杂性这些物理概念组织了起来;另一方面,物理学家为数学家提供了灵感的源泉."同时,也正如诺贝尔物理学奖获得者荷兰Utrecht大学Gerard't Hooft教授在前言中指出:"物理世界与数学世界之间存在明显的重要区别.物理世界强调事实的'真相',无论'真相'是什么,而数学是纯逻辑和纯推理的世界.在物理学中,一个理论是否能被接受是由实验来最后决定的.物理学中的方法论也与数学不同."

一个广大读者所关注的例子是天体物理学家霍金是否完美地解决了黑洞火墙悖论?起码现在还没有定论,只能算是给出了第三种可能的解释而已. 尽管人们对于黑洞的具体性质还没有全部了解,但是它作为一种致密天体的存在早已没有争议,而黑洞火墙悖论的中心,仍然在于量子力学与广义相对论的矛盾. 量子力学把黑洞的视界定义为一个神秘的、拥有巨大能量的火墙,广义相对论则拒绝承认在宇宙中存在这种神奇的火墙,认为黑洞视界只是一种数学上的存在而已. 因此,要想真正解决黑洞火墙悖论,人类需要对自然界有更深刻的理解. 霍金自己也承认,要想真正理解物质和信息最终从黑洞中逃脱的原理,最终需要人们把引力和自然界的其他作用力合而为一,这是一个困扰了物理学家们将近一个世纪的难题,至今仍然没有得到解决. 作为人类现代文明的两块基石,广义相对论通过优美的数学形式描述宇宙,目前人们认为对它已经有足够深刻的理解,而量子力学则通过一种概率化的形式描述微观世界,它的内涵和基本规律仍然不为人知,就连量子力学的创立者尼尔斯·玻尔也说"没有人理解量子力学". 黑洞火墙悖论是这两种理论在宇宙深处的交锋,而交锋的结果,目前仍然无法预料.

本书在刚引进中国时曾有过一个 12 卷精装本. 以内容划分是一种创新,这种事出版界常有.

中央文献研究室所编《毛泽东年谱(1949—1976)》(中央文献出版社,2014) 皇皇 6 卷,是读者期待已久的一部大书. 不贤者识其小,这里只摘抄一点儿关于图书装订的内容. 1965 年8月 14 日,毛泽东就印一批马列经典大字本问题指示周扬:"同意用照相放大胶印的办法. 但请注意封面不用硬纸;大书(例如《唯物主义与经验批判主义》《反杜林论》) 过去例作一卷或两卷,现应分装 4 卷或 8 卷,使每卷重量减轻." 印大字本,是因为老同志视力差;封面不用硬纸,就是不要硬精装,因其不方便单手握卷、躺着阅读;较厚的书应该多分几册(其实毛泽东推举的两本书都在 500 页以下). 总体而言,毛泽东对大字本的这些要求,都是以读者为本位,以方便阅读为目的的.

但笔者认为本书绝对算得上是数学物理中的经典之作. 而向经典致敬的方式各有不同,最传统、最有效的就是保持原汁原味. 原来我们准备连封面都拷贝原版,后与版权代理协商才改成现在的样子. 真正美好的东西都一定是增一分则多,减一分则少,原来就刚刚好,我们为什么要破坏它呢? 难道我们真的有自信会使其变得更好吗,佛头着粪与狗尾续貂都会让读者吐槽的.

还有一个原因使我们一定要保持原貌,那就是翻译的巨大工作量,我们哈尔滨工业大学出版社地处北方,远离经济与文化中心,实在是没有能力组织庞大的翻译队伍,耗巨资多年打磨这套丛书.我们待将来实力增强后再购买中文版权来完成这一夙愿.在购买版权时我们也表达了购买数字版权的意向,但被婉拒了,因为英文版的数字出版外方已做得很完善了,不像我们刚起步,而且在碎片化之后还面临着版权保护问题,在辞典出版中这是个顽疾.举个例子:

认不认得这个英文单词 esquivalience? 不认得? 那你可以去查一下新版的《新牛津美语词典》(*New Oxford American Dictionary*),里面会告诉你这个词的意思是:"故意逃避自己的官方责任.19 世纪开始出现,或许是源自法文 esquiver,'躲避,溜走'".

不过如果你拿起家中案头的其他词典,或者将词输入到各种电子词典中,保证你怎么查都查不到这个词,要是你查到了,那可就有事了.

为什么会这样? 因为这个词根本就是《新牛津美语词典》编辑部发明的,不存在的词.什么? 词典里竟然有虚构的词? 编词典的人怎么可以干这种事?

词典里有虚构的词,不只《新牛津美语词典》,基本上每一本词典里都藏有这种凭空创造的词,放这样的词在词典里,倒不是出于编辑的恶作剧坏心,而是有具体用处的.

这是保护著作权的重要机关.辛辛苦苦编出一本厚重的词典,要如何防止别人贪便宜,把你的词典拿去剪剪贴贴,改头换面就变出他们的词典呢? 词是共通的,词的意思解释也不会有多大的差别,要怎样证明别人的词典抄袭、盗取你的内容?

要是 esquivalience 这个词出现在《新牛津美语词典》以外的词典里,就一定牵涉到抄袭、盗取,这个词就是为了找出抄袭、盗取而放在那里埋伏的.

当前全球出版业都不景气,特别是在纸书出版领域.中国出版业尤甚,凉意十足.尽管各路专家给出了不同的原因分析.但只有一位专家给出的答案令业内所信服,那就是优质内容的缺失.说到底出版是一个内容为王的产业,没有好的内容,一切都是无本之源.

有位作家说:平庸是这个时代的危险所在,它无法再吸收传统知识;现代生活杂乱无章,令人湮没无闻.一切都掉在浅水中,没有什么沉入深深的井中;一切都是飞短流长,一切都是流言蜚语.

我们应该敢于承认一个基本事实,这个事实便是——在这个平庸的时代,最坏的都活下来了,最好的死去了,我们这些还能逃生的,发挥不出真正的价值.那么,在这个平庸的时代,我们还能做什么呢?

由衷感谢爱思唯尔(Elsevier)公司于2006年6月出版的这套*Encyclopedia of Mathematical Physics*(《数学物理大百科全书》),这是一部不平凡的全面介绍数学物理知识的百科全书.

本书的三位作者(法国巴黎居里大学 Jean-Pierre Françoise 教授、美国费城德雷塞尔大学 Gregory L. Naber 教授和英国牛津大学 Tsou Sheung Tsun 博士)都是长期从事数学物理方面研究的知名学者.他们邀请了包括诺贝尔物理学奖获得者杨振宁教授和英国牛津大学 Roger Penrose 教授在内的34位著名物理学家和数学家,作为本书的编辑顾问委员会成员,组织来自30个国家的439位在物理学和数学相关研究领域做出杰出贡献的理论物理学家和数学家,撰写了400多篇图文并茂的综述性文章.

《数学物理大百科全书》是经长达4年完成的一部内容全面系统、领域涵盖广泛的百科全书.全书特色鲜明,既体现了学科的基础性、独立性、完整性,又注重学科的前沿性、交叉性、应用性,是当今数学物理研究领域最新和最全的百科全书.

本书内容涉及物理学和数学的几乎各个重要研究领域,遍及从经典力学到量子力学、经典场论到量子场论、共形场论到拓扑场论、流体动力学到动力系统、可积系统到无序系统、粒子物理到天体宇宙学、相对论到量子引力、规范理论到统一理论、平衡态统计到非平衡态统计、凝聚态物质到量子信息、变分技术到代数方法、泛函分析到算子代数、路径积分到随机方法、李群到量子群、微分几何到代数拓扑、低维几何到非交换几何、复几何到辛几何等核心领域和方向. 本书还特别注重数学物理的最新研究成果和在各领域的最新应用,并提供了大量必要的和重要的参考文献.

本书相比一般的百科全书有一个明显的亮点是它的综述. 它可以告诉你你想知道的某个专题的一切. 中国科学院院士赫柏林曾留学于哈尔科夫大学,据他回忆当时的考试是由数学物理教授 A. Ya. Povzner 主持. 他出的题目是:“把从你生下来以后所知道的贝塞尔函数的一切都告诉我.” 据他的学生说:他写了一大摞纸,密密麻麻,然后告诉 Povzner“这是我知道的关于贝塞尔函数知识的提纲. 若是需要,我可以展开每一项的具体内容.” 于是考试通过.

正如 Gerard' t Hooft 所指出的那样:

数学物理这个交叉学科是非常难懂的. 百科全书中的某些题目纯粹是物理的. 高 T_c 超导电性、破坏水波和磁水动力是完全物理的题目,其中的实验数据比任何高深理论都具有决定性. 然而,上同调理论、Donaldson-Witten 理论和 AdS/CFT 对应是纯数学的例子.

在编辑中,大量不同作者的短小文章不可避免地被做了适当的变动. 在这本百科全书中,理论物理学家和数学家为高等数学物理中的许多重要条目做了简单明了的阐述. 所有的文章都包含了供进一步阅读的参考文献. 我们盼望这些努力会取得很好的效果.

本书的编写者认为:

与狭义的数学和物理学的古老历史相比,数学物理是一门相对较新的独立学科. 数学物理国际协会成立于1976年. 当然,从古时候起数学与物理学就相互影响. 但近几十年来,可能因为我们正身在其中,它们出现了巨大的进展,新的结果和观点以令人目眩的节奏诞生,以至于需要有一本百科全书来搜集整理这些知识.

数学物理把数学和物理学这两个大学科的优势集中到一起,它们的关系是共同发展. 一方面,它运用数学这一工具把不断增长的精确性和复杂性这些物理概念组织了起来;另一方面,物理学家为数学家们提供了灵感的源泉.两者关系的经典例子是爱因斯坦的相对论,其中微分几何在物理理论的公式化方面起到了实质性的作用,而物理学相继提出的问题推动了微分几何的发展.巧合的是,当我们在为《数学物理大百科全书》写序言时,正值爱因斯坦创造奇迹100周年.

再三考虑到写这部《数学物理大百科全书》是一个艰巨的项目.如果不是坚信这是一项很有意义的、受益于社会的项目,而且我们会得到众多的支持,那么我们绝不会接受这个任务.我们确实获得了许多支持,包括建议、鼓励和有实用性的帮助,这些支持来自编辑顾问委员会成员和我们的作者,还有其他慷慨地抽时间帮我们完善这本百科全书的人.

数学物理是一门较新的学科,它还没有被清晰地刻画,不同的人对它有不同的理解.在我们选择的题目中,一部分遵循了近期数学物理国际大会的纲要,但主要参照编辑顾问委员会和作者的提议.由于时间和空间的限制,以及我们自身的水平所限,更改了某些冗长的题目,但我们尽量收录了我们认为是核心的课题,尽量覆盖更多的最活跃的领域.

近年在中国对本书的原出版商还是有些负面新闻的,起源是在美国一个名为"知识的代价"网站上,已有全球12 196位科学家签名抵制这家世界上最大的出版商.有人用"学术之春"形容这场运动.

吹响号角的是大名鼎鼎的英国数学家威廉·提摩西·高尔斯(William Timothy Gowers).这位来自剑桥大学的菲尔兹奖得主曾发表了一篇博客文章,号召同行行动起来,抵制世界上最大的出版商爱思唯尔集团.

读到这篇博文的泰勒·内伦(Tyler Neylon)——一位目前在硅谷开公司的数学博士当即给高尔斯教授留了言.第二天,他建立了一个网站,命名为"知识的代价".

泰勒事后回忆,自己读到那篇博文,就意识到可以做点什么.在他看来,高尔斯是一位拥有号召力的"超级明星".

迄今为止,数万名科学家在泰勒的网站上签了名.他们发誓,不在爱思唯尔旗下的期刊发论文,不做审稿人,或者不担任编辑.

尽管如此,我们还是选择了与爱思唯尔的合作,因为一套好的大百科太难得了.

旅法钢琴大师白建宇(Kun-Woo Paik)对钢琴的要求非常苛刻,他在一次与中国台湾出版人郝明义先生的谈话时说,弹琴弹到现在,职业演奏生涯超过半个世纪,所遇到满意的琴竟不超过5架,如此答案,令见多识广的郝先生也大吃一惊.

在数理方面,近年来国内引进的好的大百科也绝不会超过5部,苏联五卷本的《数学大百科全书》算一部,日本岩波的《数学百科全书》算一部,总之是屈指可数.

其实这个项目并不是爱思唯尔创始的,据介绍,这个项目开始于Academic Press,后来由爱思唯尔接手.他们热情的工作人员,把过渡工作做得天衣无缝,并且令人感动的是,相当一部分作者慷慨地把他们的酬劳捐赠给欧洲数学会的发展中国家委员会,我们应该感谢他们为发展中国家所做的一切.

至于我们最关心的问题:谁会去购买这样一套大书,我们充满乐观.大千世界无奇不有,各种购买方式都可能出现.前一阵,有关霍金打赌输掉关于"上帝粒子"存在性的赌约报道很多.

实验证明霍金输掉了这场赌约,霍金坦承自己输得心服口服并祝愿希格斯获得诺贝尔奖.希格斯透露,在宣布发现新粒子后,霍金曾与他联系并表示支票已寄出.希格斯说,"他不仅是给我一个人钱.我想他还会寄100美元给密歇根大学的戈登·凯恩."

这场赌约的另一位赢家凯恩对来自霍金的美元欣然接受."我坚信希格斯玻色子一定会被找到.发现希格斯玻色子真是太棒了.它证实了长久以来的猜想,进一步加强了粒子物理'标准模型'的事实根据.打赌获胜是锦上添花."凯恩表示要把赢来的钱花在刀刃上,所有的钱都要用于搞研究.

霍金可能已经习惯了以输掉赌约的方式推进科学的普及.

1975年,霍金曾关于天蝎座X-1是否包含黑洞打赌,后来认输,为赢家订阅了1年的《阁楼》杂志.

1991年,霍金又与人赌上了,这次赌的是裸奇点是否存在,霍金再次输了.

第三次打赌发生在1997年,霍金同美国物理学家约翰·普雷斯基尔打赌,认为黑洞不会摧毁它们吞噬的一切信息,霍金于2004年7月21日当众表示输掉了这场赌约,并送给普雷斯基尔一套板球百科全书.

关于希格斯玻色粒子的赌约则是他的第四场赌约. 这30多年来,霍金通过杂志、书籍和一点点美元,让更多的人了解到这些科学最前沿的问题. 在100美元的赌约背后,希格斯的远见和霍金的牺牲精神都值得称道.

我们期待下一个赌约会以这样一套百科全书来结束.

著名力学家周培源90岁生日时,北京大学全体师生用"献身科学,教育英才;功在国家,造福未来;寿齐嵩岱,德被春荄;齐祝欢呼,漪琦盛哉"的贺词赞扬他们的老校长. 斗胆借用一下,庆祝这套书在中国的出版,当不为过.

刘培杰
2015年11月1日
于哈工大

广义解析函数
(上)

依·涅·维库阿　著
中国科学院数学研究所
偏微分方程组　译

序言

解析函数的古典理论,向来主要是用在和分析及其应用有联系的这样一些领域,在那里或者要用到柯西－黎曼方程组;或者要用到其他的方程,而这些方程的解可用比较简单的柯西－黎曼方程组的解来表示.例如,流体动力学和弹性理论的平面问题就是这样.然而近十年来这些理论的应用范围大大地扩充了.特别是它已渗透到椭圆型方程的一般理论中.这方面的研究,开始很自然地限于具有解析系数的方程,然而,近年来它们已扩充到具有非解析系数的方程并得到了一些结果,这些结果大大地扩充了解析函数的古典理论及其应用范围.这些推广已被扩展到与十分广泛的一类含两个自变量的一阶椭圆型微分方程组的解族相关联的函数类.在这一类中(它甚至也包含在通常意义下不可微函数的确定的族),保持着单复变解析函数的一系列基本的拓扑性质(唯一性定理、辐角原理,等等).此外,推广了这样的解析事实:如泰勒展开、洛朗展开、柯西积分公式,等等.由于这些情况,我们所考虑的函数在书中称为广义解析函数.

本书的第一部分讨论了广义解析函数一般理论的各种不同问题.这里不仅叙述了这一理论的基础,同时也考虑了范围十分广泛的边值问题.本书的理论叙述建立在一系列的关系式和公式上,它们把所讨论的微分方程组的解族与单复变解析函数类联系了起来.这些基本关系式和公式构成了全部理论的基础,使我们能把研究归结为解析函数古典理论的研究.应该指出,这些结果是过去关于具有解析系数方程的研究的进一步发展.这里,正如在解析的情形下一样,解的积分表达式是通过仅依赖于方程系数的核来表示的.在这些理论叙述中利用了复区域的积分方程,它们就其性质来说是应用于解析情形的沃尔泰拉型积分方程.

任何数学理论的作用和意义,只有当这个理论和研究的现实对象联系起来时,才能最好地表露出来.这种联系不仅使理论由于具体内容而得以充实,而且可正确地确定它的发展途径.假如理论的结果使它的应用范围大为扩充,那么,这显然就是它的生命力的标志.在这方面,广义解析函数理论的可能性是很广阔的.它和分析、几何与力学的很多分支(拟保角映射、曲面论、薄壳理论、气体动力学及其他)有深刻的联系.

新的分析工具使我们对正曲率曲面的无穷小变形和凸薄壳无弯矩应力平衡状态时所出现的几何问题和力学问题,可以做广泛而且深刻的研究.这些问题在书中的第二部分有足够全面的讨论.这些讨论引出一系列新的结果,除此以外,它使得我们能更全面地揭露广义解析函数的几何意义和力学意义.

遗憾的是,在本书范围内不能把广义解析函数理论的许多其他重要应用讲得足够全面.对拟保角映射问题的应用只指出了极概略的结果.在这方面重要的结果是最近由 Б. В. 保亚斯基得到的.另外也指出了对非线性问题的某些应用.虽然我们的研究主要是以线性微分方程为基础,但所得的结果在研究非线性椭圆型方程的性质时大可利用.

应该指出,书中包含了作者和他的学生们的许多初次发表的结果.此外,第四章的补充是由 Б. В. 保亚斯基写的.

在准备付印本书的手稿时,В. С. 维诺格拉多夫、Л. С. 克拉布科娃、孙和生、全哲荣(朝鲜)等给了作者很大的帮助.所有的图形是由 Ю. П. 克里文科夫完成的.А. В. 比查奇、Б. В. 保亚斯基、И. И. 达尼柳克和 Э. Г. 帕兹涅克都阅读过本书的全文，并提出了一系列宝贵的意见和建议，感谢他们. 对所有这些人，谨致以衷心的谢意.

И. Н. 维库阿
1958 年 7 月 2 日
于莫斯科

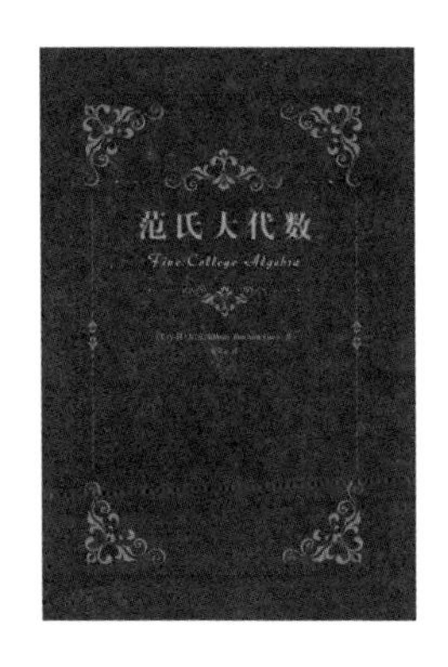

范氏大代数

亨利·B.范因　著
郑宗元　译

导　读

数学难学,中学数学是个分水岭.有一则轶事,台湾小说家傅子于是中学的数学教师,他所在中学几乎所有数学差的或是对数学不感兴趣的学生,都想办法转到他的班上.有的学生回忆说:"傅老师啊!有时兴头一来整节数学课讲的都是鲁迅."

网上流传的许多段子都是讲那些著名的文坛宿将在当年的大学入学数学考试中是如何惨败的,诸如钱钟书等大家考清华大学时数学成绩近乎零分.人们不禁要问,他们当年用的是什么数学教材呀!

这就是这里要向各位隆重介绍的——流行于民国时期的一部世界名著——《范氏大代数》,其作者是美国普林斯顿大学数学系的系主任亨利·B.范因(Henry Burchard Fine),普林斯顿高等研究院曾在以其命名的Fine楼中(现称为Jones Hall).

要介绍范因一定要从维布伦说起:

19世纪末20世纪初,美国的工业产值与技术专利位列世界第一,以爱迪生为代表的美国发明家引领着世界先进技术的潮流.但在科学领域特别是数学方面,美国比起欧洲远为落后,教学水平极低,更不用说研究了.作为美国本土培养的第一代数学家,奥斯瓦尔德·维布伦(Oswald Veblen,1880—1960)在几何学基础、拓扑学与微分几何等领域做出了巨大贡献,被誉为美国拓扑学的奠基人. 更为重要的是,他具体筹建了普林斯顿高等研究院(Institute for Advanced Study, IAS),为美国数学的崛起贡献了自己一生的力量. 在他的领导下,美国成为名副其实的数学强国. 此外,他与华人数学家陈省身也颇有渊源.

那么维布伦是怎么到普林斯顿的呢? 维布伦原来在芝加哥. 1905 年他刚完成一篇论文,首次给出了若当曲线定理的严格证明.

同年,普林斯顿大学的校长威尔逊(W. Wilson) 开展了一个计划,旨在提升普林斯顿大学的学术水平. 计划的关键一步是增加年轻教师职位的数量,从而使班级的容量减少,更好地开展教学和研究. 选择年轻数学教师的任务落在了数学系主任范因的身上.

范因很好地利用了这次机会,他向芝加哥大学的穆尔征求意见,穆尔强烈推荐维布伦.

这样维布伦便来到了普林斯顿大学.

1926 年,维布伦被任命为范因教授,这个职位没有教学任务,是范因通过他的朋友琼斯(T. Jones) 的捐赠而设立的.

维布伦与范因一直想建造一座数学大楼,但苦于没有经费. 1928 年,范因去世,他的好友琼斯为了纪念他的功绩,决定捐赠一座数学大楼,这就是普林斯顿大学数学的标志 —— 范因大楼. 维布伦精心设计了这座大楼,设有办公室、图书馆、活动室、咖啡厅、休息室等,使得数学家们可以全身心地投入研究当中. 这座大楼最终于 1931 年建成.

并不是所有文科学的好的大家数学都不好,我们从大家喜爱的尼采研究专家、著名西方哲学史学者周国平先生的自传中就发现,原来他的数学成绩很突出,不过他是新中国成立后才考的大学,所以课本要简单得多,他回忆道:与初中时一样,在高中,我最喜欢的课程仍是数学. 我在班上先后担任几何和三角的课代表,还每周定期给成绩差的同学上辅导课. 教几何的是一位年轻老师,有一回,他在课上做习题示范,我发现他的解法过于复杂,提出了一种简易得多的解法,他立即脸红了,虚心地表示服气. 高二的暑假里,我还在家里自学高等数学,初步弄了一下解析几何和微积分.

今天到了数字化时代,许多人在互联网上学习,比如热炒的所谓知识付费,有人说:知识付费更像是网络公司在搭建一个平台,营造一种氛围,给渴望提高自己的人提供一个机会.但是这种机会是浅薄的,满足的是用户为消除对知识、对自己的焦虑,这种焦虑恰恰是互联网公司愿意见到的,因为这种焦虑可以把更多的用户圈进自己的钱袋子.其实在这个时代,什么知识都不缺,缺的是我们对知识的态度.学习,究竟是为了增加虚荣心,创造谈话的话题,还是为了满足自己的兴趣,探索未知的领域?究竟是为了消除自己的焦虑还是为了自己内心的充盈?为了这种充盈,自己究竟能够付出多大的代价?只有先想明白了这些问题,才有进一步学习的可能,才能避免交冤枉的智商税.

为了使读者更好地阅读本书,我们先做一点背景介绍,在网络上有一篇文章说:

> 抗日战争时期,国民政府在教育上投入的经费仅次于军费.抗战最艰难的时刻,民国政府却真正实现了免费义务教育.民国时期的教育之所以能在战火中屹立不倒,且排名世界前列,与当时政府对教育的认识有很大关系.
>
> 抗战最困难时,蒋介石曾说:"我们切不可忘记战时应作平时看,切勿为应急之故而丢却了基本,我们这一战,一方面是为争取民族生存,一方面就要于此时期改造我们的民族,复兴我们的国家,所以我们教育上的着眼点,不仅在战时,还应该看到战后."
>
> 教育乃千秋之大业,民国办教育的很多做法都值得今天借鉴和学习.
>
> 教育全免费,中华民国成立后,孙中山立即强调在中国实行免费义务教育.1912年,中华民国教育部明确规定:"初小、师范、高等师范免收学费."
>
> 免费上师范就成了当时很多家境贫穷的学生接受教育的唯一途径,毛泽东就是在湖南师范学校毕业的.1946年国民政府制定了《教育宪法》,定位准确,

要求明细,兹列举几条:“教育文化应发展国民之民族精神、自治精神、国民道德、健全体格、科学及生活智能.”“国家应注重各地区教育之均衡发展,并推行教育,以提高一般国民之文化水平.”等等.

先看当时的教育经费,那时的《教育宪法》规定:“边远及贫瘠地区之教育文化经费,由国库补助之.其重要之教育文化事业,得由中央办理或补助之.”“教育、科学、文化之经费,在中央不得少于其预算总额15%,在省不得少于其预算总额25%,在市、县不得少于其预算总额35%,其依法设置之教育文化基金及产业,应予保障.”业内人士可以对照70年前的这个标准算今天的账,看看有没有差距.

再看那时的教师薪水,1927年公布的《大学教员资格条例》规定,大学教员的月薪,教授为600元~400元,副教授为400元~260元,讲师为260元~160元,助教为160元~100元,教授最高月薪600元,与国民政府部长基本持平.在20世纪30年代初,大中小学教师的平均月薪分别为220元、120元、30元;而同期上海一般工人的月薪约为15元.

20世纪40年代的《教育宪法》规定:“国家应保障教育、科学、艺术工作者之生活,并依国民经济之进展,随时提高其待遇.”资料显示,当时普通警察一个月待遇为2块银洋,县长一个月20块银洋,而小学老师一个月可以拿到40块银洋,民国时期小学教师的地位和待遇要远远超过县长.民国时期对教师待遇的重视和投入让今人望尘莫及,汗颜不已.

最重要的是多样化的教育格局.当时的中国是公立学校和私立学校并存,形成了一个参差多态而又富有弹性的“差序格局”.南开中学就是私立学校,私立学校跟公立学校比起来有灵活自由的优点,当时的文化环境足以让私立学校生存并且发展,社会上对于私立学校也没有偏见,这一方面得益于当时的文化生态,同时也得益于民国教育家的胸襟.

> 不惜代价办教育，抗战前全国有4亿人，当时的西部只有1.8亿人，抗战爆发后大后方涌入了5 000万人口，而当时西部的国民生产总值不到全国的30%，民生工业只占5%，却要养活50%以上的人口. 在抗战最艰难的时刻，当时的国民政府却真正实现了免费义务教育！
>
> 据著名学者何兆武所述：在西南联大上学时，大学生不仅免学杂费，而且还免每天的午餐费，如果学生上学仍然有困难还可以申请助学救济金，且助学救济金在大学毕业后可以不还. 同时，抗战客观上为我国的西部教育带来了发展的契机，使西部诸省在基础教育方面有了很大的发展.
>
> 国民政府教育部于1937年底开始在四川、河南、贵州、陕西、湖南、甘肃、江西、安徽等地先后成立了22所国立中学及3所国立华侨中学，先后培养教育了10万"战区流亡学生".
>
> 据不完全统计民国间大师级人物就有：鲁迅、老舍、林语堂、胡适、曹禺、巴金、郁达夫、茅盾、钱钟书、沈从文、郑振铎、柔石、周作人、梁实秋、谢冰心、田汉、胡风、夏衍、柳亚子、孙伏园、张恨水、萧军、萧红、曹靖华、梁宗岱、臧克家、艾青、赵丹、项堃、舒绣文、白杨、张瑞芳、秦怡、齐白石、徐悲鸿、张大千、傅抱石、潘天寿、关山月、李可染、丰子恺、林风眠、丁聪、贺绿汀、马思聪、熊十力、梁漱溟、张君劢、陈寅恪、冯友兰、朱光潜、翦伯赞、张伯苓、罗家伦、晏阳初、陶行知、黄炎培、梅贻琦、马寅初、潘序伦、章乃器、沈钧儒、史良、吴有训、吴健雄、严济慈、吴大猷、侯德榜、茅以升、竺可桢、李四光、童第周、梁思成、徐志摩、戴望舒、吴作人、梅兰芳、聂耳、苏步青、冼星海、叶圣陶、蔡元培……

《范氏大代数》被引入到中国，与当时的考试制度有关，要理解其中的联系，我们要从头回溯一下传统的考试制度.

中国考试制度的历史可谓源远流长，可以追溯到夏商时期.早在西周的奴隶制社会中,中国就已确立了考试制度,而汉代和魏晋南北朝时期,由于培养及选拔人才的需要,考试制度随之进一步发展.

考试成为选拔人才的主要方式源于科举制的建立,科举取士制度兴起于隋,兴盛、完备于唐.随后,包括清朝在内的历朝历代都采取此方式作为朝廷任命官员、选拔人才的唯一依据.科举制从产生直至清末被废除,共经历了一千三百余年时间,这也是世界上最早建立起来的选拔人才的制度,现代的考试在很大程度上也保留了古代科举考试的形式.

大约18世纪,随着东西方文化与人员的广泛交流,中国的科举制度被引入西方,一些国家将中国的科举制度作为一项先进的文官选拔制度纷纷效仿,这也成为西方建立现代考试制度的开端."中国科举制是一种通过公开的考试选拔官员的政治制度,也是世界上最早的文官考试制度.《大英百科全书》记载:'我们所知道的最早的考试制度,是中国所采用的选举制度(前1115年),及定期举行的考试(前202年).'孙中山先生曾概括性地指出:'现在各国的考试制度,差不多都是学英国的.穷流溯源,英国的考试制度,原来还是从中国学过去的,所以中国的考试制度,就是世界上最早最好的制度.'"

我们再来看一下民国时期教育的特点.1911年爆发辛亥革命,推翻帝制建立共和,1912年元旦,孙中山宣誓就任临时大总统,中华民国诞生.从1912年中华民国成立到1949年中华人民共和国的建立,这段时期在历史上被称为民国时期.

我们考察一下民国时期的大学入学考试的试题有什么特点:

民国时期的大学入学数学试题与考试制度有着明显特点,这些特点的形成是当时的时代背景、教育制度以及教育诸要素作用下的综合结果.

总结与深入研究民国时期大学入学数学试题特点,可以了解当时中国的数学教育状况,窥视民国时期大学入学数学教育的发展演变过程.

民国时期的大学入学考试制度主要为自主命题、自行招生的招考方式,民国后期由于战争原因发展演变为分区联合招生和统一命题考试.大学入学考试制度的变化反映了民国时期不同阶段的社会历史背景以及当时的教育政策趋向.研究民国时期大学入学考试的制度演变,对于现今的数学高考改革有重要的参考价值.

具体的题目我们后面会提到,先来看一下那时数学教科书有些什么特点.

民国时期教育的自主性相当大,各类教育机构完全可以根据自己的教育理念及自己学校对学生的学业要求自行选择或自编中学数学课本,既可以选用世界上当时流行的或是业界美誉度较高的欧美名著,也可以由本校名师根据自己的教学要求自行编写,如笔者就曾在潘家园旧货市场淘到过由闵嗣鹤先生编写的高中解析几何课本.

民国时期的中学数学教科书,从内容的组织和呈现到素材的选择,甚至一些编排细节方面,都具有一些鲜明的特点.

这一时期的中学数学教科书多采用单元制度组织内容,即将教材划分为若干大单元.以《高中代数学》为例,全书共十七章,编辑大意言明:"各章自成单元."为什么采用单元制度?余介石认为:"算学中定义定理法则繁多,往往使学生感到如七宝楼台,拆下来不成片段,其流弊限于机械的记忆,将学习的兴趣,尽兴失去.又算学的组织,本在精炼零碎的常识,成一精密普遍的系统,但为心理次序的关系,仍须从常识引入,不能采取完密逻辑的方式编制,故在此情形,学生虽可步步入胜境,而易生散乱无序的感想.欲救此弊,宜将最基本的观念为中心,将各部分教材与此等观念关系,归纳成若干单元."如"二次函数"这个单元,就是以函数观念为中心,将二次函数的正负、极值(含参变数)二次方程的根等内容组织在一起.

在对民国时期的数学教材进行研究的文献中有许多不同的分期方法,如陈天启《近代中国教育史》将这段时期的中国教育分为:民初至1918年,首次制定教育宗旨时期;1919年至1927年为新教育运动时期;1928年至1937年"三民主义"为最高教育原则的党化教育时期;1937年至1945年为战时教育时期.这种观点比较符合教育史研究的学科特点,但是缺乏对教育形态转化的内在逻辑联系的研究.

这种分法在教育界的引用度比较高,然而还有一种研究对象更具体的分期方法是,魏庚人先生在《中国中学数学教育史》中以政治和学制改革为准的分期方法:民初中学四年制时期(1912 年至 1922 年);民国元年,学制由清末中学五年制改为中学修业四年制;民国十一年底,学制改为中学修业六年,且分初高中各为三年,称为“六三三制”. 民国中期上 —— 课程纲要时期(1922 年至 1927 年):新学制颁布之后,草拟中小学课程纲要,1923 年颁布《新学制课程纲要》,规定各科算学必修和选修内容,实行学分制. 民国中期下 —— 课程标准时期(1927 年至 1937 年):1927 年,蒋介石在南京成立国民政府,自此至 1937 年抗日战争开始这十年,南京政府在教育上颁布了三次课程标准,因此这个时期称为“民国中期下 —— 课程标准时期”.

民国初期我国的教学体制多借鉴外国模式,高中数学仍然多采用翻译外国的数学课本,国人自编的高中数学教材还没有涌现出来. 高中数学教科书的使用和编制存在很多普遍问题,“过多地使用原版教材和翻译教材,教本过于陈旧枯燥,教材的编制严守分科界限,不重视融和”. 1932 年颁布正式标准之后,国内书局先后出版了多种数学教科书和数学教学参考书,除了两大巨头商务印书馆和中华书局之外,还有一些新兴书局,如开明书局、世界书局等也出版了多种数学教科书. 这个时期是从清末到新中国成立前出版业的鼎盛时期,涌现出了不少经典的国产教科书.

然而,由于当时大学与中学数学内容不衔接,大学入学试题是由大学教授编制,他们没有顾及中学课程标准,所以题目多偏难甚至超出课程标准,因此每次录取标准往往不满六十分,有时三、四分就会被录取. 比如,武汉大学 1933 年入学试题中有一题目:“证明:$i = e^{-\frac{i\pi}{2}}$,$i = \sqrt{-1}$.”

这道题目用欧拉公式可以解决,但是欧拉公式不在中学学习范围之内. 虽然还可以用棣美弗定理,但是 $\cos\dfrac{i\pi}{2}$ 也超出了中学三角范围.

国人自编的中文教科书需要经过教育部审定,因此范围不能超出课程标准的规定. 基于这样的情况,中学又以升学率高为荣,所以都纷纷使用外国教科书. 如《范式大代数》、三 S 系列的几何教科书等在中国的影响力非常大,这就使得颁布的课程标准成为空架的官方文件.

事实上,这个时期国人自编的教科书事业中有相当一批突出贡献的人,吴在渊、胡敦复、余介石、傅溥、陈建功、傅仲孙等,有一部分是比较有价值的,比如当时比较流行的自编代数教材有:《高中代数学》(傅溥编,1931 年,世界书局)、《代数学》(复兴高中教科书,虞明礼编,三册,1934 年,商务印书馆)、《高中代数学》(新课标,余介石编,1934 年,中华书局)、《高中代数学》(陈建功等编,1933 年,开明书局)、《薛氏高中代数学》(新课标,薛天游编,1933 年,世界书局)、《高中甲组代数学》(修正课标,余介石编,四册,1936 年,中华书局)、《高中一组代数学》(修正课标,陈荩民等编,二册,1936 年,开明书局) 等.

这些课本的程度普遍低于《范氏大代数》,但是编者还都是当时(甚至今天看来都是) 的大家,如陈建功、余介石等.

下面我们再介绍一下民国时期的中学数学的课程标准,这也都是在一些著名数学家的主持下完成的,如严济慈(曾担任过中科院的副院长)、吴在渊等. 幸亏现在大学里有专门研究这一课题的硕士,使我们可以方便地获取到相关的资料.

1927 年至 1937 年之间,国民政府依次颁布了三个高中数学课程文件:1929 年的《高级中学普通科算学暂行课程标准》(以下简称暂行标准)(褚士荃、严济慈)、1932 年的《高级中学算学课程标准》(以下简称正式标准)(任诚、吴在渊、余介石、余光良) 以及 1936 年颁布的《修正高级中学算学课程标准》.

暂行标准颁布时,继承民初的中学制度,中学学校系统被划分为普通类、师范类和职业类,高中数学实行学分制,并取消文理分科. 从暂行标准到正式标准,学校体制发生了变动,“师范与职业学校均被划出中学系统,分别独立设置,初高中教学主要以升学为目的,职业课程和选修课程都减免,取消选修课,加重语数外和史地等科的分量,并将学分制改为时数制”. 因此正式课程标准与暂行课程标准相比,变动很大. 而修订标准为了减少学生在数学上的整体负担,就在正式标准的基础上,实行文理分科,从高二年级起对文理科学生的数学学习做出了不同的要求,其他的模式基本不变. 因此,以下对课程标准的分析,重点从暂行标准和正式标准入手.

《高级中学普通科算学暂行课程标准》中对"目标、时间支配、教材大纲、教法要点和毕业最低限度"五个方面做出了要求.

首先,暂行标准规定了四条高中数学总的学科目标:

继续供给现今社会生活上普通科学研究上必需的算学知识,完成初等的算学教育;

充分介绍形数的基本观念,普通原理和一般的论证,确立普通算学教育基础;

切实灌输说理的方式,增进推证的能力,养成准确的思想和严密的习惯,完成人生普通教育;

引起学者对于自然界及社会现象,现有数量的认识和考究,并能依据数理关系,推求事物当然的结果.

然后,暂行标准给出了高中算学的时间安排,具体如表1,2所示.

高中阶段总学分要求修够150学分,数学科目19个学分,一学期每周都上课1小时或自习2小时为1学分,以学分所占比重来衡量数学所占分量为13.7%. 高中的数学分科进行,代数、几何、三角和解析几何都分块完成.

下面分别罗列了代数、几何、三角和解析几何的教学内容:

表1　暂行标准中高级中学科目设置及学分分配表

科目	党义	国文	外国语	算学	本国历史	外国历史	本国地理	外国地理	物理	化学	生物	军事训练	体育	选修科目	总计
学分	6	24	26	19	6	6	3	3	8	8	8	6	9	18	150

表2　高级中学算学暂行标准中算学内容及课时分配表

学期		科目			
		解析几何	三角	几何	代数
第一学年	第一学期				4
	第二学期			2	2
第二学年	第一学期			4	
	第二学期	2	2		
第三学年	第一学期	2			
	第二学期				

注:表中数据为周学时.

一、代数

1. 代数式的运算

(1) 基本四则运算,剩余定理,二项式定理;

(2) 因子分解,最高公因式,最低公倍式;

(3) 指数,根式,对数.

2. 方程式及方程式组

(1) 总论:方程式的解,同解原理;

(2) 一次方程式:解法及应用问题;

(3) 二元及三元一次联立方程式:解法及讨论(独解、无解及有无数解之条件),应用问题;

(4) 二次方程式:解法、实根、虚根及等根之二次方程式,根与系数之关系,根之均称式,求作以与数为根之二次方程式,两个二次方程式有公根之条件,应用问题;

(5) 二元二次联立方程式:解法及应用问题.

3. 初等代数函数之变值与变迹

(1) 变值函数,极限,无定式之值;

(2) 纵横直位表;

(3) 一次二项式 $ax+b$ 之变值与变迹;

(4) 二次三项式 ax^2+bx+c 之研究,极大极小,二次方程式根与数之比较,二次三项式之变迹;

(5) 一次及二次不等式之解法,无理方程式;

(6) $\frac{ax+b}{cx+d}$ 及 $\frac{ax^2+bx+c}{a+b}$ 之变值与变迹.

4. 其他

(1) 排列,组合,或然率;

(2) 级数,等差级数,等比级数,调和级数.

二、几何

1. 总纲

(1) 几何之目的;

(2) 空间之特性;

(3) 几何之基本图 —— 点,线,平面;

(4) 几何原理 —— 联合原理,相等原理,平行原理;

(5) 几何通用名词 —— 辞,定理,假设;

(6) 几何证题法 —— 直证法,逆证法,归纳法.

2. 平面部

(1) 直线图:点,线,角,垂线与斜线,平行线,三角形,四边形,多边形;

(2) 圆:弦与弧,圆心角,圆周角,切线,内边形及外切形,二圆之相对位置,圆幂,两圆之等幂轴,三圆之等幂心;

(3) 对称:轴对称,心对称;

(4) 轨迹;

(5) 作图法:垂线,平行线,分角线,切线,两圆之公切线,三角形,四边形,多边形及圆等;

(6) 比及比例:线分,相似三角形,相似图,位似图,三角形各线之比例关系,射影,锐角之正余弦,正切的定义和渐近的性质与关系,求比率,求中率,求内外率,几何图形求数,二次方程式之几何解法;

(7) 内接及外切正多边形,求圆周率,三角形面积,四边形面积,多角形面积,圆面积,等积多边形,作图.

3. 空间部

(1) 平行线与平行面,正交线与正交面,两面角,两直线之公垂线,射线,三面角,多面角,三面角相等条件;

(2) 四面体,六面体,柱体与框体及其面积体积,空间对称图,空间位似图;

(3) 圆柱,圆锥,球,旋成体,切面.

4. 二次曲线:椭圆、抛物线及双曲线之几何定义,画法,公性,切线,法线,作图法.

三、三角

1. 角之各种量法,正负角;

2. 三角函数(正弦、余弦、正切)之定义,三角函数间之关系式,30°,45°,60°之三角函数之值,三角函数之变值及变迹;

3. 和角之三角函数,倍角半角之三角函数;

4. 反三角函数;

5. 正弦定理,余弦定理,正切定理,三角形之解法;

6. 应用问题,测量及航海术;

7. 三角在代数学上之应用.

四、解析几何

1. 笛卡儿坐标:有向直线,笛卡儿坐标与点;

2. 正射影及其定理:二有向直线间之角,直线之正射影,二点间之距离,倾斜及斜度,分点及中点,三角形之面积,折线之正射影;

3. 轨迹与方程式:轨迹之证法,合于定条件之点之轨迹,合于定条件之点之轨迹的方程式,求作方程式,求已知方程式之轨迹;

4. 直线与一次方程式：直线与一次方程式 $Ax+By+C=0$，二直线平行与垂直之条件，各种形式之直线方程式，二直线之交角，直线系；

5. 圆与二次方程式：圆与二次方程式 $x^2+y^2+Dx+Ey+F=0$，切线及切线之长，圆系；

6. 极坐标：极坐标，极坐标与直角坐标之变换；

7. 坐标轴之移转：轴之移位，轴之回转；

8. 圆锥曲线与二次方程式：圆锥曲线之极方程式，圆锥曲线之标准方程式，切线及法线，次切线及次法线，极与极线，圆锥曲线系；

9. 一般二次方程式：二次方程式 $Ax^2+Bxy+Cy^2+Dx+Ey+F=0$ 不变式，二次方程式之轨迹性状的决定；

10. 高次平面曲线及超越曲线.

正式标准中规定了六条数学学科目标：

充分介绍数形之基本观念，使学生认识二者之间关联，明了代数几何各科呼应一贯之原理，而确立普通算学教育之基础；

切实灌输说理推论之方式，使学生确认算学方法之性质；

继续训练学生计算及作图之技能，使益为丰富敏捷；

供给各学科研究上必需之算理知识，以充实学生考验自然与社会现象之能力；

算理之深入与其应用之广阔，务使成平行之发展，俾学生愈能认识算理本身之价值，与其功效之宏大，而油然生不断努力之方向；

依据“训练可为相当转移”之原则，注意培养学生之良好心习与态度，使之益为巩固. 如：(1) 常有研究事理之精神与分析之能力；(2) 思想正确、见解透彻；(3) 注意力集中之久不懈；(4) 有爱好条理明洁之习惯.

正式标准对高中数学的教学时间进行了安排(表 3,4).

表3　正式课程标准中高级中学算学科目周课时表

科目	学期					
	第一学年		第二学年		第三学年	
	第一学期	第二学期	第三学期	第四学期	第五学期	第六学期
每周教学总时数	34	34	34	33	31	31
算学	4	4	3	3	4	2

注:表中数据为周课时.

表4　高级中学算学正式标准中算学内容及时间安排

学期		科目			
		解析几何	三角	几何	代数
第一学年	第一学期		1	3	
	第二学期		2	2	
第二学年	第一学期				3
	第二学期				3
第三学年	第一学期	2			2
	第二学期	2			

注:表中数据为周课时.

下面同样给出了每科的具体教学内容大纲:

第一学年

一、几何部分

1. 基本原理

(1) 几何学的目的与观念;

(2) 几何公理;

(3) 几何证题法.

2. 图形之基本性质

(1) 直线形:全等形,平行线,线段之比较(相等条件与不

等条件),角之比较,三角形内之共点线,对称形;

(2) 圆:弦、弧、角之关系,弦、切线、割线之性质,二圆之相对位置,内接形,外切形;

(3) 比例与相似形;

(4) 度量计算:直线形面积,圆之度量,几何算题,极大极小.

3. 轨迹与作图

(1) 轨迹:分析与证实,基本轨迹及其应用;

(2) 作图题:基本作图题,轨迹交轨法,代数分析法,变形与变位.

4. 立体几何大意

(1) 直线形平面:二面角,三面角;

(2) 多面体及其面积、体积;

(3) 圆柱,圆锥,球.

二、三角部分

1. 广义之三角函数,基本关系,三角函数变迹(图解);

2. 和角公式,化和为积法,三角恒等式;

3. 任意三角形性质;

4. 任意三角形解法,对数,测量及航海方面之应用问题;

5. 反三角函数,三角方程;

6. 三角函数造表法略论,表之精确度.

第二学年

三、代数

1. 基本原理与观念

(1) 代数学目的和方法(与算术比较);

(2) 运算率:形式变易率(加法与乘法对易率,指数率等),推演率;

(3) 数系大意;

(4) 变数,函数,极限,坐标,图解.

2. 基本法则

(1) 基本四则,分离系数法,综合除法;

(2) 余式定理,因式分解,析因式法;

(3) 公因式与公倍式,整除性(对算术上之应用);

(4) 恒等式性质,证法,未定系数法,对称式析因式法;

(5) 比例,变数法;

(6) 方程解法性质,同解原理.

3. 一次方程及函数

(1) 一元方程及应用问题,解之讨论;

(2) 一次函数图解,含参变数之函数,一次方程解法之几何解释;

(3) 联方程法"以二元者为主" 及应用问题,解之讨论(附行列式大意),非齐次式与齐次式;

(4) 不定方程之整解之数.

4. 不等式

(1) 基本法则,绝对不等式;

(2) 条件不等式解法及几何说明.

5. 高次方程(附应用问题) 及有理整函数

(1) 一元二次方程:解之类别(附论复素数),根与系数之关系,根之对称式,作已知根之方程,方程之变易;

(2) 高次方程之有理根(综合除法之应用);

(3) 可化为二次方程之高次方程;

(4) 公根,消去法,高次联立方程(以二元及二次者为主);

(5) 二次函数之变值与极大极小(图解),含参变数之函数根与已知数之比较;

(6) 分数式运算,简易不定值式之极限,分数方程解法,分项分数原理及解法.

6. 无理函数

(1) 多项式开方,根式运算,有理化因式;

(2) 无理方程式解法,增根之讨论,应用题.

7. 指数,对数,级数

(1) 指数之推广(分指数,负指数);

(2) 对数:特性及应用,应用题(如利息算等,须注意计算结果之精确度),造表法略论 *,表之精确度 *;

(3) 级数:等差、等比、调和级数应用题(年金等).

第三学年

四、代数部分

(1) 复素数:特性及四则,极坐标式与图解,棣美弗定理,复素数方根;

(2) 方程论:方程通性,根与系数之关系,根之对称函数,方程之变易,重根(附有理整函数之微商),笛(Descartes) 氏符号率,无理根之近似求法(霍纳(Horner) 氏法);

(3) 行列式:定义及特性,子式,展开式,消去法及其应用;

(4) 无尽连级数:收敛与发散,正项连级数、交错连级数、复项连级数等之主要方法,幂连级数 *,收敛性 *,重要幂连级数之研究 *,和之近似值;

(5) 排列分析:二项式定理(附论算法归纳法),或然率及其应用.

五、解析几何大意部分

(1) 笛卡儿坐标,射影定理,几何量之解析表示(如角、距离、面积、斜率、分点等);

(2) 轨迹与方程式:直线之各种方程式及应用,圆,切线,圆幂,等幂轴;

(3) 圆锥曲线大意：模范式，特性及应用，普通二次方程式，坐标轴之变换及应用，切线，法线，次切距，次法距，配径，直径；

(4) 极坐标与笛氏坐标之互换法，重要高等平曲线及超性曲线.

附注一：上列条目不过依其性质而聚集之，并非教授时应采之次序，又各年级中教材之支配，亦仅为示范之用，教者尽可斟酌情形而变通之.

附注二：以上各项，凡前后附有星号者，教者得斟酌情形，以定取舍.

从内容上看，正式标准对各块内容系统又做了扩充，涉及的知识面更广，加重了学习内容量，比如代数上增加了 2 个学时，代数内容在级数、排列组合和方程论部分展开得更加详细，增加了无理函数、行列式、复数等知识；三角上增加了造表法和三角方程. 除了在内容上有了大幅度的增加，正式标准在选材的科学化、系统化方面有了显著提高，既考虑到数学科学本身的系统性，也注意到了学生的可接受性，已经初步凸显出一个成熟的数学教育体制，成为以后二三十年高中数学教材的基本体系.

A. 作业要项

教师练习：课外练习及考试各项办法，均与初中者相同，但高中学生理解能力较为充足，应尽量引起其自动研究之兴趣，而培养其自动研究之能力，故宜注意下列事项：

(1) 先期指定教材，令其复习，其较简易者，并可指定学生，就教室中问答，以代注入式之讲解；

(2) 每习完一章或至相当段落，应令学生自行摘要，列为表解；

(3) 宜指定补充及参考教材，在教师指导下，令学生分组或个别为自动之研究，而报告所得结果之大纲，或另出教科书以外之难题，使自行演算讨论. 若不能全班学生进行此项课外

作业,亦应就班中资禀学力较优者行之;

(4) 除讲授正规课程外,如觉时间尚有宽裕,亦可就教室中,添授补充教材,但应学生练习笔记之能力,并整理修正,缴交教师考核,不宜编成讲义发给学生.

B. 教法要点

1. 总论

高中教材为初中教材之第二圆周,故应与前者有切实之联系.

(1) 高中算法之最先部分,与初中教材相同,宜多选较困难问题,以资复习,并以此导入较深入之研究;

(2) 初中算学注意计算技能之纯熟与基本观念之了解,研究方法由实例特例归纳成通则,高中则应注意理论方面,用演绎法,作较有系统之研究,以算理之繁深,初中学生自有未能彻底明了之处,故初中教材,高中仍应重复,但详略不同,轻重异趣,自不致使学生厌倦,并有温故知新,剥茧抽丝之妙;

(3) 高中算学科,仅有二十个钟点,而必授之课程,竟有五六种之多,势难悉皆详尽,与其教材过多,徒使学生食而不化,不如注重基本训练,养成其自动研究之能力,故立体几何、高等代数、解析几何三种,仅需讲授大意,但每遇问题有不能彻底搜讨时,应提出注意,以启发学生向上研究之志趣.

2. 代数及高等代数

高中代数应以函数与方程为中心.

(1) 学生于函数观念,不易明了,教者应于推求初等函数之变值变迹时,加以解释,以确立其基础,如二次函数即为最适用之一例.

(2) 方程之解法:初中毕业生已能明了,故高中代数应注意方程通性,通解原理,讨论解之变化(含参变数之方程及增减,例如分数方程、无理方程之根). 二次方程为方程之入门,最足训练学生之思想.

(3) 高等代数以方程论为中心,复素数之存在为代数基本定理成立之先决条件. 行列式为消去法之利器,级数难为极限之运算,与代数性质极有不同. 然一切函数之展示皆有赖于此,而为解析学之基础,故亦宜多加注意.

(4) 方程应用题,不仅限于日常事实,并应与几何、三角、理化方面多加联络,实际问题,宜注意所得结果之精神程度,高次数字方程之数值解法,实际效用颇多,为习算者所应知. 或然率为统计学核心,亦应讲授大意.

3. 几何

高中几何应训练学生自动探求之能力,并注意逻辑次序,使达于相当之严谨程度.

(1) 几何量最重逻辑次序,初中学生年龄幼稚,未易于之严守,高中教授几何,对此宜加以训练,但理论经验之程度以学生能感觉其必要且能了解者为限;

(2) 初中已习之定理,宜再用启发式之解剖,尽量用逆证法以明思考之途径,并应就定理间关系,组成系统,显出几何全部一贯之线索,庶学生得提纲挈领,增加运用之能力,而便记忆,不宜过于板滞之分类;

(3) 初中未能详授之部分,应加以补充,并应注意轨迹之作图题二部分,因此二部分于推理证明题之外,尚可发展学生探究发明之能力;

(4) 几何证题及作图,应就可能范围内,尽量采用代数方法求已知条件与未知条件之间之关系;

(5) 立体几何宜仅授大意,以明等间性质及量法为主,务使学生能透视平面上图形,了解各立体之构造,以与图画科中之用器画相联络.

4. 三角

高中三角应以三角函数为中心.

(1) 锐角三角函数及直角三角形解法,既已于初中习过,故高中即可从普通角三角函数入手,以资比较、而示推广,此不仅求理论之普遍且为习物理者所必备之知识;

(2) 初中所授三角,以简易为主,高中应注重三角函数之性质,三角恒等式,方程式等(均宜与代数方面相当问题比较),以供进修高等算学时之用.

5. 解析几何

高中解析几何，应融汇代数、几何、三角诸学程式其相互为用之处，一面作中学阶段算学科之一总结束，一面立高深研究之基础.

(1) 解析几何应与代数、几何、三角互相联络，以解决几何问题，以充分表示算学各部分呼应一气之性质；

(2) 欲图形与数量，得相应之联系，不得不用推广之几何元素，故解析几何遂不能不与综合几何互有出入(如分角线求法之问题)，凡此等处，最宜使初学者注意，以期其见解明晰，无所惶惑；

(3) 综合法作图之范围，非解析莫解决，如有充分时间，宜略示作图不能之意义.

正式标准颁布之后，在毕业会考和大学入学考试双重任务下，又由于大学与中学的数学知识不衔接，大学自主命题的难度较大，学校为了提高升学率额外增加科目与时数，学生学习压力非常大，甚至有学生因为学习压力使身体受损伤，各地学校纷纷要求修正课程标准. 在舆论的压力之下，教育部决定修正正式课程标准，1936 年公布《修正高级中学课程标准》. 修正标准规定高中数学学习从高二开始分为文理两组，分别施以不同的数学教学，其数学教学时间安排如表 5 所示.

教学内容和学时上，理科生的学习任务比正式标准规定的增加了很多，学时从 20 个学时增加为 32 个. 教学内容上，部分高等数学的知识下放到高中.

可见，1925 年清华大学招生考试的规定相当详细，与现今的高考相比，共同的部分为国文(语文)、英语以及数学. 数学分为四大类：初级代数、平面立体几何、平面三角、解析几何，四类中至少选一科，也就是说数学为必考科目，而在其他类别中选科制度类似于现今高考中的文科、理科分科制度，不同的是选择余地大大超出了现今高考的试题范围. 另外，本国历史、地理，在当时是必考科目之一，而现今的高考中，历史地理科目仅限于文科考生. 从这个角度而言，现今的高考范围与民国时期相比小了很多，从考生的自主权上看，民国时期的考生比现今的考生自主权要大很多.

表5　高级中学算学修正标准中算学内容及时间安排

学期		科目				
		解析几何	三角	几何		代数
				平面	立体	
第一学年	第一学期		2	2		
	第二学期		1	3		
第二学年	第一学期				2(甲)	4(甲) 3(乙)
	第二学期				2(甲)	4(甲) 3(乙)
第三学年	第一学期	4(甲) 3(乙)				2(甲)
	第二学期	4(甲) 3(乙)				2(甲)

注:表中数据为周时数.

1932年《教育部关于规定各校招考新生之考试及各科程度的训令》中规定:"专科以上学校,自二十二年度(1933年)起,仍仿照高中课程暂行标准;自二十五年度(1936年)起,应按照新颁标准."

这一时期,数学试题主要涵盖四部分教学内容:算术、代数、几何、三角以及解析几何.比起上一阶段,试题出题范围以及涉及的内容都有相应程度的增加和深入,体现出数学教育教学进一步发展以及命题范围的扩展.按照试题考查内容分为五类:代数、高等代数、几何、三角与解析几何.对于算术部分不作单独的考查,算术部分需要掌握的知识,融合至代数题目中,而且增加了对于高等代数科目学习内容的考查.

这也是《范氏大代数》能在中国风行的原因之一.

为了使读者能设身处地的了解当时的教育环境,对当时应试的难度有一个了解,我们摘录几份试卷附在后面.

一、北京大学(1917年)

(一) 甲部

A. 算术

1. 鸡犬共若干只,足数共320,而鸡之头数为犬之头数之七分之二,问鸡犬各有几只?

2. 有酒两种,甲种4升与乙种5升价值之比若6:7,今甲种4升瓶26瓶之价为13元,问乙种3升瓶28瓶该价若干?

B. 代数

3. 试解一次联立方程式

$$7x + 2y = 47$$
$$5x - 3y = 7$$

4. 试解方程式

$$x^2 - x + \frac{72}{x^2 - x} = 18$$

C. 几何

5. 自二等边三角形底边上任意一点,引他二边之平行线,所得平行四边形之周围有一定之长.

6. 直角三角形内切圆之直径与斜边之和等于他二边之和.

(二) 乙部

A. 算术

1. 某日温度华氏与摄氏之比若13:4,问华氏几度?

2. 即甲部之1题.

B. 代数

3. 试分 $ab(x^2 - y^2) + xy(a^2 - b^2)$ 为因数.

4. 有二位数字之数,其数等于各位数字之和之五倍,又此数加9,则此数数字之顺序颠倒,求此数.

C. 几何

5. 三等边三角形顶角之外角,二等分线与底边平行.

二、北京高等师范学校(1919 年)

(一)8 月 12 日北京招生试题

1. 有人持钱购物,初用去其三分之一,又用其剩余者八分之五,尚余铜元 30 枚,问其人原持钱若干.

2. 求解$\dfrac{4x-17}{x-4}+\dfrac{10x-13}{2x-3}=\dfrac{8x-30}{2x-7}+\dfrac{5x-4}{x-1}$.

3. 由直角三角形之直角顶,作其对边之垂线,求证此垂线之平方,等于其所分底线两段之积.

4. 试证以下基本公式:

(1)$\cos(A+B)=\cos A\cos B-\sin A\sin B$;

(2)$\cos(A-B)=\cos A\cos B+\sin A\sin B$.

(二)9 月 12 日复试各省径送学生试题

1. 二百二十码之竞走,甲许乙先发 5 码,乙许丙先发 9 码,则无胜负;若于 880 码竞走,问甲许丙先发 50 码,尚胜若干吗?

2. 试化下式为简式

$$\frac{\dfrac{1+x}{1-x}+\dfrac{4x}{1+x^3}+\dfrac{8x}{1-x^4}-\dfrac{1-x}{1+x}}{\dfrac{1+x^3}{1-x^3}+\dfrac{4x^3}{1+x^4}-\dfrac{1-x^3}{1+x^3}}$$

3. 设两弦于圆内相交,其两线分之积,彼此相等,试证明之.

4. 设$2\sin A=\cos A$,求$\sin A$及$\cos A$之值.

三、天津北洋大学(1921 年)

1. 化简$\dfrac{(x^2-y^2)(2x^2-2xy)}{4(x-y)^2}-\dfrac{xy}{x+y}$.

2. 解$x+y+\sqrt{x+y}=a,x-y+\sqrt{x-y}=b$.

3. 二水管齐开需时$10\dfrac{2}{7}$点钟装满一水池,若大管独开则较小管独开所需之时少 6 点钟. 试求每水管独开需若干钟可装满此水池.

4. 设由圆外一点作一切线一割线，证明此切线为割线及其圆外线分的比例中率.

5. 设一圆之半径为25尺，其外切四边形之周界为400尺，试求此四边形之面积.

6. 知一边一邻角及其余二边之和，求作三角形.

7. 设一三角形之底边为600尺，其二底角一为30°，一为120°，试求其他二边及其高为若干尺.

四、南京东南大学(1922年)

A. 代数

1. 约写下式

$$\frac{A^2}{(A-B)(A-C)}+\frac{B^2}{(B-C)(B-A)}+\frac{C^2}{(C-A)(C-B)}$$

2. 解下列方程式$AX^2+2BX+2(B-A)=0$，并证明其根恒为实数.

B. 代数

1. 解联立方程式

$$\begin{cases}\dfrac{x}{B^2-C^2}=\dfrac{y}{C^2-A^2}=\dfrac{z}{A^2-B^2}\\[2mm]\dfrac{x}{B+C}+\dfrac{y}{C+A}+\dfrac{z}{A+B}=1\end{cases}$$

2. 欲方程式$MX^2+2(M-1)X+4M=0$有实根，M之值当如何？

3. 有半径为R之圆C，于其直径AB上取其半B_1B为直径作一圆C_1，又取B_1B之半B_2B为直径作一圆C_2，更取B_2B之半B_3B为直径作一圆C_3，如是无限推之，求$C_1,C_2,C_3,\cdots$无穷个圆周之和.

C. 几何

1. 联四边对边中点之两直线，必互为二等分，试证之.

2. 有Rt$\triangle ABC$(C为直角)，以A为圆心，斜边之长

为直径作圆,割 AC 于点 D 及 AB 于点 O,自 D 引与 AO 正交之弦 DE,证 $\triangle ADE$ 与 $\triangle OCB$ 相等.

D. 三角

1. 已知 $\cos x = \dfrac{1-(M+1)\sin 2x}{1+(M-1)\sin 2x}$,求 x 的值.

2. 证 $\dfrac{\tan 2x - \tan 2y}{\sec 2x \sec 2y} = \sin(x+y)\sin(x-y)$.

3. 设 A,B,C 与 a,b,c 依次为一三角形之三角与三边,试证

$$\frac{a}{b+c} = \frac{\sin\dfrac{A}{2}}{\cos\dfrac{B-C}{2}}$$

五、武昌高等师范学校(1922 年)

(一) 初试

A. 算术

1. 求由 1 至于某数间之素数之法,并举例以说明之.

2. 梨 10 个柿 8 个较梨 8 个柿 10 个少 30 文,而梨柿各一个共钱 55 文,问梨柿每个价若干.

B. 代数

1. 析 $a^2b + ab^2 - a^2c + ac^2 - 2abc - b^2c + bc^2$ 之因式.

2. 解 $\dfrac{1}{1+2x} - \dfrac{2}{2+3x} + \dfrac{3}{3+3x} - \dfrac{4}{4+4x} = 0$.

C. 几何

1. 三角形二边之和大于其他一边.

2. 作通过二定点,中心在一定直线上之圆.

(二) 复试

A. 代数

1. 有甲乙二书记,甲每写 3 页,乙能写 4 页. 甲日写 8 点钟,10 日之间已写 480 页. 问乙欲 15 日之力写完 720 页,每日须写几点钟.

2. 解

$$\begin{cases}x^2-xy+y^2=61\\x^4+x^2y^2+y^4=1\ 281\end{cases}$$

3. 有甲乙二列火车,甲列比乙列每点之速度多15里,如行36里,则甲列比乙列先12分钟到. 问甲乙二列车之速度各几何.

B. 几何

1. 试证三角形之三中线相会于一点.

2. 任意之外切四边形,相对两边之和等于其他相对两边之和. 试证明之.

C. 三角

1. 试证$\dfrac{\cos A+\sin A}{\cos A-\sin A}=\tan 2A+\sec 2A$.

六、北京工业专门学校(1919年)

A. 算术(以代数作者无效)

1. 有甲乙两人,甲所有银为乙之五倍,其后甲得30元,乙得80元,则甲所有为乙之二倍,问甲乙原各有银几何.

2. 由甲地至乙地,若每时行32丈,则比预定时间迟2小时始到. 若每小时行56丈,则比预定时间早1小时可到,问依预定时间每时应行之速.

3. 化简$\left\{1-\dfrac{426}{697}+\dfrac{2\frac{1}{2}}{8\frac{1}{2}}\right\}\div\dfrac{3\frac{1}{2}}{5\frac{1}{8}}$.

4. 农夫四名,每日工作14小时,5日间可耘田15亩,问用农夫七名,每日工作13小时,几日可耘田$19\frac{1}{2}$亩.

5. 我国邮便贮金,规定常年4厘2毫,于六月、十二月底结算,可以利息加入本金,但不满一元者不计,今有人以500元于六月底存入,由七月一号起算利息,问三年后可得本利共若干元?

B. 代数

1. 试将下列繁分数简单之

$$\frac{\frac{2}{x+y}-\frac{1}{x}}{y-\frac{xy}{2x-y}}-\frac{\frac{1}{y}-\frac{2}{x+y}}{x-\frac{xy}{x+2y}}$$

2. 有人定酒二坛,两坛所盛斤数不等. 原定一盛甲酒每斤 8 角,一盛乙酒每斤 5 角. 今误将甲坛盛乙酒,乙坛盛甲酒,酒商要求加洋一元五角. 问两坛斤数各几何?

3. 试解下列之联立方程式,求 x,y,z 之值

$$\begin{cases}\frac{5}{x}-\frac{8}{y}=-3\\\frac{8}{y}-\frac{3}{z}=1\\\frac{25}{z}+\frac{7}{3x}=2\end{cases}$$

4. 若 $a:b=c:d$,试证

$$(a^2+b^2):\frac{a^3}{a+b}=(c^2+d^2):\frac{c^3}{c+d}$$

5. 有三数原成等比级数,其和为 $\frac{9}{2}$. 若第一数以 $\frac{2}{3}$ 乘之,第二数以 $\frac{2}{3}$ 乘之,第三数以 $\frac{16}{27}$ 乘之,则成等差级数,问原三数各几何?

C. 几何

1. 三角形各内角平分线必交于一点,试证之.

2. 圆内各等弦中点之轨迹为一同心圆周,试证之.

3. 设已知三角形之底边,面积及其顶角,求作此形.

4. 有圆锥高 8 寸,底之半径 4 寸,今距顶点 2 寸之处,作与底平行之平面截断此圆锥,问此两部分之体积各几何?

七、1923年北京大学试题(理科)

1. Solute the equation(解方程)

$$\sin 4\theta + \sin \theta = 0$$

2. Prove that(证明)

$$\tan^{-1} \frac{3}{4} = 2\tan^{-1} \frac{1}{3}$$

3. Show how to describe a triangle having given its angles and its perimeter. (已知三角形三角及周长,解此三角形.)

4. Given the edge of a tetrahenron, find its height and volume. (已知正四面体棱长,求其高及体积.)

5. If $(1-x)^n = c_0 + c_1x + c_2x^2 + \cdots + c_nx^n$, find the value of $c_0 + 2c_1 + 3c_2 + \cdots + (n+1)c_n$. (若$(1-x)^n = c_0 + c_1x + c_2x^2 + \cdots + c_nx^n$,求$c_0 + 2c_1 + 3c_2 + \cdots + (n+1)c_n$之值.)

6. If α,β,c are the roots of the equation $x^3 - px^2 + qx - c = 0$, find the value of $\alpha^2 + \beta^2 + c^2$. (若α,β,c为$x^3 - px^2 + qx - c = 0$的三个根,求$\alpha^2 + \beta^2 + c^2$之值.)

7. Find the value of $\frac{\sqrt{3x-1} - \sqrt{x+1}}{x-1}$, when $x = 1$. (当$x = 1$时,求$\frac{\sqrt{3x-1} - \sqrt{x+1}}{x-1}$之值.)

8. Find the equation to the straight line which passes through the points $(2,5)$ and $(0,-7)$. (求过$(2,5)$和$(0,-7)$两点的直线方程.)

9. Find the equations to the tangents to the ellipse $3x^2 + y^2 = 3$, inclined at angle of 45° to the axis of x. (求椭圆$3x^2 + y^2 = 3$之与x轴夹角为45°的切线方程.)

10. Find the equation to the normal to hyperbola $\frac{x^2}{a^2} - \frac{y^2}{b^2} = 1$ at the point (x_1, y_1). (求双曲线$\frac{x^2}{a^2} -$

$\frac{y^2}{b^2}=1$ 在点(x_1,y_1)处的法线方程.)

八、上海交通大学科学及工程学院民廿年度招生试题(1931年)

HIGHER ALGEBRA(高等代数)

1. Factor the following expressions:

(a) $a(b+c)^2+b(c+a)^2+c(a+b)^2-4abc$;

(b) $x(y-z)^3+y(z-x)^3+z(x-y)^3$.

2. Resolve $\frac{1+52x+30x^2-24x^3}{(3x^2-x-1)^2}$ into partial fractions.

3. (a) Find the maximum value of $(7-x)^4(2+x)^6$ when x lies between 7 and 2.

(b) Find the maximum value of $\frac{(5+x)(2+x)}{1-x}$.

4. A man borrows \$5 000 at 4 percent compound interest, if the Principal and interest are to be repaid by 10 equal instalments, find the amount of each instalment; having given lg 1.04 = 0.017 033 3 and lg 675 565 = 5.829 667.

5. If w is one of the imaginary cute roots of unity, show that the square of

$$\begin{vmatrix} 1 & w & n^2 & n^3 \\ w & n^2 & n^3 & 1 \\ n^2 & w^2 & 1 & w \\ w^3 & 1 & w & w^2 \end{vmatrix} = \begin{vmatrix} 1 & 1 & -2 & 1 \\ 1 & 1 & 1 & -2 \\ -2 & 1 & 1 & 1 \\ 1 & -2 & 1 & 2 \end{vmatrix}$$

hence show that the value of the determinant on the left is $3\sqrt{-3}$.

6. (a) Find the sum of n terms of the series whose nth term is $3(4n+4n^2)-5n^3$.

(b) Find the general term and the sum of n terms of the series $-3, -1, 11, 39, 89, 167$.

7. Six persons throw for a stake, which is to be won by the one who first throws head with a coin; if they throw in succession, find the chance of the fourth person.

8. Solve the following equation by taking the steps performed in srriving at Cardann formulas, but do not formulas themselves: $x^3 - 15x^2 - 33x + 847 = 0$.

TRIGONOMETRY(三角)

1. Find all the positive angles less than 380° which satisfy the equation $\sin x + \sin 2x \sin 3x = 0$.

2. A, B, C are the angles of a triangle, prove that

$$\tan A + \tan B + \tan C = \tan A \tan B \tan C$$

3. A boy standing c ft behind and opposite the middle of a football goal sees that the angle of elevation of the nearer is A and the angle of elevation of the farther one is B. Show that the length of the field is $c(\tan A \cot B - 1)$.

ANALYTIC GEOMETRY(解析几何)

1. Given the parabola $y^2 = 4x$ and the line $x = 2 + e\cos\alpha$, $y = -4 + e\cos B$, find the condition which $\cos\alpha$ and $\cos\beta$ must satisfy if the line meets the parabola in but one point.

2. The point of contact of a tangent to an hyperbola is midway between the points in which the tangent meets the asymptotes.

3. (a) Chords of the circle $p = 29\cos\theta$ which pass through the pole are extended a distance $2b$. Find the locus of their extremities.

(b) Find the locus of the point of intersection of lines drawn through the foci of an ellipse parallel to conjugate diameters.

4. (a) Find the equation of the projection of the line $x = z + 2$, $y = 2z - 4$ upon the plane $x + y - z = 0$.

(b) Find the equation of the plane passing through the line $\frac{x - x_1}{a_1} = \frac{y - y_1}{b_1} = \frac{z - z_1}{c_1}$ which is parallel to the $\frac{x - x_2}{a_2} = \frac{y - y_2}{b_2} = \frac{z - z_2}{c_2}$.

5. Find the equation of the sphere which passes through $(1,5,-3)$, $(-3,0,0)$ which center on the $3x + y + z = 0$, $x + 2y + 1 = 0$.

6. Find the equation of the ruled surface whose generators are the system of the lines $x - 2y = 4kx$, $k(x - 2y) = 4$ and discuss the surface.

九、上海交通大学管理学院
民廿年度招生试题(1931 年)

MATHEMATICS(数学)

1. Factor the following:

(a) $4a - 16b + 4a + 1$;

(b) $4(a - b)^2 - 12(a - b)(e + 9e^2)$.

2. A motion picture film 120 feet long contains a certain number of individual pictures. If each picture were 0.1 of an inch shorter, the same film would contain 720 more pictures, how long is each picture?

3. (a) Find the sum of the arithmetical series 49, 44, 39, ⋯, to 17 terms.

(b) Find the sum of the geometical series -2, $2\frac{1}{2}$, $-\frac{1}{3}$, ⋯, to 6 terms.

4. If two circles tangent at C and a common exterior tangent touches the circles in A and B, the angle ACB is a right angle.

5. Homologous sides of two similar polygons have the ratio of 5 to 9, the sum of the areas is 212 sq. fl. Find the area of each figure.

6. Find all the positive angles less than 360° which satisfy the equation

$$\cos 2x + \cos x + 1 = 0$$

7. Two stations, A and B on opposite side of a mountain, are both visible from a third station C. The distance $AC = 3\text{m}$, $CB = 5\text{m}$, and the angle $ACB = 60°$. Find the distance between A and B.

十、国立北京大学入学试题算学试题(1932年7月,理学院用)

(A)

代数

1. 试解方程式 $a(x+y) = b(x-y) = xy$.

2. 求 $4x + 49y - 28\sqrt{xy}$ 之平方根.

3. 设 $x + y + z = 0$,证明 $x^3 + y^3 + z^3 = 3xyz$.

4. 试解方程式 $\frac{x+2}{x-2} - \frac{x-2}{x+2} = \frac{5}{6}$.

三角

1. 试求方程式 $\sin 3\theta + \cos\theta = 0$ 之一般根.

2. 试证 $\frac{\tan a + \tan b}{\tan a - \tan b} = \frac{\sin(a+b)}{\sin(a-b)}$.

几何

1. 于四边形之内,取一点不在两对角线之交点之上者. 试证明从此点至各顶点之距离之和大于两对角线之和.

2. 内接于圆之平行四边形为矩形,其对角线通过圆心,试证明之.

3. 求内接于圆之正六角形与外切正三角形之面积之比.

4. 直角三角形之斜边上所画之正三角形之面积,等于其余两边上所画之正三角形之面积之和.

(B)

解析几何

1. 关于直交轴有三直线 $x = 0, y = 0, \frac{x}{a} + \frac{y}{b} = 1$. 求与此三直线相切之圆之方程式.

2. 求二直线 $y = m_1x + c_1, y = m_2x + c_2$ 及 y 轴所包围之三角形之面积.

3. 试讨论方程式 $3y^2 + 2x + 1 = 0$ 所表示之曲线.

4. 双曲线之切线与渐近线相交,试证切点移动,其所包围之三角形之面积为常数.

高等代数

1. 试求适合 $5x + 3y > 121, \frac{7}{4}x + y = 42$ 二式之 x, y 之值之界限.

2. $(1 + x)^n$ 之展开式中,求其各项系数之平方之和.

3. 试求方程式 $(x - 2)(x - 3)(x - 4) = 1 \cdot 2 \cdot 3$ 之诸根.

4. 试求 $\sqrt{a\sqrt{a\sqrt{a\sqrt{a\cdots}}}}$ (根号内至无穷).

这一时期的数学试卷多为英文题目,这与当时的数学教育采用英文授课有关系. 在这个时期,数学试题范围有所扩展,增加了高等代数和解析几何两分支学科的内容. 试题涉及代数、几何、三角、解析几何和高等代数五个分支学科的内容.

1. 代数

(1) Solve the following equations:

(a) $\sqrt{x+2}+\sqrt{x-2}=\sqrt{5x-6}$;

(b) $(1-e^2)x^2-2mx+m^2=0$.

(解方程. 1934 年交通大学管理学院)

(2) In the following equation, H is the depth of water in a tank in feet, d is the diameter of the pipe at the bottom of the tank in inches, L is the length of this pipe in feet, and V is the velocity of the water in this pipe in feet per second: $\frac{Hd}{L}=\frac{4V^2+5V-2}{1\ 200}$. Find the velocity of water in a 5 inch pipe, 1 000 feet long at the bottom of a tank containing 49 feet of water.

(在公式$\frac{Hd}{L}=\frac{4V^2+5V-2}{1\ 200}$中,$H$为水箱中水深,单位为英尺;$d$为水箱底部水管的直径,单位为英寸(1 英寸 = 2.54 厘米);L为水管的长度,单位为英尺;V为水管中水流速度,单位为英尺/秒. 求一个装有 49 英尺深的水箱底部 1 000 英尺长直径为 5 英寸的水管中的水流速度. 1934 年交通大学管理学院)

(3) Draw the graphs of the following equations:

(a) $y=x^3-3x^2-6x+8$;

(b) $\begin{cases} xy=12 \\ x-y=2 \end{cases}$.

(画出函数的图像. 1935 年交通大学科学及工程学院)

2. 几何

(1) If $AD=AC=CB$, DB and EB are straight lines, then $\angle EAD=3\angle B$. (若$AD=AC=CB$,且DB,EB为直角边,证明$\angle EAD=3\angle B$. 1934 年交通大学管理学院. 图 1)

(2) If a chord is bisected by another, either segment of the first is a mean proportional between the segments of the other. (若一弦被另一弦平分,则此弦被均分的两段中每一段都为另

外一弦两段之比例中项. 1934 年交通大学管理学院)

(3) If $AB = ED$, $BC \parallel FE$, $AF \parallel DC$, and AD is a straight line, $\triangle AEF$ must be congruent to $\triangle BCD$. (若 $AB = ED$, $BC \parallel FE$, $AF \parallel DC$, AD 在同一直线上. 求证 $\triangle BCD \cong \triangle AEF$. 交通大学 1934 年第二次招考科学及工程学院. 图 2)

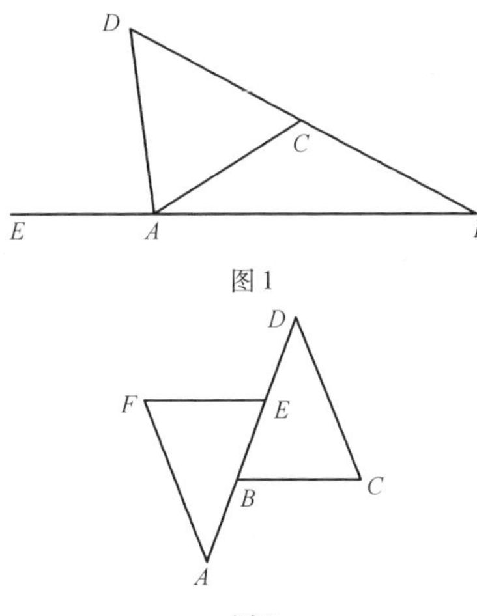

图 1

图 2

(4) If AB is a diameter of a circle, AD tangent of the circle at A, and FB and DB are secants intersecting the circle at E and C respectively, F being a point in AD, prove that $BE \times BF = BC \times BD$.

(AB 为某圆的直径, AD 为其在点 A 的切线, F 在 AD 上. FB 和 DB 为此圆割线, 分别交圆于 E, C 两点. 求证 $BE \times BF = BC \times BD$. 交通大学 1935 年科学及工程学院)

3. 三角

(1) 一人立于高为 h 之塔之正南, 测得塔之仰角为 α, 自此向西行至 A 处, 测得仰角 β; 继续西行至 B, 得仰角 γ. 求 AB 之长, 以 h, α, β, γ 表之. (1933 年国立上海交通大学入学试验算学试题)

(2) The angular elevation of a tower at a place due south of it is α, and at another place due west of the first and distant d

from it, the elevation is β. Prove that the height of the tower is

$$\frac{d\sin\alpha\sin\beta}{\sqrt{\sin(\alpha-\beta)\sin(\alpha+\beta)}}$$

（从一座塔的正南看塔顶，仰角为 α，在第一观测正西且距其为 d 之处看塔顶，仰角为 β. 证明塔高为 $\frac{d\sin\alpha\sin\beta}{\sqrt{\sin(\alpha-\beta)\sin(\alpha+\beta)}}$. 1934 年交通大学科学及工程学院）

(3) A tower is situated on a horizontal plane at a distance a from the base of a hill whose inclination is α. A person on the hill, looking over the tower, can just see a pond, the distance of which from the tower is b. Show that, if the distance of the observer from the foot of the hill be c. The height of the tower is $\frac{bc\sin\alpha}{a+b+c\cos\alpha}$.

（一塔坐落在水平面上，在距塔 a 处有座倾角为 α 的山，山上有一人，从山顶望去，正好看到与塔距离 b 的一个池塘. 若观测者的高度为 c，证明此塔高度为 $\frac{bc\sin\alpha}{a+b+c\cos\alpha}$. 1934 年交通大学第二次招考科学及工程学院）

(4) The angular elevation of a tower due south at a place A is $30°$, at a place B, due west of A and at a distance a from it, the elevation is $18°$. Show that the height of the tower is $\frac{a}{\sqrt{2\sqrt{5}+2}}$. Given $\tan 18° = \sqrt{1-\frac{2}{5}\sqrt{5}}$.

（从一座塔的正南 A 处看塔顶，仰角 $30°$，在点 A 正西且距其为 a 之处看塔顶，仰角为 $18°$. 证明塔高为 $\frac{a}{\sqrt{2\sqrt{5}+2}}$. 给出 $\tan 18° = \sqrt{1-\frac{2}{5}\sqrt{5}}$. 1935 年交通大学科学及工程学院）

(5) Prove that

$$\sin 5\alpha - 5\sin 3\alpha + 10\sin\alpha = 10\sin^5\alpha$$

（证明此式. 1935 年交通大学科学及工程学院）

(6) Let a,b,c be three sides opposite to the angles A,B,C of

the triangle ABC, prove the following without using the process of developing the determinant

$$\begin{vmatrix} a & a^2 & \cos^2\frac{A}{2} \\ b & b^2 & \cos^2\frac{B}{2} \\ c & c^2 & \cos^2\frac{C}{2} \end{vmatrix} = 0$$

(在三角形 ABC 中,a,b,c 为角 A,B,C 的对边.不展开行列式,证明此式.1935年交通大学科学及工程学院)

(7) Solve the equation

$$16^{\cos^2\theta+2\sin^2\theta}+4^{2\cos^2\theta}=40$$

(解此方程.交通大学1935年科学及工程学院)

4.解析几何

(1)讨论且描出次方程式之轨迹 $r^2=16\sin 2\theta$.(1933年国立上海交通大学入学试验算学试题)

(2)求过直线 $\frac{x-x_1}{a_1}=\frac{y-y_1}{b_1}=\frac{z-z_1}{c_1}$ 及与直线 $\frac{x-x_2}{a_2}=\frac{y-y_2}{b_2}=\frac{z-z_2}{c_2}$ 平行之平面的方程式.(1933年国立上海交通大学入学试验算学试题)

(3) Plot and discuss the locus of $\frac{x^2}{64-k}+\frac{y^2}{16-k}=1$.

(讨论并绘制 $\frac{x^2}{64-k}+\frac{y^2}{16-k}=1$ 的轨迹.1934年交通大学第二次招考科学及工程学院)

(4) Find the value of k for which the line $x-2y+k=0$ intersects, is tangent to, or does not meet the conic $xy+y^2-4x+8y=0$. Construct the figure to show their relative positions.

(当直线 $x-2y+k=0$ 与二次曲线 $xy+y^2-4x+8y=0$ 相交、相切或者无交点时,分别求 k 的值,并构造图像以说明其位置关系.1935年交通大学科学及工程学院)

(5) Plot and discuss the locus of the following equation: $\rho=a(1-\cos\theta)$.

(画出此方程的轨迹图像并讨论. 1935 年交通大学科学及工程学院)

(6) Find the value of k for which the conies belonging to the following system are degenerate

$$x^2 + 3y^2 - x + 5y - 24 + k(2y^2 - x - 3y + 2) = 0$$

($x^2 + 3y^2 - x + 5y - 24 + k(2y^2 - x - 3y + 2) = 0$ 表示退化二次曲线,求 k 值. 交通大学 1935 年科学及工程学院)

(7) Find the exact nature of the locus of $x^2 - xy + y^2 - 7x + 8y + 18 = 0$. Verify your result by reducing the equation to the simplest form and construct the figure fully and accurately.

(说出 $x^2 - xy + y^2 - 7x + 8y + 18 = 0$ 的性质,并通过将其转化为最简形式以及准确描绘其图像证明你的结论. 交通大学 1936 年科学及工程学院)

5. 高等代数

(1) 某童平均能于五道题中作三题. 若试验八题中,能作五题即及格,求此童及格之机会. (1933 年国立上海交通大学入学试验算学试题)

(2) A bag contains 5 white and 3 black balls, and 4 are successively drawn out and not unplaced, what is the probability that they are alternately of different color?

(袋子里有 5 个白球和 3 个黑球,随机取出四个并不予放回,那么交替出现不同颜色的概率为多少? 1934 年交通大学第二次招考科学及工程学院)

(3) Prove that

$$\begin{vmatrix} (b+c)^2 & ab & ac \\ ab & (c+a)^2 & bc \\ ac & bc & (a+b)^2 \end{vmatrix} = 2abc(a+b+c)^3$$

(证明此式. 1934 年交通大学第二次招考科学及工程学院)

(4) Solve the logarithmic equation

$$\lg e(1-2x)^3 - \lg e(3-x)^3 = 6$$

(解对数方程式 $\lg e(1-2x)^3 - \lg e(3-x)^3 = 6$. 交通大学 1934 年第二次招考科学及工程学院)

(5) By means of continued fractions find the general integral solution of the equation: $235x + 412y = 10$.

(找出 $235x + 412y = 10$ 的所有整数解. 交通大学1935年科学及工程学院)

高等代数中题目几乎都为计算题,内容包括考查解超越方程,如解对数方程等,还有考查行列式及概率的题目,这些都是《范氏大代数》所重点论及的内容.

当然对《范氏大代数》这样优秀的教材的评价也有不同的声音,可见民国大师为何考不好数学. 本导读参考了大量的文献,如:

1. 刘颖珠.《民国国民政府初期的高中数学课程特征研究》,华中师范大学硕士学位论文,2011 年.

2. 张伟.《民国时期主要使用的数学教科书(1911—1949)》,内蒙古师范大学学报(自然科学汉文版),第 38 卷第 5 期,2009 年 9 月.

3. 王嵘.《民国中学数学教科书的发展与特点》,数学通报,第 53 卷第 9 期,2014 年.

4. 韩斌.《民国时期大学入学数学考试研究》,内蒙古师范大学硕士学位论文,2010 年.

按照经济学中的"口红效应"来推断,在当前经济不景气时期文化消费品应该需求增长才对,但现实却是很具有"中国特色",那就是图书,特别是数学类图书的销量每况愈下,令我们这些经历过 20 世纪 80 年代黄金时期的中年老男人都格外怀念那个时代,就连著名西方哲学研究专家周国平都回忆说:那个年头的气氛实在非同寻常,一年之内,我翻译的《悲剧的诞生 —— 尼采美学文选》印了十五万册,陈宣良翻译的萨特写的《存在与虚无》印了十万册,陈嘉映、王庆节翻译的海德格尔写的《存在与时间》印了五万册. 尼采还好说,后两种书那么难懂,几个人买了真读啊,不过是赶时髦罢了. 当然,赶时髦也没有什么不好,这么大面积地撒下种子,没准有几颗会发芽.

刘培杰

2018 年中秋节

于哈工大

编辑手记

据武汉大学前任校长齐民友教授说:2017 年美国数学会又一字不改地重印了一本早年非常流行的数学教材,那就是本书——《范氏大代数》. 出版者作了这样的说明:《范氏大代数》当年是美国的大学教材,但今天其内容有许多已归入其他课程,例如方程式论就分散到今天我国大学数学专业的微积分、高等代数和计算方法等许多课程中去了.

今天许多科学界及工程技术领域的泰斗与大佬,在人们敬仰他们非凡的学术成就及扎实的学术功底时,细心的人可能会发现他们中许多都是在民国期间接受的初高中教育,而且在他们成材后对当时的老师都极其怀念和认可. 不记得是从哪一位大家的回忆文章中曾读到这样的记叙:

> 黄泰(字阶平)老师则为我们讲授代数学,用《范氏大代数》(*Fine's Algebra*)为参考课本. 黄老师讲课慢条斯理,逻辑严谨,尤其是他在黑板上写得一手整齐秀丽的板书,为我们上课记笔记提供了很大方便. 他讲授代数中的方程式论、排列组合、级数和导数. 记得黄老师还给我们分析过一个排列组合的题目. 问:"以 n 边形的顶点为顶点,但不以 n 边形的边为边的三角形有多少?". 据说此题为 1946 年上海交通大学入学考试的试题之一,不少学生都不会做. 黄老师教我们分析:先求以 n 边形的顶点为顶点的三角形共有 $\frac{n(n-1)(n-2)}{3!}=\frac{n(n-1)(n-2)}{6}$ 个,再减去以多边形一条边为边的三角形数 $n(n-4)$ 和以多边形两条边为边的三角形数 n,就得到答案 T. $T=\frac{n(n-1)(n-2)}{6}-n(n-4)-n$. 当 $n=5$ 时,$T=10-5-5=0$. 当 $n=6$ 时,$T=20-12-6=2$. 当 $n=8$ 时,$T=56-32-8=16$,其余类推. 这个难题经过黄老师的分析,也就迎刃而解了. 他不但告知我们

正确的答案,还教会我们分析问题和解决问题的方法.他不仅授人以鱼,还授人以渔.我上大学以后,医学院已不设数学课,我完全依靠中大附中教给我的数学基础,根据工作需要,自学微积分、线性代数、傅氏变换、拉氏变换等高等数学知识.1957 年,苏联学者在*Биофизика* 杂志首次发表《生物控制论》论文.我于1958 年将这一新创学科介绍到中国,发表在《生理科学进展》杂志上.1983—1984 年,在 WTO 资助下,卫生部派我到美国 UCLA 生物物理教研组进修"正电子发射断层图(PET)的原理与应用".回国后在当时卫生部中日友好医院院长耿德章教授的支持之下,我与核医学科朱国泓教授和中国科学院高能物理研究所赵永健教授合作,研制出中国第一台 PET,还请当年在 UCLA 的 PET 授课老师来北京指导,并首次在国内开展临床应用工作.我还被聘为国家自然科学基金委员会生物物理与生物医学工程学科评审组组长和科技部国家重大基础科研项目(973 项目)第二届人口与健康领域的咨询组专家.这些工作,都需要较多的数学知识,而这些基础都是当年中大附中老师辛勤培育的结果.

本书即是《范氏大代数》的一个早期译本.齐民友教授曾讲过:美国数学会译过不只这一套数学教材,我前面讲了一套日本教材,其实还有一套,由小平邦彦主编,并由美国数学会译为英文,英译本分四册:

1. *Mathematics* 1, *Japanese grade* 10;
2. *Mathematics* 2, *Japanese grade* 11;
3. *Basic Analysis*, *Japanese grade* 11;
4. *Algebra and Geometry*, *Japanese grade* 11.

我没有看到此书,不知与上面介绍的有何异同,但是德国的 Zentralblat 为它写过一个评论,感谢美国数学会做了一件有益的事,因为此书比西方现在用的教材都好.

中国目前有许多人都在搞所谓的课程论,也研究了世界各国数学教材的优劣，其中一支力量很强，因为他们的领头人是昔日搞量子群非常著名的大家王建磐教授．他们的团队基于中、法、美三国四套教科书中数学文化的呈现形式、内容分布、运用层次等方面的统计和分析，研究得出如下结论：

第一，在数学文化内容的总量上，美国 Prentice Hall 版最多，说明其所含数学文化内容相对另三套教科书更加充实．

第二，数学文化在栏目分布方面，沪教版数学文化内容在各个栏目中的数量比较均衡，其他三套教科书的数学文化主要集中在习题部分，数量占总数的 50% 以上，但其他栏目中的数学文化占总数的比例较小，因而总体分布不均衡．

第三，在数学史方面，四套教科书都有一个显著的特点，就是大多将数学史内容设置在非正文部分，运用层次也大多停留在点缀式或附加式等直接运用的方式．

第四，数学与现实生活方面，四套教科书都关注数学与现实生活之间的联系，关注最多的是社会生活，其次是个人生活，对职业生活的关注最少．美国教科书中现实生活内容更加贴近学生个人的日常生活实际，但对学校生活的关注相对不足．

第五，数学与科学技术方面，美国教科书做得最好，融合了许多与生物、地球、物质科学间联系的例子，体现了数学的科学实用价值．教科书在生物科学、地球科学、物质科学中的分布也比较均衡，而对高新技术的关注度明显不高．中法两国数学教科书对数学的科学价值、人文价值关注还不够．

第六，数学与人文艺术方面，我国教科书明显欠缺，美国教科书最蕴含浓厚的人文艺术气息，尤其引人注目的是一幅幅的著名建筑图片．建筑中所呈现的立体美、和谐美无处不与数学相关联，从学习上帮助学生学习平面几何、立体几何等知识，从思维上培养了学生的立体空间感和欣赏美的意识．

本书是我们准备系列推介民国老课本的处女秀，因为自科举制度创立之初，数学考试就占有一席之地，之后随着社会变迁经历了一些起伏，自清末京师大学堂的建立，随之产生了大学入学数学考试的雏形．后经民国时期，直至现在，数学一直是各类学校入学、升学以及选拔人才的必考科目，这也从侧面印证了数学课本在出版中的地位是至关重要的．

从前《大学规程》(1929 年) 第四章第十四条中规定,大学入学考试(民国称为大学入学试验),由校务会议组织招生委员,于每学年开始以前举行之,各大学组织联合招生委员会,即现今所说之高考(下文同),其成绩几乎为我国普通高等本、专科院校招收学生的唯一依据.

近些年随着自主招生的盛行,家长对学习数学的课本也开始有了自己的选择.最早是有报道上海某著名大学的教授为自己的孩了影印《范氏大代数》作为学习的课本,后在民间渐有流行之势.

笔者非职业文人,写点文字情非得已,引用、借鉴必不可少,好在这类例子文人中并不乏例.

1923 年,有“艺术叛徒”之称的画家刘海粟先生,在上海美术用品社出版了一册装潢考究的画册 ——《海粟之画》,定价大洋两元半,可谓昂矣.

这样一本高档大气的画册,出版后却闹出一个抄袭案例,成为上海滩上的笑谈.

事情是这样的 ——《海粟之画》里有一篇刘海粟手书的自序,文如下:

> 海粟绘画,最不喜求人作序.求之大人先生,既以借光为可耻;求之学者名流,必至敷衍恭维,反失实在,终不如不序为得也.几张涂抹,原算不得东西;有些好处,大家看看;如无好处,以之覆瓿,以之当薪.曷为而要序为?
>
> 癸未三月　海粟自题
>
> (按:原文无标点,笔者代加)

这篇半文半白的小序,很有特色,不求人作序,骨子里透露出孤傲的气质,有着很自负的一面,很符合“艺术叛徒”这个头衔.

然而,不久人们就发现,刘海粟这篇序文竟然是抄来的,而且抄的还是大名鼎鼎的清代扬州八怪之一的郑板桥.

《郑板桥集》中的《十六通家书小引》也有一个自题的

小引：

> 板桥诗文，最不喜求人作叙.求之王公大人，既以借光为可耻；求之湖海名流，必至含讥带讪，遭其荼毒而无可如何，总不如不叙为得也.几篇家信，原算不得文章，有些好处，大家看看；如无好处，糊窗糊壁，覆瓿覆盎而已，何以叙为！
>
> 乾隆己巳，郑燮自题.

郑板桥的这通小引，名气很大，读者很容易就可以看出两文的共同之处.

笔者平时，不务正业，主攻数学出版之外，漫无边际，随性阅读，但苦于年纪原因，记忆常有差错，引用有误，读之权当娱乐.

思想史家一致认为，中国历史上有三个时期是思想、学术的黄金岁月.第一段是战国时期，第二段是魏晋时期，第三段就是“五四”时代，清末民初.现在很多人都在讲民国范儿，都承认民国时代出了不少大师，很了不起.战国、魏晋、清末民初这三段时期，政治上都比较混乱，但是学术非常发达，思想非常自由.

人们现在忆念那三段时光，但能有所模仿的也就剩下民国了，因为前面那两段距离今天太久远了.而且由于古文功底的限制，对那两段的文化成果也只能是敬而远之了.

其实经济学家们的理论对民国人才辈出也有独到的解释：哈耶克也承认，由于企业家式的能力之强弱，造成某一特殊能力相同的人之间报酬悬殊，这种情况被视为不公，引起了极大不满.同时，每个人必须为自己的才能去寻求市场，必然面临风险和不确定性，也就把大多数人置于压力之下，“这是一个自由社会加诸我们的最为严格的也是最为残酷的要求”.但是，哈耶克认为，让每个人自己承担寻求机会的压力是必要的.他的一个最有说服力的论据是，在自由社会中，才智不是特权，任何人无权强制别人使用他的才智，因为这意味着剥夺了别人的选择权利.而且，如果根据才能而不是根据使用才能的有用结果来决定报酬,便意味着必须有某个权力者对才能的等级进行裁决,这必定会导致专制.因此,“如果想替代那种对自己的命运负责而导致的压力,那么可供选择的就只有那种人们必须服从的个人命令所产生的令人更为厌恶的压力”.

笔者认为本书的部分购买者应是那些对当前花里胡哨的中学课本不满者,还有那些向民国教育成果致敬的中老年图书收藏者.有人说:儿时的搜集只是一种游戏,与成人的收藏是两回事,后者混合着恋物癖、占有欲和虚荣心.其实这么说并无贬低之意,收藏恰恰是这些欲望的最天真无邪的满足方式.

刘培杰

2018年12月1日

于哈工大

解析数学讲义(第一卷,导来式及微分、积分、级数)

古尔萨　著
王尚济　译

编辑手记

这是一部世界数学的名著,20 世纪初曾在中国风行一时,那段时间是中国教育史上的第一个黄金时期,大师们成群地出现. 现在我们那几位在世界上知名的数学家都是那个时期接受的大学教育. 我们现在当然不能再还原当时的社会氛围,也无法再现当时的教育盛况,但钩沉一下当时高校中所使用的数学教材,特别是其中的名著是很有意义的. 本书是一部法国数学名著. 法国一直是传统的世界数学强国. 在刚刚公布的 2019 年 USNews 世界大学排名数学专业榜单中,TOP1 即为法国高校,而笔者所在的哈尔滨工业大学仅名列 96 名.

在数学领域,通常采用模型、推理或其他手段来解决问题. 涵盖的学科包括:纯粹数学、应用数学、统计学和概率. 表 1 中的大学就是 USNews 评出的 2019 年数学领域世界顶尖的大学,巴黎 - 萨克雷大学位列第一,排名基于大学在这个领域的声誉和研究.

表 1　2019 年 USNews 世界大学排名:数学

排名	院校名称	国家/地区
1	巴黎 - 萨克雷大学	法国
2	斯坦福大学	美国

续表1

排名	院校名称	国家／地区
3	普林斯顿大学	美国
4	麻省理工学院	美国
5	加州大学 – 伯克利	美国
6	牛津大学	英国
7	巴黎文理研究大学	法国
8	纽约大学	美国
9	剑桥大学	美国
10	哥伦比亚大学	美国
11	哈佛大学	美国
12	苏黎世联邦理工学院	瑞士
13	芝加哥大学	美国
14	索邦巴黎西岱联合大学 USPC	法国
15	加州大学 – 洛杉矶	美国
16	帝国理工学院	英国
17	德克萨斯 A&M 大学 – 学院站	美国
18	威斯康星大学 – 麦迪逊	美国
19	德克萨斯大学 – 奥斯汀	美国
20	明尼苏达大学 – 双城	美国
21	北京大学	中国
22	布朗大学	美国
23	洛桑联邦理工学院	瑞士
24	米兰大学	意大利

续表1

排名	院校名称	国家/地区
25	密歇根大学－安娜保	美国
26	华威大学	英国
27	宾夕法尼亚州立大学－大学城	美国
28	波恩大学	德国
29	华盛顿大学	美国
30	罗马大学	意大利
31	香港中文大学	中国香港
31	伊斯兰 Azad 大学	伊朗
33	罗格斯州立大学－新布伦瑞克	美国
34	维也纳大学	奥地利
35	新加坡国立大学	新加坡
36	复旦大学	中国
37	上海交通大学	中国
38	东京大学	日本
39	普渡大学－西拉法叶	美国
40	成均馆大学	韩国
40	伊利诺斯大学－香槟	美国
42	佐治亚理工学院	美国
43	天主教鲁汶大学(CUL)	比利时
44	米兰理工大学	意大利
45	不列颠哥伦比亚大学	加拿大
46	南开大学	中国

续表1

排名	院校名称	国家 / 地区
47	圣保罗大学	巴西
48	北京师范大学	中国
49	沙特国王大学	沙特阿拉伯
50	清华大学	中国
51	多伦多大学	加拿大
52	莫斯科国立大学	俄罗斯
53	杜克大学	美国
53	京都大学	日本
53	密歇根州立大学	美国
53	图卢兹联邦大学	法国
57	首尔国立大学	韩国
58	宾夕法尼亚大学	美国
59	加州理工学院	美国
59	香港城市大学	中国香港
61	里昂大学	法国
62	卡内基梅隆大学	美国
63	艾克斯 – 马赛大学	法国
64	巴黎东部马恩 – 拉瓦雷大学	法国
65	中国科学技术大学	中国
66	慕尼黑工业大学	德国
67	北卡罗来纳州立大学 – 萝莉	美国
68	以色列理工学院	以色列

续表1

排名	院校名称	国家／地区
69	里斯本大学	葡萄牙
70	新南威尔士大学	澳大利亚
71	北卡罗来纳大学 - 教堂山	美国
72	莱斯大学	美国
73	加州大学 - 圣地亚哥	美国
74	香港理工大学	中国香港
75	阿基坦大学	法国
76	帕维亚大学	意大利
77	耶鲁大学	美国
78	布拉格查理大学	捷克共和国
79	圣彼得堡国立大学	俄罗斯
80	俄亥俄州立大学 - 哥伦布	美国
80	都灵理工大学	意大利
82	马德里自治大学	西班牙
83	兰州大学	中国
83	爱丁堡大学	英国
85	康奈尔大学	美国
85	图卢兹第三大学	法国
85	伦敦大学学院	英国
88	麦吉尔大学	加拿大
88	比萨高等师范学校	意大利
90	柏林工业大学	德国

续表1

排名	院校名称	国家／地区
90	布里斯托大学	英国
92	华沙大学	波兰
93	柏林洪堡大学	德国
93	国际高等研究学校	意大利
93	Universite Lille-Nord-de-France	法国
96	哈尔滨工业大学	中国
96	厦门大学	中国
98	上海大学	中国
99	慕尼黑大学	德国
100	加州大学 - 戴维斯	美国
101	阿米尔卡比尔理工大学	伊朗
101	南京大学	中国
103	马里兰大学 - 帕克	美国
104	麦克马斯特大学	加拿大
105	哥廷根大学	德国
106	格拉纳达大学	西班牙
107	国立研究大学高等经济学院	俄罗斯
107	维也纳技术大学	奥地利
109	巴塞罗那自治大学	西班牙
109	维尔利亚大学	西班牙
109	苏黎世大学	瑞士
112	格勒诺布尔大学	法国

续表1

排名	院校名称	国家/地区
113	赫尔辛基大学	苏兰
113	维多利亚大学	加拿大
115	武汉大学	中国
116	澳大利亚国立大学	澳大利亚
116	东南大学	中国
116	特拉维夫大学	以色列
116	罗马第二大学	意大利
116	浙江大学	中国
121	乌普萨拉大学	瑞典
122	希伯来大学	以色列
122	约翰霍普金斯大学	美国
124	贝尔格莱德大学	塞尔维亚
125	卢布尔雅那大学	斯洛文尼亚
126	天主教鲁汶大学(UCL)	比利时
127	圣地亚哥孔波斯特拉大学	西班牙
128	挪威科技大学	挪威
129	中南大学	中国
130	滑铁卢大学	加拿大
131	马德里康普顿斯大学	西班牙
132	哥本哈根大学	丹麦
133	加州大学 - 欧文	美国
134	法赫德国王石油与矿业大学	沙特阿拉伯

续表1

排名	院校名称	国家 / 地区
134	加泰罗尼亚理工大学	西班牙
136	西北大学	美国
137	早稻田大学	日本
138	墨西哥国立自治大学	墨西哥
138	巴斯大学	英国
140	Babes-Bolyai 大学	罗马尼亚
140	曼彻斯特大学	英国
142	里昂国立应用科学学院	法国
142	米兰比可卡大学	意大利
144	印第安纳大学 - 布鲁明顿	美国
145	犹他大学	美国
146	帕多瓦大学	意大利
147	智利大学	智利
148	阿尔伯塔大学	加拿大
149	明斯特大学	德国
150	尼斯大学	法国
151	比勒菲尔德大学	德国
152	马德里卡洛斯三世大学	西班牙
153	朗格多克 - 鲁西雍大学	法国
154	阿里格尔穆斯林大学	印度
154	比萨大学	意大利
154	南加州大学	美国

续表1

排名	院校名称	国家/地区
157	华东师范大学	中国
158	庆尚大学	韩国
158	魏茨曼科技学院	以色列
160	佛罗伦萨大学	意大利
161	Atilim University	土耳其
162	中山大学	中国
163	萨格勒布大学	克罗地亚
164	爱荷华大学	美国
165	台湾大学	中国台湾
166	莫斯科物理研究所	俄罗斯
166	新西伯利亚国立大学	俄罗斯
166	大阪大学	日本
166	纽约州立大学 - 石溪	美国
170	科罗拉多大学 - 博尔德	美国
171	雅盖隆大学	波兰
171	瓦伦西亚理工大学	西班牙
171	山东大学	中国
171	洛林大学	法国
175	悉尼大学	澳大利亚
176	布加勒斯特大学	罗马尼亚
176	雷恩第一大学	法国
178	匹兹堡大学	美国

续表1

排名	院校名称	国家 / 地区
179	亚琛工业大学	德国
180	阿姆斯特丹大学	荷兰
181	查尔姆斯理工大学	瑞典
182	图卢兹第一大学	法国
183	佛罗里达大学	美国
184	阿尔托大学	芬兰
184	大连理工大学	中国
186	香港浸会大学	中国香港
187	坎皮纳斯州立大学	巴西
188	伊利诺斯大学 - 芝加哥	美国
189	肯塔基大学	美国
190	于韦斯屈莱大学	芬兰
191	柏林自由大学	德国
192	里昂中央学校	法国
193	勃艮第弗朗什大学	法国
194	佛罗里达州立大学	美国
194	浦项科技大学	韩国
196	奥斯陆大学	挪威
197	皇家理工学院	瑞典
197	东京工业大学	日本
199	西安交通大学	中国
200	圣母大学	美国

本书的作者古尔萨(Goursat Edvard,1858—1936),法国人,1858年5月21日生于兰扎克(洛特省),曾在土鲁斯、巴黎工作. 1897年起任巴黎大学教授,1919年成为巴黎科学院院士、法国数学协会主席,1936年11月25日逝世. 古尔萨对二阶偏微分方程和解析函数理论做出了贡献,他将偏微分方程以其特征的本质为基础进行分类. 在微分方程理论中,他提出了古尔萨问题;在数学物理中,提出了古尔萨函数;在几何学中,他提出了古尔萨构形,著有《普法弗问题讲义》(1922)、《数学分析教程》(3卷1927,1933,1936)等. 古尔萨曾3次获得巴黎科学院的奖金,1935年被授予巴黎大学纪念奖章.

数学分析的教材多如牛毛,但好的不多,许多都有瑕疵. 北京航空航天大学数学与系统科学学院的刘淑玉,郭猫驼两位教授2018年10月25日梳理了微分概念产生、发展与演变的历史,搜集整理了各国数学分析相关教材中微分的定义并将其归纳为三类;详细分析了三类微分定义中内蕴的逻辑错误,在此基础上呼吁学界重新审视现行微积分体系,揭示真正的微积分原理,并发展微积分方法.

1. 现行微积分体系中三种主流的定义方式

(1) 用 $y = x$ 这一特殊函数定义自变量的微分,见莫斯科大学力学与数学系教授,俄罗斯B. A. 卓里奇的《数学分析》[6] 一书,原文如下:

> 定义在集 $E \subset \mathbf{R}$ 上的函数 $f: E \to \mathbf{R}$ 叫作在集 E 的极限点 $x \in E$ 处是可微的,如果
>
> $$f(x+h) - f(x) = A(x)(h) + \alpha(x;h)$$
>
> 其中 $h \to A(x)h$ 是关于 h 的线性函数,而 $\alpha(x;h)$ 当 $h \to 0$, $x+h \in E$ 时, 等于 $o(h)$. 量
>
> $$\Delta x(h): = (x+h) - x = x$$
>
> 和
>
> $$\Delta f(h): = f(x+h) - f(x)$$
>
> 分别叫作自变量的增量和函数(相应于自变

量的这个增量)的增量.

它们常常用(其实并不完全合理)自己作为h的函数的记号Δx和$\Delta f(x)$表示.这样一来,说函数在一点处可微,指的是在这点处的增量作为自变量的函数近似于一个线性函数,其误差与自变量增量的比当$h\to 0$时是无穷小量.

在上述定义中,关于h的线性函数$h\to A(x)h$叫作函数$f:E\to\mathbf{R}$在点$x\in E$处的微分,并用符号$\mathrm{d}f(x)$或$\mathrm{D}f(x)$来表示.于是

$$\mathrm{d}f(x)(h)=A(x)h$$

我们有

$$\Delta f(x;h)-\mathrm{d}f(x)(h)=\alpha(x;h)$$

并且当$h\to 0,x+h\in E$时,$\alpha(x;h)=o(h)$,就是说,由自变量的增量h引起的函数增量与线性函数$\mathrm{d}f(x)$在同一个h处的值之间的差是关于h的高于一阶的无穷小量.

由于这个缘故,微分是函数增量的线性主部,可以推出

$$A(x)=f'(x)=\lim_{\substack{h\to 0\\ x+h,x\in E}}\frac{f(x+h)-f(x)}{h}$$

因此微分可以写成

$$\mathrm{d}f(x)(h)=f'(x)h$$

特别的,如果$f(x)\equiv x$,则显然$f'(x)\equiv 1$,因此,人们有时会说,自变量的微分是它的增量.从而得到

$$\mathrm{d}f(x)(h)=f'(x)\mathrm{d}x(h)$$

即$\mathrm{d}f(x)=f'(x)\mathrm{d}x$,此等式必须理解作$h$的函数的等式.

还可得到$\dfrac{\mathrm{d}f(x)(h)}{\mathrm{d}x(h)}=f'(x)$,即函数$\dfrac{\mathrm{d}f(x)}{\mathrm{d}x}$(函数$\mathrm{d}f(x)$和$\mathrm{d}x$的比)是常数并且等

于 $f'(x)$. 由于这个缘故,人们常常根据莱布尼茨的办法,用记号 $\frac{\mathrm{d}f(x)}{\mathrm{d}x}$ 来标记导数. 这种记法与后来拉格朗日提出的记号 $f'(x)$ 均为人们所使用[6].

(2) 直接定义自变量的增量就是自变量的微分. 参见俄罗斯数学教授 Г. И. 阿黑波夫的《数学分析讲义》[7] 一书,原文如下:

> 线性函数 $g(\Delta x) = c\Delta x$ 叫作增量 $\Delta f(x)$(或函数 $f(x)$ 本身在点 $x = a$ 处)的微分,如果 $\Delta f(x) \sim c\Delta x$. 当 $\Delta x \to 0$,即
>
> $$\Delta f(x) = c\Delta x + \gamma(\Delta x)\Delta x$$
>
> 其中 $c \in \mathbf{R}$,且当 $\Delta x \to 0$ 时 $\gamma(\Delta x) \to 0$,函数 $f(x)$ 的微分记作 $\mathrm{d}f(x)$ 或简记作 $\mathrm{d}f$. 从定义推出 $\lim\limits_{\Delta x \to 0} \frac{\Delta f(x)}{\Delta x} = c$,若此时 $c \neq 0$,则 $\frac{\Delta f}{\mathrm{d}f} \to 1$;当 $\Delta x \to 0$,我们发现,函数 $\gamma(\Delta x)$ 定义在点 $x = a$ 的某个去心领域中,函数 $\Delta f(x)$ 定义在点的某个去心 δ 领域中,而函数 $\mathrm{d}f(x) = c\Delta x$ 对于一切 $x \in \mathbf{R}$ 有定义,定义函数 $\gamma(\Delta x)$ 使 $\gamma(0) = 0$,对于我们是方便的,结果在我们定义微分 $\mathrm{d}f(x)$ 的等式 $\Delta f(x) = \mathrm{d}f(x) + \gamma(\Delta x)\Delta x$ 中,所有的函数都定义好了,且都在点 $\Delta x = 0$ 的某个领域中连续,进而易见 $\Delta x = \mathrm{d}x$[7].

(3) 利用线性映射定义微分. 参见陈天权的《数学分析讲义》[8] 一书,原文如下:

> 定义(167):$\mathbf{R} \to \mathbf{R}$ 的线性映射 $h \mapsto f'(x)h$(5.1.11) 称为函数 f 在 x 处的微分,

记作 $\mathrm{d}f_x$，即 $\mathrm{d}f_x: h \mapsto f'(x)h$ (5.1.12) 或 $\mathrm{d}f_x(h) = f'(x)h$，(5.1.13). 从等式(5.1.13)看，$f'(x)$ 与 $\mathrm{d}f_x$ 几乎相同. 事实上，$\mathrm{d}f_x$ 是 $\mathbf{R} \to \mathbf{R}$ 的线性映射，而 $f'(x)$ 正是代表线性映射 $\mathrm{d}f_x$ 的(关于一维线性空间 $\mathbf{R}$ 的通常的基的一行一列的)矩阵，后者与数成一一对应. 我们常常把一行一列的矩阵与它所对应的数看成是同一个东西.

微分这个词是莱布尼茨于17世纪，在极限概念尚未弄清楚的情况下，为了解释微分学的形式运算规律而引进的. 他运用了在当时还没有明确定义的无穷小这一概念，经典的数学分析教材中，一元函数 f 在点 x 处的导数 $f'(x)$ 看成是一个(依赖于 x 的)数. 我们现在把导数看作是一个一行一列的矩阵，因为一行一列的矩阵与数成一一对应，一元函数 f 在点 x 处的导数 $f'(x)$ 看成是一个(依赖于 x 的)数.

特别的，当 $f = id_R$($\mathbf{R}$ 上的恒等映射)时，即 $f: x \mapsto x$ 或 $\forall x \in \mathbf{R}(f(x) = x)$ 时，为了方便，映射 $f = id_R$ 常记作 x. 应注意的是：x 表示映射 $x: x \mapsto x$，上式中，第一个 x 表示映射，第二个 x 表示自变量的值 x，第三个 x 表示自变量的值 x 在映射 x 下的值. 同一个 x 表示很多不同的东西. 根据上下文，一般不会搞混. 当然，同学应小心区别它们的含义.

这时，我们有 $\mathrm{d}x: h \mapsto h$，换言之，$\mathrm{d}x = id$，故公式(5.1.13)可改写成 $\mathrm{d}f_x = f'(x)\mathrm{d}x$ (5.1.14). 应注意的是：最后的 $\mathrm{d}x$ 表示的是恒等映射. 这个(5.1.14)也可改写在 $f'(x) = \mathrm{d}f_x \cdot (\mathrm{d}x)^{-1}$(5.1.15). 公式(5.1.15)与莱布尼茨引进的导数记法 $f'(x) = \dfrac{\mathrm{d}f}{\mathrm{d}x}$ 是一致的[8].

2. 关于微分概念的其他定义方式

(1) 林群院士的《微积分快餐》[9] 一书中：

> 微分被理解为一个小局域内的线性主部,而不是任意的线性主部:设函数$f(x)$ 定义在闭区间$[a,b]$ 上(即$x \in [a,b]$),则在子区间$[x,x+h]$ 上,对起点x(固定)及一切附近点$x+h$(其中h是变量):小段高 $= f(x+h)-f(x)$,微分 $= A(x)h$,测量误差 $= f(x+h)-f(x)-A(x)h$.(在x的附近点$x+h$处用微分来测量小段高的差量)[9]

(2) 美国数理逻辑学家 A. 鲁宾逊的《非标准分析》[10] 一书中,微分继承了其发明者莱布尼茨的本意:

> 令$y=f(x)$ 是一个内函数,它在开区间(a,b) 上有定义,这里$a<b$,a和b都是标准的. 我们选取一个无限小的正实数,叫作 $\mathrm{d}x$. 对于(a,b) 中的x,则取
>
> $$\mathrm{d}y=\mathrm{d}f=f(x+\mathrm{d}x)-f(x)$$
>
> 因此,d 可以看作一个算子,它把$^*R$ 中的任何函数映射到另一个函数,后一函数定义在一个稍微小些的区间$(a,b-\mathrm{d}x)$ 上. 对 $\mathrm{d}y$ 应用 d,得
>
> $$\begin{aligned}\mathrm{d}^2y&=\mathrm{d}(\mathrm{d}y)\\&=f(x+\mathrm{d}x)-2f(x+\mathrm{d}x)+f(x)\end{aligned}$$
>
> 它定义于$a<x<b-2\mathrm{d}x$. 更一般的,有
>
> $$\mathrm{d}^ny=\mathrm{d}(\mathrm{d}^{n-1}y)\quad(n=1,2,\cdots)$$
>
> 记$\mathrm{d}^0y=y$,我们得到分别定义于$a<x<b-n\mathrm{d}x$ 的函数. 对于标准的$f(x)$ 和标准的x,

> $a<x<b$,立即得到:若函数$f(x)$在x处可微,则$\frac{dy}{dx}=f'(x)$[10].

(3) 在著名数学家项武义的《微积分大意》一书,微分即是求导函数的运算:

> 变率的定义:设C是函数$y=f(x)$的图示曲线,$P(x_0,f(x_0))$是C上的一个定点,$Q(u,f(u))$(或写成$(x_0+h,f(x_0+h))$),即把u写成x_0+h是P的邻近动点,割线PQ的斜率
>
> $$k=\frac{f(u)-f(x_0)}{u-x_0}=\frac{f(x_0+h)-f(x_0)}{h}$$
>
> 所以割线的极限位置存在的充要条件是下述极限存在:即
>
> $$\lim_{h\to 0}\frac{f(x_0+h)-f(x_0)}{h}$$
>
> 当上述极限存在时,该极限值就定义为函数$y=f(x)$在点x_0的变率,即
>
> $$f'(x):=\lim_{h\to 0}\frac{f(x_0+h)-f(x_0)}{h}$$
>
> 再者,当我们让点x_0在函数$y=f(x)$的所有平滑点变动,即得一个新函数$y'=f'(x)$,它在点x的函数值就是原始函数在该点的变率,所以把它叫作$y=f(x)$的变率函数,通常也叫导函数. 微分运算即求变率函数这个运算[11].

(4) 在另外一部分学者看来,如美国F. 吉尔当诺的《托马斯微积分》,法国J. 迪尔多内的《现代分析基

础》等,微分概念并非必须,便不再定义微分了[12,13].

参考文献

[1] 丁小平. Cauchy-Lebesgue 微积分体系缺陷的思考[J]. 数学学习与研究,2012(1):112-113.
[2] GRABINER J V, 李鸿祥. Cauchy 和严格微积分的起源[J]. 高等数学研究,2005,8(4):57-62.
[3] 邓纳姆. 微积分的历程:从牛顿到勒贝格[M]. 李伯民,汪军,张怀勇,译. 北京:人民邮电出版社,2010.
[4] 齐民友. 重温微积分[M]. 北京:高等教育出版社,2004.
[5] 陈天权. 数学分析讲义[M]. 北京:北京大学出版社,2009.
[6] 卓里奇 B A. 数学分析[M]. 北京:高等教育出版社,2006.
[7] 阿黑波夫 Г И,萨多夫尼奇 B A,丘巴里阔夫 B H. 数学分析讲义[M]. 北京:高等教育出版社,2006.
[8] 陈天权. 数学分析讲义[M]. 北京:北京大学出版社,2009.
[9] 林群. 微积分快餐[M]. 北京:科学出版社,2009.
[10] ROBINSON A. 非标准分析[M]. 北京:科学出版社,1980.
[11] 项武义. 微积分大意[M]. 北京:人民教育出版社,1978.
[12] GIORDANO F W. 托马斯微积分[M]. 北京:高等教育出版社,2003.
[13] DIEUDONNE J. 现代分析基础[M]. 北京:科学出版社,1982.
[14] 丁小平. 浅谈现行微积分原理的错误[J]. 前沿科学,2015,9(4):82-87.
[15] 丁小平. 微分之讲授[J]. 前沿科学,2017,

11(3):65-70.

关于怎样选择数学分析教材这个问题,在微信公众号"算法与数学之美"中有一篇专门的文章.这篇文章写道:

> 不管哪个科目的教材选择,一旦决定要学,我总试图找一本较好的来,次一点的我也懒得花时间、精力投入在上面——这就是我的完美主义情节!当我进入大学想自学高等数学时,我也同样试图去找一本较好的教材.
>
> 刚找的时候,网上很多人推荐同济大学的那本高等数学书,说是好多学校都在用,又因为同济大学在国内也算是名牌,基于这两个因素我就开始用它来学习高等数学,但是跟着这本书学了一段时间后,我经常会就课本上的内容问一些更深入的问题,也就是说这本书对于我来说在一些细节上没有进行深入,或在一些内容的讲解上不够彻底,当我老是带着这类问题去请教别人的时候,有人就建议说:如果我想好好学习大学数学的话,那么就不要在高等数学上浪费时间,应该去看数学分析的书,因为数学分析的书讲得更全面、更透彻,就这样我告别了同济大学的高数书(这本书估计还是不太好,其不足之处这里的讨论也很有道理),接下来的任务就是去找一本好一点的数学分析教材.
>
> 我在网上看了好多数学分析教材推荐的帖子,综合这些帖子里各本书被提及的频繁程度、网友的好评度还有作者的名气,我罗列了如下一个供选择的书单:
>
> - 常庚哲,史济怀,《数学分析教程》.
> - 陈纪修,於崇华,金路,《数学分析》.
> - 华东师范大学数学系,《数学分析》.
> - 张筑生,《数学分析新讲》.
> - 菲赫金哥尔茨,《微积分学教程》.

· 华罗庚,《高等数学引论》.

· 柯朗, 约翰,《微积分和数学分析引论(中文版)》.

· 小平邦彦,《微积分入门》.

· Walter Rudin,《数学分析原理》.

· 陶哲轩,《实分析》.

每本我大体上都看过一下,但最终未能看完其中任何一本的四分之一,究其原因,一是这些书基本上都讲得太详细了,里面涉及数学分析的各种细枝末节,概念和内容都比较多,并且还有好多证明,这些内容理解掌握起来并不是很容易,在用这些书的学习过程中我经常碰到理解不了或者要花很长时间才能解决的问题,比如说一开始除了要弄清楚为什么要学习实数基本理论这个大问题外,每个人都不得不面对的另外一大阻碍是对极限的(ε,δ)定义的理解,这个严谨的极限定义一下子就把原本看似简单、直观、好理解的极限概念变得面目全非、不知所云起来,不花一番大功夫是很难理解这种表述的意义的.我尝试过对这个极限定义的囫囵吞枣——能用所谓的(ε,δ)语言证明极限,但是每当这样做的时候我心中还是没有多少底气,也不知道自己在干什么,即便是硬着头皮往后学,但对该定义的不理解始终让我耿耿于怀.对于一个初学者来说,若不花长时间和下苦功夫是很难彻底搞懂这些内容的.用这些书学起来太慢,也比较困难,以至于时常给我带来学习高等数学的挫败感,所以最终我未能用这些书坚持学下去.我差不多有过三次用这些书屡学屡败的高数学习经历,后来我认识到这些写得较为全面详细的书基本上是不适于初学者用来自学的,原因且看下文.

在怀着高数难学的挫败感停滞学习一段时间后,我发现了美国俄亥俄州立大学的 Calculus One 课程,它算是高数的入门课,课程里不讲让很多人不知所云的极限(ε,δ)定义,而是用直观易理解的方式讲解了高数里的基本概念和原理,我一开始对这种减去严谨极限定义的教学方式也是有点不放心,但想着老美总有自己的教学理念和想法,况且还是美国名校出的课程,所以就暂时放下了这种纠结跟着课程走.在学了三四个单元之后我发现跟着这个课程可以把高数学下去了!好高兴!终于没有再出现屡学屡败的高数学习状况了!就这样我的高数学习信心又慢慢地建立起来了!“每个教学视频的开头和结尾带感的音乐、极其富有激情的讲师、简单直观的讲解方式”——这一切让我渐渐地喜欢上了这个课程.在完成了这个课程三分之二内容后,我在该课程的学习中碰到了一个迈不过去的问题,我开始放下这个课程去思考这个问题,同时也去思考高数和数学里的一些基本问题,如公理、实数理论等.

当我们在用一本书(或跟一门课)学习的时候,基本上不可能不在学习中产生疑问,除去我们自己的原因之外,也有书本的原因:正如人无完人一样,没有哪一本书是完美无瑕的,以至于能解决你在该科目学习过程中的所有问题,所以我强烈建议自学者除了选一本较好的教材作为学习主轴后也要再多找几本同类教材作参考书,以便一本书上的知识点讲解看不懂的时候可以看另一本上的来打开思路.若看书也不能解决问题,那么还可以把你的数学问题用英文写了发在 Mathematics Stack Exchange 这个网络社区里问一问,老外们乐于助人的品质、对数学的热情、认真负责的态度都很感染我——向他们学习!顺便一提:中学时期看不懂教材我们可以买很多参考书来看,但到大学后想找本参考书就不太容易了,原因之一我想是高等教育领域的应试教育市场经济不够繁荣所致.

再回来说 Calculus One 这个课程,它是很不错的入门课,可以把初学者领进高数学习的大门.该课程不讲极限的(ε,δ)定义极有可能是考虑到了该课程的受众——高数初学者,相反如果一开始就带初学者去折腾实数基本理论和这个严谨的极限定义,那么正如你我认识到的那样,这很大程度上会给初学者带来高数学习的挫败感和畏难情绪,我在高数自学过程中就走过这条坎坷路,也还好找到了这个课程,从此终于可以把高数学下去!后来我又了解到:即便是国外名校的数学系课程也基本上是先开这种入门课,课程名通常是 Calculus(微积分,相当于国内的"高等数学"),甚至还会有更基础、更简单的微积分先修课程 PreCalculus,等学生掌握了基础课程后才会开数学分析之类的深度课程. 这种循序渐进、由易到难的安排有效降低了高数学习的难度,也体现了一种对新手的关怀. 在这里我摘录美国几所大学的高数入门和深入课程的先后顺序给大家看下(课号大的课都是安排在后面上的):

斯坦福大学数学系

Math 19 Calculus (相当于"高数入门课")

Math 205A Real Analysis (相当于"数学分析")

普林斯顿大学数学系

MAT 103 Calculus I

MAT 215 Honors Analysis (Single Variable)

麻省理工学院数学系

18.01 Calculus

18.100A/1001 Real Analysis

国内高数教学又是怎样的状况? 在此我不想多抱怨,只是认识到:在国内如果想要学好高等数学的话,"自学"应该是绝大多数人的不二之选.

对于一个想要学习高数的人来说,首先应该弄清楚的是自己的角色——初学者. 在我看来,高数初学者一开始不用学得那么全面,甚至不用去管极限的 (ε,δ) 定义,而是要先观其大略地过它一遍、先入门,这并非是走马观花,而是要理解核心思想、掌握主干,等掌握了大略之后再深入细节会轻松很多,这样才不会一开始学就被各种细枝末节绕得云里雾里的以至于不能对这门学科有全局的把握,我们要有的是一个循序渐进的过程!北京大学的张筑生教授也在其《数学分析新讲》的序言里表达了同样的观点:“微积分本来是一件完整的艺术杰作,现在却被拆成碎片,对每一细节进行详尽的、琐细的考察.每一细节都弄得很清楚了,完整的艺术形象却消失了.今日的初学者在很长一段时间里只见树木不见森林……我们希望尽可能早一点让初学者对分析的全貌有一个轮廓的印象,尽可能早一点让初学者学会用分析的方法去解决问题……等到学生对全貌有了初步的印象之后,再具体进行涉及细节的讨论……”(题外话:虽然张老师在写他这本教材的时候也有了这种考量,但这本书在我看来还是写得过于详细烦琐了些)这种先观大略的学习方法也适合其他科目的学习,《斯坦福大学公开课:编程方法学》里也提到过这种方法.

“工欲善其事,必先利其器”,为了做到高数学习上面的“先观大略”,我推荐的入门教材是 Morris Kline 的 *Calculus*: *An Intuitive and Physical Approach* (*Second Edition*),这本书可说就是为此而生的——各位读完该书的第二版序言(PREFACE TO THE FIRST EDITION)后便知,我推荐每个想要学好高数的人都去看看这个序言,大有裨益!下面我转述序言中几个可能会对大家学习有帮助的观点.

微积分入门课的教学有严谨和直观两种方式,Morris Kline 认为应该采用直观的方式进行,并且在教学中应该多谈其应用,严谨的方式适合于微积分的高阶课程.入门课就用严谨的方式(我认为这是当今国内的普遍做法),有以下几种弊端:其一,严谨的方式要求初学者学习很多微妙、难以捉摸的概念,这对初学者来说是很有难度的,更何况有些概念的提出还曾困扰了数学家两百年之久.在那个为微积分建立严谨基础的时代里,即便是柯西(Cauchy)这样的大数学家也搞混了连续和可导(continuity and differentiability)、收敛和一致收敛(convergence and uniform convergence)间的别区;其二,如果一个学生要学懂一个概念或定理的严谨化表述,那么在这之前他必须知道这种严谨化表述所要传达的思想的雏形是什么、起始时的直观思想是什么(这就很可能需要去看相关的数学史,顺便一提:看数学史对我们学习数学也是非常有帮助的),进而才可能理解严谨化表述的意义——严谨化表述为什么能够避免直观化表达的不足、严谨化表述所要得到的是什么样的结果和传达什么样的思想,这就势必会增加学生的学习量,而一个初学者若要循此道学习,那么他要学习的内容将会是非常庞大的,以至于可想而知的是他的学习进度会很慢,他也极有可能会陷入这门学科的细枝末节中纠缠不清,进而看不清这门学科的全貌;其三,让初学者一开始就学习经过严谨化整理出来的内容会让他们看不到知识的产生过程,也容易让他们以为:“高等数学是推导出来的,建立这门学科的每一步都是有根有据、正确无疑的,好的数学家的思考方式也是一步一步走的、在出结论之前所有的细节都已经缜密地处理好”,但实际上并非都如此,数学知识的产生也是可以通过“认识到之前的做法有问题,然后再改正”来产生的,“微积分这座大厦是从上往下施工建造起来的.微积分诞生之初就显示了强大的威力,解决了许多过去认为是高不可攀的困难问题,取得了辉煌的胜利.创始微积分的大师们着眼于发展强有力的方法,解决各式各样的问题.他们没有来得及为这门新学科建立起经得起推敲的严格的理论基础.在以后的发展中,后继者才对逻辑的细节作了逐一的修补”(选自张筑生《数学分析新讲》的序言),也就是说数学家的思维方式并非总是循序渐进的,他们的思维方式也可以是跳跃性的、天马行空的,也有可能不严谨或出错,并非像写证明过程那样非常讲究每个点的先后顺序、是一步一步走到最终结论的,有时候甚至是先有“猜想”

然后才去求证中间过程的. Morris Kline 在他这本书中也通过展示数学理论是可以通过先猜想,然后尝试和摸索,进而认识到犯错了,然后再更正的方式探索出来的,这种做法我认为很有价值,因为它向初学者完整地揭示数学理论产生的思路历程,向我们展示了如何研究数学,这也避免了我们看有些别的同类书时碰到的一些匪夷所思的"神来之笔"时所产生的惊奇 —— 为什么作者会想到这个变换、这种构造?

严谨化在数学里有其重要意义,它是对起始时的想法的核实、对初步想法的精炼,可以避免直觉可能带来的错误或遗漏之处, 但如 Henri Lebesgue(亨利 · 勒贝格, 著名数学家) 所说:"严谨化、逻辑化可以帮助我们否定猜想和假设,但是它不能创造任何猜想和假设." 数学的核心思想来源于直观思维,严谨化并不能对这些数学思想产生质的改观,它起到的作用只是巩固和对这些思想的去伪存真. 此外,严谨的表达方式不容易掌握,对我们理解数学思想的帮助也不大,所以严谨化方式的微积分入门课教学对初学者是不利的,Morris Kline 引用 Samuel Johnson(英国作家、文学评论家和诗人) 的话对这种方式的教学效果评价到:"我为你提供了它的证明过程,但是帮助你理解它并不是我的义务."

Morris Kline 也谈到了好多高等数学入门教材共有的一个严重问题 —— 把数学和它的应用完全割裂开来. 这些书里基本都是些符号的演算,也差不多全然不谈数学理论的运用,乍看之下会让人觉得高等数学就是一堆折腾符号的玩意儿,写这些书的人忽略的大问题是:学习微积分这门课程的不少学生未来将会是工程师或科学家,他们必须知道怎么应用微积分、应用数学才行,如果只是教他们折腾符号、搞些不知所云的、看不到什么应用的证明,那么整个数学教育的意义便会大打折扣.

通过以上这些 Morris Kline 的观点,大家或许也和我一样感受到了他对初学者的微积分教学的深刻认识,也正是如此我才推荐初学者去看他这本书.我首先接触到的 Morris Kline 的书是 *Mathematical Thought from Ancient to Modern Times*(中译本:古今数学思想),看过几个章节后便深深佩服其对数学本质及其发展史的深刻认识,后来又看到这个书的序言后就更是对 Morris Kline 佩服无比了,从此自认为他是我的数学导师!

我上文"建议自学者选一本较好的教材作为学习主轴后再多找几本同类教材作参考书,以便一本书上的知识点讲解看不懂的时候可以看另一本上的来打开思路",我个人常用的两本高数学习辅助教材(参考书)分别是 Richard Courant, Fritz John 的 *Introduction to Calculus and Analysis* (Reprint of the 1989 edition)和陈纪修、於崇华、金路的《数学分析》.

各位学完上文推荐的入门教材后,若要深入学习高数,可以看 Richard Courant, Fritz John 的 *Introduction to Calculus and Analysis* (Reprint of the 1989 edition),这本书也是大师之作,该书的一大难能可贵之处在于对一些数学定理的揭示,作者仅用很直白的语言叙述就可以让读者洞见定理的本质,每当看到这种内容时我不禁感叹:"原来如此! 作者的功力也太深厚了吧!"而国内的书多半倾向于用各种符号去证明定理的正确性,这些证明不是很好掌握,我个人看后通常的感触是"该定理正确",然后并没有什么深刻的认识,更别说和之前学过的知识融会贯通了.与这本书对应的辅助教材我就暂时无法推荐了,因为我还没有深入学习高数.

上面给大家推荐的这两本皆是英文教材,为什么要看英文版呢? 因为优秀的中文学习资料不太多,所以想只用中文资料学好科学或技术类学科的支援不太多,学起来会很费劲,并且这年头英语是学术界的主流语言,很多新的、一流的资料都用英文写成,也就是说优秀的英文学习资源是比较丰富的,在优质资源充裕的环境里学习会不会更好更轻松呢? 大家自有评判! 其实阅读英文写的专业资料并不是太难,如果大学之前的那些英文语法和单词你掌握得都还行,那么接下来你在英文版专业资料阅读过程中主要的障碍是陌生单词多的问题,对此大家找个词典软件辅助阅读就会顺畅很多,比如有道词典、欧路词典之类的,当然也可以考虑使用我的英酷词典,它主要就是为助力我们的英文阅读而生的. 如果你不能做到通畅阅读英文但还有个科学梦的话,那么你实现梦想的几率是不太高的. 你也许会问:看中译本行不行? 如果你看的是小说传记之类的对逐字逐句准确度要求不高的书,那么可以看,但若要看如高数之类的对逐字逐句准确度要求较高的书的话,那么看中译本很难行! 主要问题是中文翻译不容易做到准确传达英文原版的意思(这要求译者花费大量心思去尽可能地做到准确翻译,然而因为各种原因鲜有这种高标准翻译的促成),这就会导致翻译过来的内容有失真或曲解的情况,以至于中译本的读者读起来在理解内容上很费力,花了很多工夫尝试去理解而最终却无果的情况也不少有,然而这时候要再去看下英文原版,原来的疑惑很可能突然就拨云见日了 —— 全是翻译问题搞的鬼! 总体来说高数算是西学,而我们用的中文版高数教材的很多定理的名称都是翻译过来的,这些翻译显得很有“文言功底”,我认为这是不好的翻译,因为当代人看起来不易见名会义,而看英文版的教材的话很大程度上能够避免这个问题.

当然,如果你对高数学习的追求不太高,也不想攻克英文阅读这道难关,或一时半会还无法达到能看英文教材的水平,那么我建议去看的中文高数入门教材是谢绪恺的《高数笔谈》,这本书我没看过,不过据说:“谢绪恺深感高数教材内容偏重演绎推理,学生学习起来非常吃力,让他总觉得心里不安. 于是在 2015

> 年,90 岁时谢老便萌生了一个愿望:写一本接地气的高数参考书,让学生尽快掌握高数这块工科‘敲门砖’——《高数笔谈》.”
>
> 以上就是我自学高数探索出来的一些经验总结,希望后来者看后有一定帮助. 本篇成文于 2018 年 10 月 16 日,文中所描述的一些事实可能会随着时间的推移而发生变化,请读者自行分辨!

据许多老一辈的数学家回忆,古尔萨的这部巨著这些问题处理的相当好.

今天,中国好教材难以出现与写书人收益过低有关,在民国时期,写书人收入是非常高的. 周作人笔下的物价是,1931 年翻译了四万字古希腊文,编译委员会主任胡适给了四百块翻译费,“花了三百六十元买得北京西郊板井村的一块坟地,只有二亩地却带着三间房屋,后来房子倒塌了,坟地至今还在,先后埋葬了我的末女若子、侄儿丰三和我的母亲. 这是我学希腊文的好纪念了.”

只译了四万字就买了二亩地、三间房,所以那时的译书人真是幸福啊!

刘培杰

2019 年 1 月 21 日

于哈工大

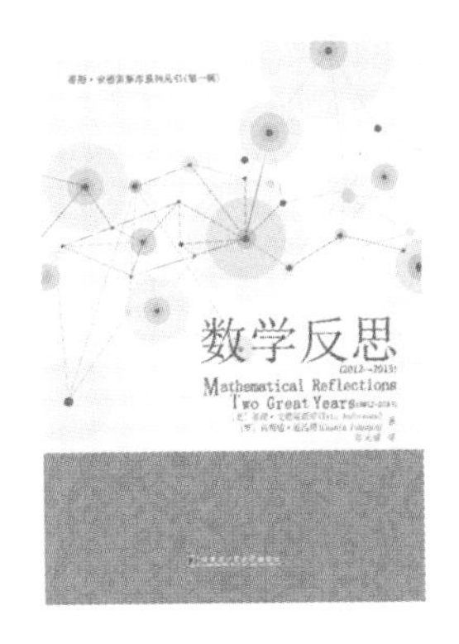

数学反思
(2012—2013)

蒂图·安德雷斯库
科斯敏·波浩塔　著
郑元禄　译

编辑手记

一位南美洲的作家在他的小说里面这样写道:什么叫老了?老了就是你越来越清楚自己身体每一个器官在哪里.

一个资深的数学奥林匹克教练的特征也是如此.他可能解题不太行了,但他会清楚地知道他面前的每一道题目的出处与背景.

引入本书版权的目的除了为中国广大奥数选手与教练增添可供练习的题源,体验全球数学工作者对初等数学的不同品位之外,更为重要的是为一些题目的出处进行正本清源.由于国人原创力的严重不足,许多舶来品被冒充成原创,在混淆我们的视听,使我们盲目乐观.

比如许多人都不知道英国诗人瓦特·兰德有这样的诗句:"我和谁都不争,和谁争我都不屑/我爱大自然,其次就是艺术/我双手烤着,生命之火取暖/火萎了,我也准备走了."

这句诗的前两句许多时候都被安到了杨绛先生的头上.虽然也有几分贴切,但毕竟不是原创,以讹传讹对文化的传承十分不利.

本书的题目有以下几个主要特点:

一是立地.许多题目的解决只要巧妙地应用初中数学的知识即可.如下面的:

S247 证明：对于任意正整数 m 与 n，数

$$8m^6+27m^3n^3+27n^6$$

是合数.

（美国 Dallas 市 Texas 大学 Titu Andreescu 提供）

它只要联想到初中数学中的一个因式分解公式

$$\begin{aligned}&a^3+b^3+c^3-3abc\\=&(a+b+c)(a^2+b^2+c^2-ab-bc-ca)\end{aligned}$$

即可.

二是顶天. 对本书中的某些问题的探讨. 一路下去可以追踪到比较高深的数学领域. 如下面的：

U227 求所有连续可微函数 $f:\mathbf{R}\to\mathbf{R}$，使

$$f(a-b)+f(b-c)+f(c-a)=2f(a+b+c)$$

这时要求 a,b,c 是实数，使 $ab+bc+ca=0$.

（法国 Ecole 综合工科大学 Gabriel Dospinescu 提供）

这个问题如果想彻底完美解决，要依赖于分析中的 Baire 范畴定理.

三是巧妙. 许多问题给出的解法出人意料，有他乡遇故知之感. 如下面的：

J274 令 p 是素数，k 是非负整数，求以下方程的所有正整数解 (x,y,z)

$$x^k(y-z)+y^k(z-x)+z^k(x-y)=p$$

（意大利 Milan 市 Alessandro Ventullo 提供）

本书中给出了两个解法，其中一个出人意料地使用了 Pick 定理. 一般这个定理在出现格点时才会考虑.

另外一个例子：

S281 令 n 是大于 1 的整数，对于 $a\in\mathbf{C}/\mathbf{R}$ 与 $|a|=1$，考虑方程

$$\sum_{k=0}^{n}\binom{n}{k}(a^k+1)x^k=0$$

证明:

(a) 方程的所有根在直线 d_a 上.

(b) 当且仅当 $a+b=0$ 时直线 $d_a\perp d_b$.

(罗马尼亚 Cluj-Napoca 市 Bodes Bolyai 大学 Dorin Andrica 提供)

这个问题本书给出的解答意外地用到了函数的 Möbius 变换,用复分析的手段解决了.

四是推陈出新. 对于一些传统课题,历经几百年人们反复地挖掘应该没什么新东西了. 但本书还能给出眼前一亮的结论,如:

U261 令 $T_n(x)$ 是第一种 Chebyshev 多项式,定义为

$$T_0(x)=1,T_1(x)=x$$

$$T_{n+1}=2xT_n(x)-T_{n-1}(x),n\geqslant 1$$

证明:对于所有 $x\geqslant 1$ 与所有正整数 n,

$$x\leqslant\sqrt{T_n(x)}\leqslant 1+n(x-1)$$

(美国 San Jose 市 Arkady Alt 提供)

关于 Chebyshev 多项式从提出到现在文献多如牛毛,但此结果还是第一次见到,而且还不是特别难.

再举一个例子就是大家非常熟悉的 Fibonacci 数列. 关于这个专题仅我们工作室就出版了若干本不同程度的读物,但还是有新结果出现,如:

J254 解以下方程

$$F_{a_1}+F_{a_2}+\cdots+F_{a_k}=F_{a_1+a_2+\cdots+a_k}$$

其中 F_i 是第 i 个 Fibonacci 数,a_i 是正整数.

(美国 Florida 州 Roberto Bosch 提供)

还有一个例子:

O264 令 $p>3$ 是素数,证明:当且仅当

$$\frac{1}{2}+\frac{1}{3}\left(1+\frac{1}{2}\right)+\cdots+\frac{1}{\frac{p-1}{2}}\left(1+\frac{1}{2}+\cdots+\frac{1}{\frac{p-3}{2}}\right)$$

的分子是 p 的倍数时,$2^{p-1}\equiv 1(\bmod p^2)$.

(法国 Ecole 综合工科大学 Gabril Dospinescu 提供)

它的证明依赖于 Wolstenholme 定理.

五是综合. 本书中许多问题的解决需要的并不是单一的工具,而是若干经典方法的组合拳. 如下面的:

U273 令 Φ_n 是第 n 个分圆多项式,定义为

$$\Phi_n(X)=\prod_{1\leqslant m\leqslant n,\gcd(m,n)=1}\left(X-\mathrm{e}^{\frac{2\mathrm{i}\pi m}{n}}\right)$$

(a) 令 k 与 n 是正整数,其中 k 是偶数,$n>1$,证明

$$\pi^{k_{\varphi}(n)}\cdot\prod_p\Phi_n\left(\frac{1}{p^k}\right)\in\mathbf{Q}$$

其中对所有素数求积,φ 是 Euler φ 函数.

(b) 证明

$$\prod_p\left(1-\frac{1}{p^2}+\frac{1}{p^6}-\frac{1}{p^8}+\frac{1}{p^{10}}-\frac{1}{p^{14}}+\frac{1}{p^{16}}\right)$$
$$=\frac{192\ 090\ 682\ 746\ 473\ 135\ 625}{3\ 446\ 336\ 510\ 402\pi^{16}}$$

(瑞士 Herrliberg 市 Albert Stadler 提供)

这题目要想解决,对三个经典数论对象要有所了解. 它们分别是:Riemann 函数,Bernoulli 数,Möbius 反演公式.

六是向经典致敬. 如本书中有一段:

命题2 对所有素数 p,可以求出整数 x,使 $x^8 \equiv 16(\text{mop p})$.

换言之,16是对所有素数模的8次幂,但它显然不是整数的8次幂.

证 注意,由Sophie Germain恒等式

$$
\begin{aligned}
x^8 - 16 &= (x^4 - 4)(x^4 + 4) \\
&= (x^2 - 2)(x^2 + 2)(x^2 - 2x + 2) \cdot \\
&\quad (x^2 + 2x + 2)
\end{aligned}
$$

这可改写为

$$
\begin{aligned}
x^8 - 16 = {} & (x^2 - 2)(x^2 + 2) \cdot \\
& ((x - 1)^2 + 1)((x + 1)^2 + 1)
\end{aligned}
$$

但是我们需要证明,对所有素数 p,数 $-1,1,-2,2$ 之一是 $\bmod p$ 的二次剩余,这可由事实 $(-1)(-2)2 = 2^2$ 是 $\bmod p$ 的平方与由Legendre符号可乘性推出.

最后,利用Chebotarev密度定理,可以证明一个一般性定理.

Sophie Germain作为在攻克Fermat大定理征途中的唯一女性,其事迹与贡献可圈可点,向其致敬是数学文化传播的一项重要内容.

本书作者世界知名,专攻奥数,从传统奥数强国罗马尼亚到当今奥数强国美国,一路开挂,如日中天,其天赋与勤奋并存,当然也有市场的选择.笔者几年前曾读到过一段对话:

李怀宇:在中国的绘画传统里,有一个非常有意思的现象,齐白石画了无数的虾,徐悲鸿画了无数的马,黄胄画了无数的驴子,为什么会这样?

陈瑞献:这是一个供求律的问题,也是一个选择的问题.画马画得炉火纯青像徐悲鸿,画驴子画得炉火纯青像黄胄,或者虾、螃蟹、花卉像齐白石这样,都很了不起.

对供求律的问题,有需求就有供给.世界之大,奇人无数,读完本书定会有所收益.

刘培杰
2019.1.20
于哈工大

数学反思
(2014—2015)

蒂图·安德雷斯库　著
余应龙　译

编辑手记

本书是著名的美国奥数教练 Titu 的又一本力作,也是一本原创性很强的奥数问题集. 关于 Titu 教授,笔者已经多次在编辑手记中介绍了,这里就不再赘述了. 关于内容作为本书的策划编辑还是要介绍几句的,一共三句话.

第一句话是:高度原创.

目前中国最缺乏的就是原创. Titu 教授的奥数事业起步于罗马尼亚(罗马尼亚是现代数学竞赛的发源地. 数学积淀极为深厚,曾屡屡夺取 IMO 团体冠军. 累计获得 IMO 金牌 76 枚、银牌 142 枚),辉煌于美利坚,既沐欧风又兼润美雨,将东欧数学的古典风格与美国新奇之方法相结合,命制出一大批令我们耳目一新的题目. 比如下面的 U349 题. 它巧妙地将逆用无穷递缩等比数列求和公式与著名的 Schur 不等式结合起来.

U349　设 $0 < x,y,z < 1$. 证明

$$\frac{1}{1-x^4}+\frac{1}{1-y^4}+\frac{1}{1-z^4}+$$

$$\frac{1}{1-x^2yz}+\frac{1}{1-y^2zx}+\frac{1}{1-z^2xy}$$

$$\geqslant\frac{1}{1-x^3y}+\frac{1}{1-xy^3}+\frac{1}{1-y^3z}+\frac{1}{1-yz^3}+$$

$$\frac{1}{1-x^3z}+\frac{1}{1-xz^3}$$

证明 利用几何级数，我们看到只要证明对于一切 $n\geqslant 0$，有

$$x^{4n}+y^{4n}+z^{4n}+x^{2n}y^nz^n+y^{2n}z^nx^n+z^{2n}x^ny^n \geqslant x^{3n}y^n+x^ny^{3n}+y^{3n}z^n+y^nz^{3n}+z^{3n}x^n+z^nx^{3n}$$

而这等价于

$$x^{2n}(x^n-y^n)(x^n-z^n)+y^{2n}(y^n-x^n)(y^n-z^n)+z^{2n}(z^n-y^n)(z^n-x^n)\geqslant 0$$

由 Schur 不等式知，这是成立的.

如果说这只是技巧上的创新，那么还有大量题目的解答是属于数学思想方法的创新或应用. 数学方法论在中国是个不被重视的小众分支. 多年来只有徐利治教授的一本代表作——《徐利治谈数学方法论》(大连理工大学出版社，2008年)，其中徐教授提出了著名的 RMI 原则，原文是这样的：

> 为了缩短名词的称呼，我们不妨把关系(relationship)映射(mapping)反演(inversion)原则简称为 RMI 原则. 在此先对这一原则概略说明如下：令 R 表示一组原象的关系结构(或原象系统)，其中包含着待确定的原象 x. 令 M 表示一种映射(一一对应法则)，通过它的作用假定原象结构系统 R 被映成映象关系结构 R^*，其中自然包含着未知原象 x 的映象 x^*. 如果有办法把 x^* 确定下来，则通过反演即逆映射 $I=M^{-1}$ 也就相应地把 x 确定下来. 这便是 RMI 工作原则的基本内容，可用如图 1 所示的框图表示.

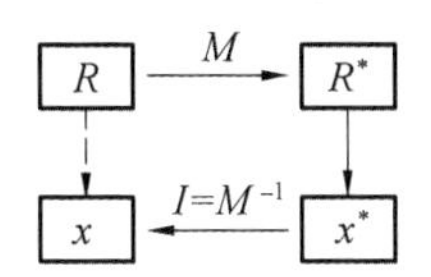

图1

我们知道,不仅在数学中,而且几乎在一切工程技术或应用科学部门中,都往往利用这一原则去解决问题.通常总是选择最合适的映射M,使得待定原象x(即具体问题中的目标对象)的映象x^*较容易地确定下来,从而通过反演也就较容易地把目标对象x寻找出来.由于许多问题里的x往往是不容易确定的,因此上述工作原则也就非常有用.

利用这一思想有些题目就会有相当巧妙的解答.如下面的例子:

J353 设a,b,c是非负实数,且设

$$A=\frac{1}{4a+1}+\frac{1}{4b+1}+\frac{1}{4c+1}$$

$$B=\frac{1}{3a+b+1}+\frac{1}{3b+c+1}+\frac{1}{3c+a+1}$$

$$C=\frac{1}{2a+b+c+1}+\frac{1}{2b+c+a+1}+\frac{1}{2c+a+b+1}$$

证明:$A\geqslant B\geqslant C$.

按照徐教授的RMI原则,原不等式的分式系统为R,将其映成积分系统R^*,用平均值不等式得到证明后,再反演回去,由此便得到原题的证明.

证明 因为

$$\frac{1}{4a+1}=\int_0^1 t^{4a}$$

$$\frac{1}{3a+b+1}=\int_0^1 t^{3a+b}$$

$$\frac{1}{2a+b+c+1}=\int_0^1 t^{2a+b+c}$$

所以接下来要证明的是

$$t^{4a}+t^{4b}+t^{4c}\geqslant t^{3a+b}+t^{3b+c}+t^{3c+a}$$
$$\geqslant t^{2a+b+c}+t^{2b+c+a}+t^{2c+a+b}$$

设 $t^a=x,t^b=y,t^c=z$,则上式就变为

$$x^4+y^4+z^4\geqslant x^3y+y^3z+z^3x\geqslant x^2yz+y^2zx+z^2xy$$

由 AM - GM 不等式,这是显然的.

第二句话是:背景深刻.

本书中的大量问题都基于一些前沿的数学论文. 当然有些可能是早年间的,这不禁让人想起若干年前有关张筑生教授的报道,报道中说他经常在北京大学的图书馆查专业数学期刊命制奥赛试题. 举几个本书中的例子,如:

O342 设 $n\geqslant 2\ 015$ 是正整数,$A\subset\{1,2,\cdots,n\}$,且

$$|A|\geqslant\left\lfloor\frac{n+1}{2}\right\rfloor$$

证明:A 包含等差数列的三项.

作者指出还存在除了两种初等证法外的第三种证法.

第三种证法 这是 Erdös 和 Turan 在 1936 年开创的著名的篇章. 例如,可见 Arun Sharma, Sequences of Integers Avoiding 3-term Arithmetic Progressions, *Electronic J. of Combinatorics*. 19(2012), 给出 $r(27)=11$,这里 $r(n)$ 是 $\{1,2,\cdots,n\}$ 不包含三项等差数列的最大子集的基数(在一个 3×9 的数阵中写上 $1,2,\cdots,27$ 后容易证明 $r(27)\leqslant 13$).

因此,当 $n\geqslant 2\ 015$ 时,有

$$r(n)\leqslant\frac{13n}{27}+26<\frac{n-1}{2}<\left\lfloor\frac{n+1}{2}\right\rfloor$$

证毕.

鉴于 Erdös 在数学奥林匹克事业中的巨大影响力(甚至有一个以他命名的奖,裘宗沪先生和熊斌先生先后获得过)以及他本人工作的特点,Erdös 解决并提出了大量有趣而又深刻的数论、图论、组合论方面的问题.这些数量庞大的论文(据统计要以千计)是高端奥数试题取之不竭的源泉.当然也有数学家诟病他并没有创造任何的体系.

本书多处借用了 Erdös 的结果.如:

O329 对于任何正整数 r,用 P_r 表示在 r 个顶点上的路径.对于任何正整数 g,证明:存在一个长度少于 g 的没有环路的图 G,在 G 的任何两个顶点的着色中,都可以找到相同颜色的 r 个顶点,使其形成 P_r 的一个复本.

解 回忆一下 Erdös 的一个著名的结果:存在具有任意大的周长和任意大的色数的图.更精确地说,对于任何正整数 k 和 g,存在某个没有长度小于 g 的没有环路却有 $\chi(G)\geqslant k$ 的图 G.这是概率方法在组合论中的首批应用之一.对于这个证明,可参阅 *Lecture* 11 *from Daniel Spielman's graph theory class at Yale*:http://www.cs.yale.edu/homes/spielman/462/2007/.

最近各路人马热议 RMM(Romanian Master of Mathematics)2019 中国队第六这个事,从技术层面看这个"团灭"的第三题是一个图论问题,微信公众号"精算师闲聊奥数"整理了一些解法:

给定任意正实数 ϵ.证明:除了有限多个正整数外,对其余的所有正整数 v,在任意一个有 v 个顶点和至少 $(1+\epsilon)v$ 条边的图中,均存在 2 个互异但等长的简单圈.(注:简单圈指圈内没有重复顶点出现的圈)

证法 1(官答 1)

思路:考虑给定 ϵ,图 G 有 v 个顶点且至少有 $(1+\epsilon)v$ 条边,并且图 G 的所有简单圈都有不同的长度. 取足够大的 v 使得 $\epsilon^2 v \geqslant 1$，如果我们可以证明在此假设下，图 G 的简单圈数量的上界为 v 的一次函数，而下界为 v 的二次函数，则显然只有有限的 v 满足，因此命题得证.

首先考虑上界，由于 G 中的简单圈至多有 v 个顶点，且每个长度的简单圈至多有1个，因此图 G 的简单圈数量的上界为 $v-2$.

对于下界，考虑 G 中每个部分的“生成树”（图论中，生成树指包括图中所有顶点且边数最少的子图），并将它们集合在一起形成“生成森林”F，记 A 为 F 中边的集合，记 B 为 G 中其他边的集合，则由生成树的定义知，$|A| \leqslant v-1$，故

$$|B| \geqslant (1+\epsilon)v-(v-1)=\epsilon v+1>\epsilon v$$

对于 B 中的每条边 b，将 b 与 F 组合可以得到唯一的简单圈 C_b，记 S_b 为简单圈 C_b 中满足 $S_b \subseteq A$ 的边的集合，由于 C_b 的长度各不相同，则

$$\begin{aligned}\sum_{b \in B} |S_b| &\geqslant 2+3+\cdots+(|B|+1) \\ &= \frac{1}{2}|B|(|B|+3) > \frac{|B|^2}{2} \\ &> \frac{\epsilon^2 v^2}{2}\end{aligned}$$

由于 A 中至多有 $v-1$ 条边，故一定存在某些边在 S_b 中出现了至少 $\frac{\epsilon^2 v^2}{2v}=\frac{\epsilon^2 v}{2}$ 次. 考虑这样的边 a，记 B' 为 S_b 中与 a 形成简单圈的边的集合，则 $|B'|>\frac{\epsilon^2 v}{2}$.

考虑 B' 中的二边集 $\{b_1,b_2\}$，$C_{b_1} \cup C_{b_2}$ 代表由简单圈 C_{b_1} 与 C_{b_2} 组成的子图，由于它们的公共部分为 F 中通过 a 的通路且 b_i 的邻边也在这条通路上，故 $C_{b_1} \cup C_{b_2}$ 包含第三个简单圈 C_{b_1,b_2} 其通过 b_1 和 b_2. 由于 $B' \cap C_{b_1,b_2}=\{b_1,b_2\}$，故 $\{b_1,b_2\} \to C_{b_1,b_2}$ 为单射.

因此 G 中简单圈的数量至少是$\binom{|B'|}{2}\binom{\frac{\epsilon^2 v}{2}}{2}$，这是 v 的二次函数. 故由之前的分析知结论成立.

注：证法 1 实际上证明了对于 v 个顶点的图如果边数不小于 $v+O(v^{\frac{3}{4}})$，则一定有长度相等的圈，指数 $\frac{3}{4}$ 还可以进一步优化，复杂一些的证明可以将 $O(v^{\frac{3}{4}})$ 改进为 $O(\sqrt{v\ln v})$.

证法 2（罗博深，美国队主教练）　先解释一个图论术语“围长”（girth）：图 G 中（简单）圈的最短长度. 由此来证明下面的引理.

引理：给定正实数 δ，则对任意有 v 个顶点的图，若其围长不小于 δv，则图至多有 $v+o(v)$ 条边.

证明：定义 $f(v)$ 为最大的 f 使得有 v 个顶点且围长至少为 δv 图的边数为 $v+f$. 我们用递归算法来对 f 进行估计.

1. 若图 G 中包括叶（即度数为 1 的顶点），则我们可以删除此顶点及其相连的边，由此我们得到一个新图，有 $v-1$ 个顶点，且围长仍至少为 δv，故其至多有 $v-1+f(v-1)$ 条边，则

$$v+f(v)-1\leqslant v-1+f(v-1)$$

因此 $f(v)\leqslant f(v-1)$.

2. 定义长度为 k 的“孤立路径”为如下一系列顶点：$v_0,v_1,\cdots,v_k$，其中 v_i 与 v_{i+1} 相连，且 $v_1,v_2,\cdots,v_{k-1}$ 的度数均为 2.

如果图 G 中包括长度 $k>\sqrt{v}$ 的孤立路径，则我们可以删除顶点 $v_1,v_2,\cdots,v_{k-1}$ 以及与它们相连的 k 条边，由此我们得到一个新图，有 $v-k+1$ 个顶点，且围长仍至少为 δv，故其至多有 $v-k+1+f(v-k+1)$ 条边，则

$$v+f(v)-k\leqslant v-k+1+f(v-k+1)$$

因此$f(v) \leqslant f(v-k+1)+1$.

3. 若图中不含叶且所有的孤立路径长度都不超过$\sqrt{v}$,则我们对每个孤立路径作如下操作:联结其起点和终点,并且将中间顶点和边删除,则我们将一个长度为k的孤立路径变为长度为1.由于$k \leqslant \sqrt{v}$,则新图H的围长至少为$\frac{\delta v}{k} \geqslant \frac{\delta v}{\sqrt{v}} = \delta\sqrt{v}$.由操作知,新图$H$中每个顶点的度数均不少于3(度数小于3的顶点均被删除了).

由围长不小于$\delta\sqrt{v}$知,存在以顶点x为根,且半径$r=\lfloor \frac{\delta\sqrt{v}-1}{2} \rfloor$的树(半径$r$即到顶点$x$的最短路径的长度),由于每个顶点的度数均不小于3,则此树上每一个顶点均至少有两个子顶点,因此此树最少包含$2^{\lfloor \frac{\delta\sqrt{v}-1}{2} \rfloor}$个顶点.故$v \geqslant 2^{\lfloor \frac{\delta\sqrt{v}-1}{2} \rfloor}$,显然其只能对有限个$v$成立.

综上,对于充分大的整数v,第三种情形是不存在的,所以我们有

$$f(v) \leqslant f(v-1)$$

或

$$f(v) \leqslant f(v-k+1)+1(k>\sqrt{v})$$

则容易得到$\lim\limits_{v\to\infty}\frac{f(v)}{v}=0$,即$f(v)=o(v)$.

回到原题,考虑有v个顶点的图,且无长度相等的简单圈,取其长度最短的前$\lfloor \frac{\epsilon v}{2} \rfloor$个简单圈,并从其中删除掉一条边,使其不是圈,则我们得到一个新图,且围长至少为$\frac{\epsilon v}{2}$.由引理知,新图的边数至多为$v+o(v)$加被删除的边,则原图至多有$v+\frac{\epsilon v}{2}+o(v)$条边,但是我们现在有$(1+\epsilon)v$条边,因此当$v$充分大时,会产生矛盾,故命题得证.

证法3(adamov1 AOPS)　设图 G 有 E 条边,且没有长度相同的圈,运用概率的思想,假设我们对每条边以 $\frac{1}{\sqrt{E}}$ 的概率选取到集合 B 中,并记 $f(B)$ 为与 B 无交集的圈的个数,则我们可以构造一个包含由 $|B|+f(B)$ 条边组成的集合,使其与每个圈都有交集.

这个集合的大小的期望值为 $E[|B|+f(B)]=E[|B|]+E[f(B)]$,其中 $E[|B|]=E\cdot\frac{1}{\sqrt{E}}=\sqrt{E}$.

$f(B)$ 的期望则为与 B 无交集之圈的概率之和,则长度为 k 的圈与 B 无交集的概率为 $\left(1-\frac{1}{\sqrt{E}}\right)^k$. 由于没有长度一样的圈,故 $E[f(B)]\leqslant\sum_{k=3}^{\infty}\left(1-\frac{1}{\sqrt{E}}\right)^k<\sqrt{E}$,故 $E[|B|+f(B)]<2\sqrt{E}$.

我们将此集合中的边删除,则 G 中将没有圈,则剩余至多 $v-1$ 条边,故 $E\leqslant v-1+2\sqrt{E}$,则 $E\leqslant v+2\sqrt{v}+1$. 由于 $E=(1+\epsilon)v$,因此当 v 充分大时,一定有长度相同的简单圈.

第一个解法的思想很自然,但是最后那个单射是不好想的. 第二个解法需要对图论的相关概念和技巧都比较熟悉,如果 IT 算法方面看得多,那么对图论题还是有很大帮助的. 第三解法个是神来之笔,看作者 ID 此人应该是俄罗斯的.

杭州二中数学竞赛教练赵斌老师的学生,也给出了一个有别于标准的解答. 而且这个学生的想法很自然,本质上就是删去一些特殊的边,使得这个图中没有圈. 然后再利用反证法假设对操作数去做估计,以此来得到矛盾. 当然该同学做了很久,也做了多次尝试后才得出解答的.

证法4　我们将证明当 $n>100$,且一个图 G 的顶点数为n,边数为$n+10\sqrt{n}$时,这个图中必存在两个互异但等长的简单圈.显然证明了上述命题,原命题也就成立了.对于上述命题我们采用反证法.

假设该图中不存在两个互异但等长的简单圈(以下所指的圈都指简单圈).那么我们首先对该图进行如下操作:首先删去一条边e_1,使得该边被最多的圈包含;然后再在剩下的图中去掉一条边e_2,使得该边被最多的圈包含;一直这样操作下去,设操作第l步后,即去掉边e_l后,图中已没有圈,则剩下的图的边数小于等于$n-1$,故图$E(G)\leqslant n-1+l$.下证$l\leqslant 10\sqrt{n}$,从而导出矛盾.

设第k步操作后,图中的圈的个数为S_k,则$S_l=0$,S_0表示图G中圈的个数,则有

$$n>S_0>S_1>S_2>\cdots>S_{l_1}>S_l=0$$

(因为图G中圈的长度各不相同,且圈的长度只能为$3,4,\cdots,n$),则由反证假设可得,第k步操作后($1\leqslant k\leqslant l-1$)

$$\begin{aligned}&\text{剩下的圈的总长度}\\&\geqslant 3+4+\cdots+S_k+(S_k+1)+(S_k+2)\\&=\frac{S_k(S_k+5)}{2}\\&\geqslant\frac{S_k^2}{2}\end{aligned}$$

则由抽屉原理,总边数小于等于$2n$,e_{k+1}这条边至少属于其中$\frac{S_k^2}{4n}$个圈,即第$k+1$步操作至少破坏了$\frac{S_k^2}{4n}$个圈.从而$S_k-S_{k+1}\geqslant\frac{S_k^2}{4n}$.

下面我们首先证明对于任意正整数$1\leqslant p\leqslant\sqrt{n}$,$S_0,S_1,\cdots,S_{l-1}$在区间$[p\sqrt{n},(p+1)\sqrt{n})$的个数小于$\frac{4\sqrt{n}}{p^2}+1$.采用反证法,若有,设$S_0,S_1,\cdots,S_{l-1}$在区间

$[p\sqrt{n},(p+1)\sqrt{n})$ 的个数为 m,$m\geqslant\frac{4\sqrt{n}}{p^2}+1$,设 S_i,$S_{i+1},\cdots,S_{i+m-1}\in[p\sqrt{n},(p+1)\sqrt{n})$,则对任意 $i\leqslant j\leqslant i+m-2$,有

$$S_j-S_{j+1}\geqslant\frac{S_j^2}{4n}\geqslant\frac{(p\sqrt{n})^2}{4n}=\frac{p^2}{4}$$

故

$$\sqrt{n}>S_i-S_{i+m-1}\geqslant(m-1)\cdot\frac{p^2}{4}\geqslant\frac{4\sqrt{n}}{p^2}\cdot\frac{p^2}{4}=\sqrt{n}$$

从而得到矛盾. 而 $S_0,S_1,\cdots,S_{l-1}$ 在区间 $(0,\sqrt{n})$ 的个数小于等于 $\sqrt{n}$. 从而我们有

$$\begin{aligned}l&<\sqrt{n}+\sum_{p=1}^{[\sqrt{n}]}\left(\frac{4\sqrt{n}}{p^2}+1\right)\\&\leqslant 2\sqrt{n}+4\sqrt{n}\left(\sum_{p=1}^{[\sqrt{n}]}\frac{1}{p^2}\right)<10\sqrt{n}\end{aligned}$$

最后一步用到了不等式 $\sum_{i=1}^{k}\frac{1}{i^2}<2$. 从而我们证明了该题.

注:该证明的关键是给出一些操作,保证删去的圈最多. 然后再用不等式估计去证明在反证前提下这样的操作不能进行得太多,而又由于边数大于等于 n 时,一定会有圈存在,所以可以保证一个操作次数的下界.

从本质上说,本题也是属于 Erdös 的,因为他曾提出:一个有 n 个顶点的简单图,至少要加入多少条边才会出现两个长度一样的圈?这个问题后来被图论大师 Bondy(滑铁卢大学,法国人)列入自己的著名教材 *Graph theory with application* 中作为 open problem. 一个很粗略的上界是 $2n$,比较精确的上界在 1998 年由在乔治亚州大学任教的陈冠涛教授提出为 $O(n+c*\mathrm{sqrt}(n))$,后来厦门大学赖老师证明了当 n 趋向无穷大的时候,c 趋向 2.04. RMM problem3 就是这个问题的弱化版本,证明

上界小于 n + epsilen * n. 这是俄罗斯出的题目,在题目发布当天,加拿大的何老师就提出了一种概率证明方法,并且拿来考研究生.

学术的事还应该多依靠专家. 这不刚刚在网上有人议论,就有大伽出来说话了.

据南京大学数学系教授、组合数论专家孙智伟先生报料,让中国奥数军团全军覆没的第三题的命题者是俄罗斯数学家 Fedor Petrov,也是他的俄方合作者. 此人曾获 1999 年第 40 届 IMO 金牌,Fedor Petrov 现在是俄罗斯科学院圣彼得堡斯捷克洛夫数学研究所的研究员. 2018 年 8 月,他曾访问南京大学,2019 年的下半年他还将访问南京大学.

我们要表达的是:如果中国选手在出征前看过本书,刷过本题的话是不是不会遭到"团灭".

其实由数学论文改编奥数试题最成功的当属对下面这篇论文的改编:

COUNTEREXAMPLE TO EULER'S CONJECTURE ON SUMS OF LIKE POWERS

BY L. J. LANDER AND T. R. PARKIN

Communicated by J. D. Swift, June 27, 1966

A direct search on the CDC 6600 yielded

$$27^5 + 84^5 + 110^5 + 133^5 = 144^5$$

as the smallest instance in which four fifth powers sum to a fifth power. This is a counterexample to a conjecture by Euler[1] that at least n nth powers are required to sum to an nth power, $n > 2$.

REFERENCE

1. L. E. Dickson, *History of the theory of number*, Vol. 2, Chetsen, New York. 1952, p. 648.

这篇号称史上最短的数学论文就曾被多次改编为奥数题目. 笔者在多年前湖南教育出版社出版的《数学竞赛》期刊(由于刊号限制,实际上是以书代刊,由该社的总编助理欧阳维诚

老先生担任主编)上曾写过一篇小文章,是谈如何命制数学奥林匹克试题的,其中有一段就介绍了这个问题.现摘录如下:

三千多年前,我国的商高在《周髀算经》中宣布$5^2=4^2+3^2$.后来在两个世纪前,Euler提出$6^3=3^3+4^3+5^3$,他还发现$113^3=50^3+74^3+97^3$,于是1769年Euler猜想:

当$n\geqslant 4$时,方程$x_1^n+x_2^n+\cdots+x_{n-1}^n=x_n^n$无整数解.

这个猜想提出后近两百年无人证明,直到1966年美国的两位数学家L. J. Lanrder和T. R. Parkin给出了$n=5$时的一组解,从而在$n=5$时,否定了Euler猜想.他们得到$27^5+84^4+110^5+113^5=144^5$.于是在第7届美国数学邀请赛(AIME)(第9题)和1991年日本数学奥林匹克预选试题中都以此为背景出了一道试题:

已知存在正整数n,使得$113^5+110^5+84^5+27^5=n^5$,试求$n$的值.

有两点需要说明,其一,类似的命题我们可以编出许多,因为对于方程$x_1^n+x_2^n+\cdots+x_n^n=x_{n+1}^n$它有整数解.半个世纪前美国芝加哥大学的Dickson给出$353^4=315^4+272^4+120^4+30^4$,更简单的还有$15^4=4^4+6^4+8^4+9^4+1^4$,对于方程$x_1^n+x_2^n+\cdots+x_{n+1}^n=x_{n+2}^n$也有解.1976年,美国《数值计算》杂志发表了Sefridce和Lander的长文,介绍了$1\ 141^6=1\ 077^6+894^6+702^6+474^6+402^6+234^6+74^6$,以及$102^7=90^7+85^7+64^7+58^7+53^7+35^7+12^7$.将这些等式中的某个数换上$n$即为一道新试题,解法与原试题一致.其二,这道试题在反例发表的20多年后才出现是受下列事件的影响:几年前哈佛大学年轻的数学家Noam. D. Elkies利用椭圆曲线证明了$n=4$时Euler猜想也不成立.方程$x_1^4+x_2^4+x_3^4=x_4^4$有无穷多组正整数解,他通过计算机找到的第一个解是$2\ 682\ 440^4+$

$15\ 365\ 639^4 + 18\ 796\ 760^4 = 20\ 615\ 673^4$.

第三句话是:顶天立地,上下通吃.

Titu 先生对初等数学和高等数学都极为熟悉,对离散和连续两大领域也都极为精通,所以使用起定理来左右逢源,游刃有余.不像我们的一些从业者,要么高冷,不接地气,囿于自己的专业无法将其精彩的数学结论通俗化成吸引人的奥数题;要么是一些中学教师格局不大,站位不高,螺蛳壳里做道场,缺少大气象.所命试题毫无背景,无限接近高考试题.在这一点 Titu 先生就做得相当之好,其可在初等数学与高等数学之间穿梭自如,各种工具信手拈来,令人佩服,如下例:

O337 是否存在不可约的整系数多项式 $P(x)$,对于一切 $n\in\mathbf{N}$,使 $P(n)$ 是大于 1 的完全幂?

解 答案是"不存在".首先观察到因为 $P(x)$ 不可约,所以 $P(x)$ 和 $P'(x)$ 互质.于是由辗转相除法给出整系数多项式 $A(x)$ 和 $B(x)$ 以及常数 M,使

$$A(x)P(x)+B(x)P'(x)=M$$

于是

$$\gcd(P(x),P'(x))\mid M$$

实际上,对于一切 n

$$(P(n),P'(n))\leqslant M$$

这表明存在无穷多个质数 p,对某个 $n\in\mathbf{Z}$,$p\mid P(n)$,$p\nmid P'(n)$.这一结果可由下面的引理推出.

引理 假定 $p^k\parallel P(n_0)$,$p\nmid P'(n_0)$,那么存在 n_p,使 $p\parallel P(n_p)$.

他在证明中用 Hensel 引理的思想方法来处理.对于 $t\in\mathbf{N}$,对某个 $G(n_0,t)\in\mathbf{Z}$,并考虑了 Taylor 展开式

$$P(n_0+tp)=P(n_0)+tpP'(n_0)+p^2G(n_0,t)$$

如果 $k=1$,那么我们可以取 $t=0$ 和 $n_0=n_p$.另一方面,如果 $k\geqslant 2$,那么取 $t=1$,并设 $n_p=n_0+p$.

本书出现了许多在我们常见的奥数书中所不常见的定理,

如:Fontne 第一、第二定理,Leon-Anne 定理,Pithot 定理,Iosifescu 定理,Blundon 不等式,Titu 引理等.

刘培杰
于哈工大
2019 年 3 月 25 日

卡塔兰数入门
(英文)

史蒂文·罗马　著

编辑手记

出版活动本质上是一种投资.既是智力上的也是物质上的.是投资就要有投资的理由,也就是要回答那个"why".

要回答这个why,先要知道who,和what.本书只论及一个数学对象卡塔兰数(Calatan Numbers).这是一个重要的组合数学研究对象,它是比利时数学家卡塔兰首先提出来的.所以我们先介绍一下卡塔兰,按照《数学家辞典》中介绍:

卡塔兰(Catatan,1814—1894),比利时人,1814年5月30日生于布鲁日,毕业于巴黎多科工艺学校.1856年任列日大学分析学教授,并被选为布鲁塞尔科学院院士.1894年2月14日逝世.卡塔兰写有200多篇关于各种数学问题的研究报告.在微分几何方面,他证明了对于直纹曲面,只有当它是平面或为正常的螺旋面的时候,才可能是实的(此即卡塔兰定理).还与奥斯特罗格拉德斯基、雅可比一起解决了多重积分的变量代换问题.对函数论、伯努利数及其他问题的研究也取得了一些成果.1842年提出猜想:方程$x^z - y^t = 1$,当x,y,z,t为大于1的自然数时,只有唯一解$x = 3, y = 2, z = 2, t = 3$.这个问题至今尚未解决.所谓卡塔兰数也很著名.

200多年前的数学家所提出的数学对象,今天重新被提起,它的现实意义在哪里呢?

首先是我们在今年的RMM(罗马尼亚大师杯数学奥林匹

克竞赛)上的“惨败”,在其2018年的赛题中我们发现卡塔兰数现身其中.

题目一 设 n 是一个正整数,在圆周上给定了 $2n$ 个两两不同的点,现在要在图中画出 n 个直箭头,并使得:

(1) 每个给定的点都是某个箭头的起点或终点;

(2) 任意两个箭头不相交;

(3) 不存在两个箭头 $\overrightarrow{AB}$ 和 $\overrightarrow{CD}$,使得 A,B,C,D 是圆周上按顺时针排列的四个点.

求满足上述条件的画箭头的方法数.

(2018 年罗马尼亚大师杯数学奥林匹克竞赛)

分析 对 $n=1,2,3$ 的简单情况进行计数后,可以猜测所求方法数为 C_{2n}^{n}. 在已知这个结果后,可能采取的路线就比较明确了.

解法一 我们证明所求方法数为 C_{2n}^{n},为此我们只要证明如下事实:若已知某 n 个点是箭头的起点,另 n 个点是箭头的终点,则箭头的画法是唯一的(因将 $2n$ 个点划分为 n 个起点 n 个终点的方法数显然是 C_{2n}^{n}).

我们使用数学归纳法. 当 $n=1$ 时上述事实显然成立. 若上述事实对 n 成立,考虑 $n+1$ 的情况. 从任一个被规定是终点的点开始沿顺时针在圆周上行走,直到遇到第一个被规定是起点的点为止,设此点为 X,从 X 出发沿逆时针方向行走遇到的第一个点为 Y(Y 显然被标记为终点). 若 X,Y 不是同一个箭头的起点和终点,则设从 X 出发的箭头终点为 P,以 Y 为终点的箭头的起点是 Q,由(2)知 X,P,Q,Y 必为圆周上按顺时针方向排列的四个点,与(3)矛盾! 故必有箭头 $\overrightarrow{XY}$. 另一方面,$\overrightarrow{XY}$ 不可能与其他箭头相交,也不可能与其他箭头不满足(3),故可以将 X,Y 从圆周上去掉,变为 n 的情况.

由数学归纳法知最初的断言成立,故所求方法数为 C_{2n}^{n}.

组合数学的题目难解,原因是没有统一的方法. 所以能用上已知定理的方法是受欢迎的,故以下解法虽稍繁,但思路明确.

解法二 设将圆周上 $2n$ 个点连成 n 条两两不相交的线段

的方法数为 c_n,则显然有 $c_1=1, c_2=2$. 对于一般的 n,将这 $2n$ 个点按顺时针方向标记为 $A_1, A_2, \cdots, A_{2n}$,则 A_1 只能与一个角标为偶数的点相连(否则线段两边各有奇数个点,一定会有其他线段与此线段相交,矛盾). 当 A_1 与 A_{2i} 相连时,线段两边分别有 $2(i-1)$ 和 $2(n-i)$ 个点,故连续方法数为 $c_{i-1}c_{n-i}$(规定 $c_0=0$),因此

$$c_n = \sum_{i=1}^{n} c_{i-1}c_{n-i}$$

令

$$f(x) = \sum_{i=0}^{\infty} c_i x^i$$

则

$$xf^2(x) = \sum_{n=1}^{\infty}\left(\sum_{i=1}^{n} c_{i-1}c_{n-i}\right)x^n = \sum_{n=1}^{\infty} c_n x^n = f(x) - 1$$

故由求根公式解得 $f(x)=\frac{1 \pm \sqrt{1-4x}}{2x}$. 令 $x \to 0$ 知,分子上的"±"取"-",故

$$\begin{aligned}
f(x) &= \frac{1-(1-4x)^{\frac{1}{2}}}{2x} = -\frac{1}{2x}\left(\sum_{n=0}^{\infty}(-4x)^n \cdot \mathrm{C}_{\frac{1}{2}}^{n} - 1\right) \\
&= \sum_{n=1}^{\infty}\left(\mathrm{C}_{\frac{1}{2}}^{n} \cdot \frac{(-4)^n}{-2}\right)x^{n-1} \\
&= \sum_{n=1}^{\infty}\left(\frac{\frac{1}{2}\cdot\left(-\frac{1}{2}\right)\cdot \cdots \cdot\left(-\frac{2n-3}{2}\right)}{n!} \cdot \frac{(-4)^n}{-2}\right)x^{n-1} \\
&= \sum_{n=1}^{\infty}\left(\frac{(2n-3)!! \times 2^{n-1}}{n!}\right)x^{n-1} \\
&= \sum_{n=1}^{\infty} \frac{1}{n}\mathrm{C}_{2(n-1)}^{n-1} x^{n-1} \\
&= \sum_{n=0}^{\infty} \frac{1}{n+1}\mathrm{C}_{2n}^{n} x^{n}
\end{aligned}$$

即 c_n 为卡塔兰数 $\frac{1}{n+1}\mathrm{C}_{2n}^{n}$.

下面我们证明,为这些连线指定箭头方向,且满足(3)的方法数恰为 $n+1$.(*)

为此我们使用数学归纳法,当 $n=1$ 时结论显然成立. 若结论对 n 成立,考虑 $n+1$ 的情况. 我们先证明必有两个在圆周上相邻的点 A,B 之间连了线,为此我们考虑每条线段两侧的点数,并设线段 AB 的某一侧有最多的点,则 AB 的另一侧必然没有点,否则在另一侧任取一条线段 CD,与 A,B 在 CD 同一侧的点数比刚刚 AB 同侧的点数更多,矛盾! 因此 A,B 在圆周上相邻.

不妨设顺时针从 A 到 B 的弧上没有其他点. 若线段 AB 的方向是 $\overrightarrow{BA}$,则与解法一类似,可知 $\overrightarrow{BA}$ 不可能与其他箭头不满足(3),故可以将 A,B 从圆周上去掉,此时由归纳假设知其余线段有 $n+1$ 种标记箭头方向的方式;若线段 AB 的方向是 $\overrightarrow{AB}$,则从 B 出发在圆周上沿顺时针方向将剩余点依次标记为 $A_1,A_2,\cdots,A_{2n}$. 若有箭头 $\overrightarrow{A_iA_j}(1\leqslant i<j\leqslant 2n)$,则 A,B,A_i,A_j 为顺时针方向排列的四个点,与(3)不符,故所有剩余箭头均需从角标较大的点引向角标较小的点. 另一方面,这个画箭头的方式是满足题意的,因为对任意 $\overrightarrow{A_jA_i}$ 和 $\overrightarrow{A_lA_k}$,由 $j>i,l>k$ 知 A_j,A_i,A_l,A_k 不可能是顺时针方向排列的四个点,故此时有 1 种标记箭头方向的方式. 综上,共有 $n+2$ 种标记箭头的方式,因此(*)对 $n+1$ 也成立.

综上所述,连续的方式有 $\frac{1}{n+1}\mathrm{C}_{2n}^{n}$ 种,指定箭头的方式有 $n+1$ 种,故满足题目要求的画箭头的方式有

$$\frac{1}{n+1}\mathrm{C}_{2n}^{n}\cdot(n+1)=\mathrm{C}_{2n}^{n}(\text{种})$$

解法提供者所给出的注指出:卡塔兰数的递推公式,甚至是连成不相交线段的方法数是卡塔兰数,这些对于部分考生是熟知的,因此解法二并不像想象中的那么难以想到. 本题的解法一与 2017 年美国数学奥林匹克竞赛第 4 题有些关系,若把那道题中的红色点作为起点,蓝色点作为终点,则唯一符合要求的连法即为先连出 $\overrightarrow{R_iB_i}(i\in\{1,\cdots,n\})$ 后,通过调整将相交的

箭头调成不交的,最后得到 n 个互相不交的箭头.

如果说上述介绍说明卡塔兰数"立地".

那么下面的内容则告诉我们它还"顶天",也就是所谓的那个深远的历史意义.

2003 年 7 月 22 日,在英国 Edingburgh 大学举行了 William Hodge (1903—1975) 百年纪念会. 德国著名数学家 F. E. P. Hirzebruch (生于 1927 年) 为大会做了一个演讲, 题目叫"Hodge 数,陈数,Catalan 数". 陈省身先生在南开数学研究所得知此事,遂提议与住在他家的 M. F. Atiyah 爵士一起,给老朋友 Hirzebruch 发张明信片. 他们在信上戏问,"What is the Catalan number? "Hirzebruch 收到明信片后非常高兴,马上通过传真发给陈先生 5 页纸的回信,又意犹未尽,再续发了 2 页.

原文如下:

亲爱的陈:

非常高兴收到你与 M. F. Atiyah 一起写的,从南开寄来的明信片.

你们问什么是 Catalan 数? 第 n 个 Catalan 数 C_n 如此给出

$$C_n = \binom{2n}{n} / (n+1)$$

于是,当 $n = 0,1,2,3,\cdots$ 时有

$$C_n: 1,1,2,5,14,42,132,429,\cdots$$

它们有特征函数

$$\sum_{n=0}^{\infty} C_n x^n = \frac{1}{2x}(1 - \sqrt{1-4x}) \qquad (1)$$

令 X_n 是复射影空间 P_{n+1} 中所有的直线组成的流形,则

$$\dim_c X_n = 2n$$

X_n 等于 $\mathbb{C}^{n+2}$ 的 2 维复线性子空间的 Grassmann 流形,由此我们得到 X_n 上的 $\mathbb{C}^2$ - 重言(tautological) 向量丛. 由紧群理论得知

$$X_n = U(n+2)/(U(2) \times U(n))$$

此(对偶)重言丛的陈类 c_1,c_2,根据你的一个定义,与 X_n 的一些(余维为1,2)子簇对偶:

c_1:与一固定的 $P_{n-1} \subset P_{n+1}$ 相交的所有直线形成的簇;

c_2:$X_{n-1} \subset X_n$.

Schubert(*Math. Annalen*,1885)已经求出 $c_1^{2n}[X_n]$. 它是 P_{n+1} 中与 $2n$ 个给定的,处于一般位置的,余维2射影子空间都相交的直线个数.

我们有

$$c_1^{2n}[X_n] = C_n \tag{2}$$

并且可以确定所有的陈数

$$c_1^{2r}c_2^{s}[X_n] = C_r,\text{其中 } 2r + 2s = 2n \tag{3}$$

特别是,(符号差的)相交矩阵就是卡塔兰数的矩阵,该矩阵的行列式值为1,并在 **Z** 上与标准对角矩阵(对角线上全为1)等价.

当然,式(3)没有给出 X_n 的切丛的所有的陈数. 但原则上,它们都可以用式(3)来表达. A. Borel 和我得到的公式,用 c_1,c_2 表达了 X_n 切丛的所有陈类. 例如,X_n 切丛的第一陈类是 $(n+2)c_1$.

我们可以利用 Plück 坐标,做嵌入

$$X_n \subset P\binom{n+2}{2}^{-1} \tag{4}$$

于是,c_1 与超平面截面 H 对偶. 由式(2)知,卡塔兰数 C_n 是嵌入(4)的量度.

Schubert 的论文(*Math. Annalen*,1885)里包含许多有趣的内容. 例如,考虑 X_n 中与一给定 $P_{n-2} \subset P_{n+1}$ 相交的全部直线形成的簇. 此簇有余维 2. 根据 Schubert 得出的结论,它与 $c_1^2 - c_2$ 对偶. 所以,数

$$C_2(n) \triangleq (c_1^2 - c_2)^n[X_n] \tag{5}$$

很有趣.

它们出现在 Schubert 的文章里. $C_2(n)$ 是 P_{n+1} 中与 n 个给定的,处于一般位置的,余维3射影子空间都相交的直线个数.

由式(2)(3)(5),得

$$C_2(n)=\sum_{k=0}^{n}(-1)^{n-k}\binom{n}{k}C_k$$

当 $n=0,1,2,3,\cdots$ 时,我们有 $C_2(n)=1,0,1,1,3,6,15,36,91,232,603,\cdots$ 直到 $n=9$, 这些数都在 Schubert 文章中出现.

我查了 Sloane 的那个很不错的整数序列表,发现 $C_2(n)$ 与其中编号为 M2587 的序列符合. 所给的参考信息表明 $C_2(n)$ 有多个组合学的解释. (卡塔兰数具有几十个组合学的意义,见 Stanley 的书) 我把 $C_2(n)$ 告诉 Don Zagier, 他立即证明 $C_2(n)$ 确实是 M2587, 并有

$$\sum_{n=0}^{\infty}C_2(n)x^n=\frac{1}{2x}\left(1-\sqrt{\frac{1-3x}{1+x}}\right)\qquad(6)$$

关于 M2587 的公式(6) 在文献中出现过. 但我没有看到任何地方说 M2587 就是陈数

$$(c_1^2-c_2)^n[X_n]$$

Schubert 对直线的计算非常有意思. 我告诉了 Don Zagier 其他一些事情,而他创立了一套非常令人感兴趣的方法. 我还可以写好几页纸. 但让我就此打住吧. 祝愿您身体健康. Inge(Hirzebruch之妻) 做了膝盖手术后刚从医院回来. 我们俩向您致以最美好的祝愿.

Fritz

亲爱的陈:

显然,我还不能打住. 首先,我要指出,卡塔兰数满足

$$C_{n+1}=\sum_{i=0}^{n}C_iC_{n-i}$$

而 $C_2(n)$ 满足

$$C_2(n+1)=\sum_{i=0}^{n}C_2(i)C_2(n-i)+(-1)^{n+1}$$

(Don Zagier)

其次,我要指出以下的事实(这些事实可以用(Hermann Weyl)表示论与(A. Borel 和我于 1952 ~ 1954 年在 Princeton 得到)我的 Riemann-Roch 公式之间的关系来证明):

考虑嵌入公式(4),并令 H 为 X_n 的与 c_1 对偶的超平面截面. Hilbert 多项式

$$\chi(X_n,rH) = \dim H^0(X_n,rH)$$

其中 $r>-(n+2)$, $-(n+2)H$ 是 X_n 的典范除子(canonical divisor). (Hodge 的"假定(postulation)"公式)由(小平消没定理)

$$\chi(X_n,rH) = \frac{(r+1)(r+2)^2\cdots(r+n)^2(r+n+1)}{1\cdot 2^2\cdot\cdots\cdot n^2\cdot(n+1)} \tag{7}$$

给出. 这是个 $2n$ 次多项式,当 $r=-1,-2,\cdots,-(n+1)$ 时,它为 0,这是根据小平邦彦的消没定理得到的必然结果($r=0$ 时,它等于 1).

根据 Riemann-Roch 定理,r^{2n}($2n=\dim_c X_n$)项的系数等于

$$\frac{H^{2n}[X_n]}{(2n)!} = \frac{1}{(n+1)!\ n!}$$

于是

$$H^{2n}[X_n] = \frac{(2n)!}{(n+1)!\ n!} = C_n$$

从而,我们根据 Riemann-Roch 定理,又得到了公式(2).

再一次的最美好祝愿!

这短短的几页纸其实信息量极大,它恰似一根红线,将数学史上鼎鼎大名的十几位数学大师的工作串在了一起. 依先后次序,笔者罗列十位. 由于陈省身大师大家都已十分熟悉,所以不再介绍. 这里主要介绍国外的数学家,希望以此说明卡塔兰数之重要.

霍吉(1903—1975,Hodge, William Wallans Douglas),英国

人,曾在剑桥工作.他的贡献主要在几何学、代数几何和微分几何方面,其中有以他的名字命名的度量、结构、定理.著有专著《代数几何方法》(Ⅰ,1947)、《调和积分的理论与应用》(1952)、《代数簇的第二类积分》(1955)等.他曾获摩尔根奖章和爱丁堡大学奖金.

希尔泽布鲁赫(生于1927年,Hirzebruch, Friedrich),德国人,精于代数几何、微分几何、拓扑学,著有《微分波形的黎曼-罗斯理论》(1959)、《向量丛与齐次空间》(1961)、《代数几何中的拓扑方法》(1986)等.

阿提雅(1929—2019,Atiyah, Michael Francis),英国人,1929年4月22日出生于英国伦敦.1948年考入剑桥大学,1952年获学士学位,1955年获博士学位,1958年至1961年任该校讲师.1961年至1963年任牛津大学研究员,1963年成为几何学讲座教授.1969年至1972年任美国普林斯顿高等研究院教授.1972年回到牛津大学任数学研究所教授.1974年至1976年任英国伦敦数学会主席.

阿提雅在数学上做出了许多重要贡献.

第一,1967,1968年阿提雅在《数学纪事》第86卷、第88卷上发表了两篇重要论文,从向量丛的等价类构造K群,证明了微分流形的黎曼-罗赫定理之后,引入了K理论.

第二,1963年他与辛格合作,证明了闭微分流形上的椭圆算子有一个分析指标与该流形的拓扑指标相等.这是微分拓扑学的重要定理,数学文献中称为阿提雅-辛格定理.从而大大推广了代数几何学的黎曼-罗赫定理.不久,他又把这个定理推广到有边缘的紧致流形和其他情形.

第三,1959年阿提雅与希尔泽布鲁赫合作,把K函子(对于每个代数簇x,对应于x上的代数向量丛的同构类称为K函子)推广到紧拓扑空间上,得出了与拓扑学上同调群非常类似的K群.他还利用K理论研究了流形上的浸入问题,并得到重要成果.顺便指出,阿提雅还用更近于代数的方法定义了向量丛的联络,这是很有意义的.

第四,1966年阿提雅与鲍特合作,把莱夫谢茨不动点定理推广到包括椭圆变形的情形,讨论了紧微分流形及横截的微分映射. 这个推广使得不动点定理能够大大扩充应用领域. 另外, 1974 年他与 Schubert 合作,解决了群表示的重要问题.

最后,特别值得指出的是,阿提雅非常注意各个数学分支之间的联系. 他常用数论、代数、几何、拓扑、分析等学科的典型例子,说明它们之间是不可分割的统一体. 这是他能在数学上做出重大贡献的原因之一.

阿提雅获 1966 年的菲尔兹奖.

格拉斯曼(1809—1877,Grassmann, Hermann Günther),德国人. 1809 年 4 月 15 日生于德国的施特廷. 他小时候没有表现出数学才能. 但是,从 1832 年开始,对数学产生了浓厚兴趣,开始刻苦自学数学,取得了显著成效,通过考试取得了数学教师资格. 从 1842 年起,在自己的家乡担任中学教师. 1877 年 9 月 25 日,在他的家乡病逝.

格拉斯曼是位自学成才的数学家,在数学上做出了多方面的贡献.

首先,他建立了 n 维欧几里得空间的系统理论,是复抽象几何学的奠基人. 1844 年他发表了《线性扩张论》. 在这部名著中,他引入了欧几里得 n 维空间概念,研究了点、直线、平面、两点间距离等概念,并把这些概念推广到了 n 维空间. 他引入了超复数的两类乘法,即内积和外积. 定义绝对值就是线向量的长度. 1855 年还给出了 16 种不同类型的乘积,并解释了这些乘积的几何意义. 他将这些概念和理论用到了力学、磁学、晶体学. 从而由他建立了一种有 n 个分量的超复数几何学. 他还研究过抽象几何空间中的 n 阶曲线.

其次,格拉斯曼对算术基础做出了科学论证. 1861 年他的专著《算术教本》出版了. 他给出了自然数的加法、乘法的定义,证明了乘法与加法的交换律、结合律、分配律等. 这些都是以公理为基础进行论证的.

此外,1862 年格拉斯曼还提出了矩阵化成三角式的方法,论述了这种简化与射影之间的关系. 数学中有许多概念是以格拉斯曼的名字命名的,如外代数称为格拉斯曼代数.

舒伯特(生于 1919 年,Schubert, Horst),德国人. 著有《拓扑学》(1964).

韦尔(1885—1955,Weyl, Hermann),德国人.1885 年 11 月 9 日生于什列斯威格 - 荷尔斯泰因州的埃尔姆斯霍恩.韦尔少年时并不显得十分聪明.1994 年由希尔伯特的一位堂兄介绍而进入哥廷根大学学数学,有一段时间在慕尼黑大学旁听.1908 年以积分方程论方面的论文,获得哥廷根大学博士学位,并成为希尔伯特的得意门生.1910 年韦尔被希尔伯特留在哥廷根大学任兼职讲师.1913 年应邀到苏黎世大学任教授,在那里遇到爱因斯坦,共同研讨过广义相对论.1926 年至 1927 年又回到哥廷根大学任教.1928 年至 1929 年任普林斯顿大学客座教授.1930 年韦尔接替希尔伯特在哥廷根大学任教授,3 年后,韦尔毅然辞去了哥廷根大学的职务.1933 年被当时初建的普林斯顿高等研究院接纳为教授.1951 年退休,辞去该研究院的正教授职务而任名誉教授.晚年,他每年在普林斯顿和苏黎世的时间各一半.1955 年 12 月 8 日在苏黎世突然逝世.

韦尔在数学和理论物理学中有许多开创性、奠基性的业绩.其中最著名的有:

1908 年韦尔发表了他的博士论文,是关于奇异积分方程解的存在性问题的研究.在此之前,虽然希尔伯特很重视积分方程的研究,而且也有很多人写了论文,但大多数只有短暂的价值,而韦尔的论文引起了分析学一系列问题的研究,有深远的意义.韦尔认为,黎曼面不仅只是使解析函数多值性直观化的手段,而且是解析函数理论的本质部分,是这个理论赖以生长和繁衍的唯一土壤.他在 1913 年发表的《黎曼面的概念》一书中,不仅给出了黎曼面的准确定义(这是黎曼面最早的几个等价定义之一),而且把以代数函数作为黎曼面上的函数来研究的所谓"解析方法" 整理成完美而严密的形式.

在丢番图逼近方面,韦尔在 1914 年提出并研究了所谓"一致分布" 问题.他用解析方法(特别是三角级数) 作为有效的手段,得到了一致分布的充分必要条件,被称之为韦尔原理.

在群的表示论方面,韦尔做了许多开创性的工作.希尔伯特早年研究的不变量理论,被韦尔用来作为李群的线性表示.1925 年他研究了紧李群的有限维表示.1927 年他完成了紧群的理论,并且弄清了殆周期函数理论与群的表示论之间的关系,尤其是拓扑群上的殆周期函数与紧群的表示论之间的关系. 1900年至1930年间,韦尔研究了半单李代数的完全分类和结构,并确定了它们的表示与特征标. 1925年他取得了一个关键性的结果:特征为零的一个代数封闭域上的半单李代数的任何表示都是完全可约的. 另外,在李群流形的整体结构研究方面他也做了开创性的工作.

在黎曼几何的推广方面,韦尔的研究工作也具有开创性. 他在讲授黎曼几何曲面的课程中,引入了流形概念,用抽象方法把研究工作推向新阶段. 1918年他又引进一类通称为仿射联络空间的几何,使得黎曼几何成为它的一种特例. 这一成果向人们展示了,在非黎曼几何中,点与点之间的联系不一定要用依赖于一个度量的方式来规定. 这些几何学相互之间也许有极大的差异,但又都像黎曼几何一样有广阔的发展前途. 在韦尔之后,黎曼几何又有了一些不同的推广.

在泛函分析方面,韦尔追随希尔伯特研究了谱论,并将它推广到李群,在弹性力学中也找到了应用. 他还研究了希尔伯特空间,特别是希尔伯特空间中的算子. 这方面的工作直接启发了冯·诺伊曼公理的提出.

在偏微分方程方面,韦尔利用迪利克雷原理证明了,椭圆型线性自伴偏微分方程的边值问题的解存在.

晚年,韦尔与其儿子共同研究了由几个亚纯函数所成的亚纯函数组的值分布理论发展而来的亚纯曲线论,并于1943年共同发表了专著《亚纯曲线论》.

韦尔的数学思想几乎完全被希尔伯特所控制,始终信守希尔伯特的信念:“抽象理论在解决经典问题中,对概念深刻分析的价值大大超过盲目计算.” 甚至人们称韦尔是希尔伯特的“数学儿子”. 但是,在研究数学基础时,他们却分道扬镳了. 韦尔属于布劳维尔倡导的直觉主义派,而且发表了许多论述,产生了不小的影响,对倡导形式主义派的希尔伯特也进行了严厉的批评,乃至攻击.

在物理学方面,韦尔的贡献也不少. 1916年当他一接触到爱因斯坦的广义相对论时,便立即用张量积等数学工具给它装上了数学的框架. 进而,1918年韦尔又提出了最初的统一场论.

韦尔写了150多种著作.除了数学、物理学著作外,还包括哲学、历史方面的著作以及各种评论.他的许多名言被人引用,诸如"逻辑是指导数学家保持其思想观念强健的卫生学""如果不知道远溯到古希腊各代前辈所建立和发展的概念、方法和成果,我们就不可能理解近50年来数学的目标,也不可能理解近50年来数学的成就"等.

黎曼(1826—1866,Riemann, Georg Friedrich Bernhard),德国人,1826年9月17日生于汉诺威的布莱索伦茨村一个牧师家庭.他6岁上小学,在校时常用比老师更高明的方法解数学题.14岁时,他进入大学预科班学习.在校长的鼓励下,他以惊人的速度和理解力阅读了勒让德、欧拉等著名数学家的著作.19岁时,他遵照父亲的意愿进入哥廷根大学学习神学.但是在高斯、韦伯、斯特恩等数学家的影响下,他对数学更感兴趣.征得父亲同意后,他放弃了神学而改修数学,并成为高斯晚年的门生.在哥廷根大学学习一年之后,他又去柏林大学,在那里向雅可比、迪利克雷、斯坦纳、爱森斯坦等数学家学习了许多新的数学知识.他1850年回到哥廷根.在高斯指导下,他于1851年11月完成了博士论文《复变函数的基础》,并获得了博士学位.1854年,为了获得哥廷根大学编外讲师资格,他提交了题为《关于利用三角级数表示一个函数的可能性》的论文,并在高斯的安排下,向全体教员做了题为"关于几何基础的假设"的演讲.作为一名编外讲师的黎曼,仅以学生的听课费为经济收入,生活十分清苦.1855年高斯逝世,迪利克雷接替了高斯的职位,他尽力帮助黎曼.先让黎曼能在哥廷根大学领取微薄的工资(约为教授工资的十分之一).1857年又推荐黎曼为该校副教授.1859年迪利克雷逝世,作为他的继承人,黎曼才被任命为哥廷根大学教授.同年,他被选为伦敦皇家学会会员和巴黎科学院院士.由于长时期生活艰难,工作劳累,黎曼身体很不好.1862年,他婚后不到一个月,就患了胸膜炎,曾去意大利疗养.由于经济拮据,尚未痊愈他便返回哥廷根,结果旧病几经复发,当他第三次到意大利疗养时,病情已十分严重.1866年7月20日他不幸病逝于意大利,年仅39岁.

黎曼在他短短的一生中,发表的论文并不多,但是他的每一篇论文不仅在当时,即使在现代也是具有重要意义的,他在数学的许多领域做出了划时代的贡献.

在复变函数论方面.他在其博士论文中,引入了解析函数的概念,完全摆脱了显式表示的约束,而注重一般性原理.他把复变函数$f(z)=u+iv(z=x+iy)$的解析概念建立于

$$\begin{cases}\dfrac{\partial u}{\partial x}=\dfrac{\partial v}{\partial y}\\ \dfrac{\partial u}{\partial y}=-\dfrac{\partial v}{\partial x}\end{cases}$$

这两个方程的基础上.人们称之为黎曼-柯西方程,它在函数的解析性研究中起着重要的奠基作用.对于多值复变函数,他巧妙地引入一种特殊曲面,即黎曼曲面.利用这种曲面不仅可以描绘多值函数的性质,而且可以有效地使多值函数在曲面上单值化,从而把一些单值函数的结论推广到多值函数,从而确立了复变函数的几何理论的基础.

在积分学方面.他在其1854年的任职论文中,推广了迪利克雷、柯西所创建的只适用于连续函数的积分概念,建立了适用于有界函数的积分概念,即黎曼积分.他给出了一个判定积分存在的准则:函数$f(x)$在区间$[a,b]$上可积的充分必要条件是使$f(x)$在子区间上振幅大于任给正数λ的那些子区间的总长度随着各子区间长度趋于零而趋于零.他的这些成果不仅更新了原有的概念,而且给积分学奠定了广泛的基础,使微积分学进一步得到发展.

在三角级数理论方面.他在其1854年的任职论文中,试图找出使区间$[-\pi,\pi]$中的一点x处$f(x)$的傅里叶级数收敛于$f(x)$时,$f(x)$必须满足的充分必要条件.他从级数

$$\sum_{n=1}^{\infty}a_n\sin nx+\sum_{n=1}^{\infty}b_n\cos nx$$

出发,并定义

$$A_0=\frac{1}{2}b_0$$

$$A_n(x)=a_n\sin nx+b_n\cos nx$$

于是上述级数相当于

$$f(x) = \sum_{n=0}^{\infty} A_n(x)$$

他分别讨论了级数的项对一切 x 或某个 x 趋于零这两种情形.并指出,可积分的 $f(x)$ 不一定都有傅里叶级数表示.

在几何基础方面.他在1854年的就职演讲中,彻底革新了几何观念,创立了黎曼几何.他提出的空间的几何并不只是高斯微分几何的推广.他重新开辟了微分几何发展的新途径,并在物理学中得到了应用.他认为欧几里得的几何公理与其说是自明的,不如说是经验的.于是,他把对三维空间的研究推广到 n 维空间,并将这样的空间称之为一个流形.他还引入了流形元素之间距离的微分概念以及流形的曲率的概念,从而发展了空间理论和关于曲率的原理.

在阿贝尔函数论方面.他在其1857年的论文中,提出了阿贝尔函数论中的矩阵、解双曲线方程的方法等,并通过引入黎曼面概念,使阿贝尔函数论系统化.

在数论方面.他于1859年发表的论文《在给定大小之下的素数的个数》轰动了数学界.他把素数分布的问题归结为函数

$$\zeta(z) = \sum_{n=1}^{\infty} \frac{1}{n^2}, z = x + \mathrm{i}y$$

的问题,这就是著名的黎曼 ζ 函数.他还提出了一个猜想:$\zeta(z)$ 位于$0 \leqslant x \leqslant 1$ 之间的全部零点都在 $x = \frac{1}{2}$ 之上,即零点 $z = x + \mathrm{i}y$ 的实部都是$\frac{1}{2}$.这就是著名的黎曼猜想,即希尔伯特的23个问题中第8个问题,至今尚未解决.许多数论中的问题都要在该问题解决之后才能解决.他研究数论时广泛地使用了解析函数这个工具,从而开创了解析数论这一新分支,也极大地促进了解析函数论的发展.

此外,他对微分方程理论也做出了贡献,有以他的名字命名的恒等式与方程.他根据奇异点的数目和性质,对系数为有理数的所有微分方程进行了系统的分类.

1876年戴德金和韦伯出版了《黎曼全集》,1902年黎曼的学生们又将黎曼的讲课笔记作为全集的补充,整理出版.

罗赫(1839—1866,Roch,Gustav),德国人,1839 年 12 月 9 日生于德累斯顿,曾在哈勒工作. 1866 年 11 月 12 日逝世.

罗赫在复变函数论与代数几何方面做出了贡献. 1864 年他证明了著名的黎曼 - 罗赫定理. 这个定理确定了在至多有有穷个极点的曲面上线性无关的亚纯函数的个数. 这一结果先由黎曼提出,而罗赫完成证明.

波莱尔(1923—2003,Borel,Armand),法国人,1923 年 5 月 21 日出生,曾在巴黎、日内瓦和芝加哥,普林斯顿规划研究所工作. 他是美国和法国数学会会员,还是其他国家许多学术团体和协会的成员. 波莱尔的研究领域很广,涉及线性代数、代数拓扑、代数几何、代数群论、李群以及微分几何等. 对代数几何中的纤维空间、齐性空间、自守函数、示性类、复数乘法和代数群的波莱尔理论等方面的贡献较为突出. 他的论著很多,诸如《李群拓扑与示性类》(1955)、《线性代数群》(1956)、《变换群研究》(1960) 等,影响较大.

希尔伯特(1862—1943,Hilbert,David),德国人,1862 年 1 月 23 日生于哥尼斯堡(即现在苏联的加里宁格勒). 他是一个信仰新教的中产阶级的后裔,其曾祖父是外科医生,祖父和父亲都是哥尼斯堡的法官. 其父经常教诲他要准时、节俭和信守义务;要勤奋、遵纪、守法. 其母对他学习数学产生过较大影响. 希尔伯特于 1870 年(即 8 岁时) 才进入哥尼斯堡的腓特烈预科学校的初级部念书,高中最后一年转入威廉预科学校. 后者是一所公立学校,教学中很重视数学. 毕业时希尔伯特的数学成绩优异,在他的毕业证书的背面的评语说:“勤奋是模范,对科学有浓厚的兴趣, 对数学表现出极强烈的兴趣, 理解深刻.”1880 年进入哥尼斯堡大学读书(这是一所有优良传统的大学),有时也到海德尔大学去听选读课. 1884 年 12 月 11 日通过博士的口试,1885 年获得博士学位. 1886 年 3 月去莱比锡和巴黎进行学习访问,受到了埃尔米特的指点. 1886 年 6 月起任哥尼斯堡大学的义务讲师,1892 年起任副教授,1893 年起任教授. 1895 年受聘任哥廷根大学的教授,在该校一直工作到 1930 年退休. 1900 年在巴黎召开的“第二次国际数学家大会” 上,希尔伯特作了著名的“数学问题” 的讲演. 1943 年 2 月 14 日希尔伯特在哥廷根去世,终年81岁.

希尔伯特在数学上的几乎所有的领域都做出了重大的贡献.

第一,关于不变式理论.他发现了代数最基本的定理之一:多项式环的每个子集都具有有限个理想基.这个定理是引导到近世代数的有力工具,是代数簇一般理论的基石.希尔伯特还得到所谓零点定理:如果多项式f在一个多项式理想M的所有零点处都为零,则f的某次幂属于该理想.这是建立代数簇概念的基础,是研究不变式理论的有力工具.希尔伯特开创了不变式理论的新时代.

第二,关于数论.希尔伯特于1897年4月10日撰写了一个《数论报告》,这是一篇非常优秀的论著,被数学家们称为是学习代数数论的经典.他在报告中收集了所有与代数数论有关的知识,用统一的新观点,对所有的内容重新加以组合,给出了新的形式和新的证明.报告中的定理90中包括的概念直接导致了同调代数的产生.报告中,他从二次域出发,一步一步地增加普遍性,直至相当于阿贝尔的全部理论.希尔伯特对代数数论进行了一系列的开创性工作,把这个领域推向了繁荣局面.在数论方面希尔伯特还有一个突出的贡献:1909年他证明了持续100多年未解决的华林猜想.

第三,关于公理化理论.希尔伯特是第一个建立了完备的欧几里得几何公理体系的人.他把欧几里得几何公理分成联系公理、关于点和线的顺序的公理、迭合公理、平行公理、连续性公理这五类公理,并运用这些公理把欧几里得几何的主要定理推演出来.他系统地研究了公理体系的相容性、独立性和完备性问题.1899年他的名著《几何基础》出版了,到1962年已发行第九版,现在仍然是研究几何基础的人必读的经典著作.这是一部不朽的历史文献.关于这部著作,正如他在书的结尾说的那样,是"批判性地探究几何学的原理,我们在一种准则指导下讨论每一个问题,即检查该问题是否不能通过某种给定的方式以及借助于某些受限制的手段得以解决".他要回答"什么样的公理、假定或者手段在证明初等几何真理时是必需的".他试图用代数模型和反模型来证明无矛盾性和独立性.这种几何代数化是创造新代数结构的重要手段,预示着域和非对称域的概念和拓扑空间即将诞生.希尔伯特告诉了人们,如何去公理化,如何用公理化去建立数学体系.

第四,关于积分方程.希尔伯特在1904年至1910年间发表了一系列有关这方面的论文.当时人们的注意力集中于对非齐次积分方程的研究,他却转到了研究齐次方程的方向,并把参数的奇点更清楚地理解为齐次方程问题的特征值,进而把函数空间按连续函数的正交基坐标化;提出了平方收敛和的数列空间的概念,这就是希尔伯特空间.他还提出了谱的概念,并对于对称核建立了一般的谱理论.他还将微分方程的边值问题转化为积分方程,解决了一批物理问题.

希尔伯特对迪利克雷原理、变分法也进行了卓有成效的研究.他首先直接证明了迪利克雷原理,这样就进一步丰富了变分法原理.

第五,关于理论物理.从1909年起希尔伯特把研究的兴趣转向了理论物理.他比较系统地研究了气体分子运动、辐射论公理、相对论,并发表了一些论文,但总的来说成就不如数学方面.

第六,关于数学基础.希尔伯特继几何基础之后,按照自己的形式主义观点,企图证明数学本身是无矛盾的,并企图使数学成为一种有限的博弈.后来哥德尔证明了:按他的这种形式主义方法构造数学大厦是不可能成功的.但是,他在研究这一问题时创立了一门新的数学分支学科——元数学,其意义是十分巨大的.

值得特别提出的是,希尔伯特于20世纪的头一年,即1900年在巴黎讲演(前面已说过)提出的23个数学问题对20世纪的数学发展产生了巨大的影响.100多年来这些问题吸引了无数有才能的数学家.这些问题的进展情况如下:

1. 连续统假设.1963年科恩(1934—　)证明不可能在ZF公理系统内证明.

2. 算术公理的相容性.1931年哥德尔证明用元数学不可能证明它.

3. 两等高等底的四面体体积相等问题.1900年内德恩给出

了肯定的解答.

4. 直线作为两点间最短距离问题. 已取得很大进展,但未完全解决.

5. 拓扑群成为李群的条件. 1952 年由格利森等解决.

6. 物理公理的数学处理. 已取得很大成功,但仍需继续探讨.

7. 某些数的无理性与超越性. 1934 年由盖尔方特解决了后半部分.

8. 素数问题. 黎曼猜想、哥德巴赫猜想问题仍未解决,但陈景润等已做了出色工作.

9. 一般互反律. 1921 年已为高木贞治解决.

10. 丢番图方程可解性的判别. 1960 年贝克对两个未知数的方程得到肯定解决;1970 年马蒂雅斯维奇得到一般情况的否定解答.

11. 一般代数域内的二次型. 已获重要结果,但未获最后解决.

12. 类域的构成问题. 未解决.

13. 不可能用只有两个变数的函数解一般的七次方程. 对连续函数情形,1957 年由阿诺德(1937—2010) 解决;一般情形未解决.

14. 证明某些类完全函数系的有限性. 1958 年由永田雅宜给出否定解决.

15. 建立代数几何学基础. 1938 年至 1940 年由范·德·瓦尔登解决.

16. 代数曲线和曲面的拓扑性质. 有重要进展,但尚未最后解决.

17. 正定形式的平方表示式. 1926 年由阿廷解决.

18. 由全等多面体构造空间. 已取得重要进展,但未最终解决.

19. 正则变分问题的解是否一定解析. 伯恩斯坦(1880—1968)、彼得罗夫斯基等得出一些结果.

20. 一般边值问题. 有重大发展.

21. 具有给定单值群的线性微分方程的存在性. 1905 年由

希尔伯特本人解决.

22. 解析函数的单值化. 对一个变量的情况,1907 年已由克贝等解决.

23. 变分法进一步发展. 已取得重大成就.

希尔伯特对数学的贡献是巨大的. 整个数学的版图上,到处留下了希尔伯特的深深的脚印. 有大量的以他的名字命名的数学名词,如希尔伯特空间、希尔伯特不等式、希尔伯特变换、希尔伯特不变积分、希尔伯特不可约性定理、希尔伯特基定理、希尔伯特公理、希尔伯特子群、希尔伯特类域等.

希尔伯特的论著很多, 大都收集到 1932 年至 1935 年由 Springer 公司出版的 3 卷全集中. 但不包括:莱比锡出版的《几何基础》(1930) 和《线性积分方程一般理论基础》. 另外还有与柯朗合著的《数学物理方法》(第1卷,1931;第2卷,1937);与阿克曼合著的《理论逻辑基础》(1928);与科恩 - 弗森合著的《直观几何学》(1932);与伯奈斯合著的《数学基础》(第1卷,1934;第2卷,1939).

希尔伯特还是一位伟大的数学教育家,他一生共培养出 69 位 数学博士,其中有不少成为 20 世纪著名的数学家,如韦尔、柯朗、诺特等.

小平邦彦(1915—1997,Kodaira Kunihiko), 日本人,1915 年 3 月 16 日生于东京. 他在中学二年级时就对平面几何有特殊的兴趣,尤其喜欢作辅助线的题目. 在读中学三年级时,他用半年时间就自学了全部中学数学课程内容,演算了课本中的全部习题. 他自学了一本有 1 300 面的《代数学》. 经过激烈的竞争,他考取了东京帝国大学的数学专业, 这个专业每年只招收 15 名 新生. 从大学三年级起,他的主要兴趣在拓扑学方面,尤其爱读亚历山大的《拓扑学》、韦尔的《空间、时间与物质》、范 · 德 · 瓦尔登的《群论与量子力学》等名著. 1938 年小平邦彦大学毕业后,接着又攻读该校的物理专业课程. 这个专业当时主要是搞数学物理学,数学色彩很浓,特别适合于他的兴趣. 他对刚刚出现的新兴学科 —— 泛函分析认真地进行了学习和研究. 这些都为他后来的科学事业打下了坚实的基础. 在这期间,小平邦彦共写了 10 篇论文. 1941 年他毕业于东京帝国大学物理专业. 由于他成绩优异和才能超群,毕业后不久,就受聘担任该校副教授. 1944 年小平邦彦被迫在乡间度过了相当艰苦的一段生活. 但是,他并没有因此放松研究工作,并完成了 3 篇关于调和积分的论文. 这些论文于 1948 年 3 月通过角谷静夫转送到了美国,并在《数学纪事》杂志上发表了. 韦尔看后,十分赞赏,称誉为“伟 大的工作”,决定邀请小平邦彦到普林斯顿来做研究工作. 1949 年 8 月小平邦彦受聘到美国普林斯顿高等研究院工作. 1961 年小平邦彦离开该院,先后到美国几所大学任教授. 1967 年他回到了阔别了 18 年的母校.

小平邦彦在数学上做出了多方面的贡献.

第一,他推广了代数几何学的一条中心定理:黎曼 – 罗赫定理. 他利用调和积分论把这条定理由曲线推广到曲面. 他还证明了狭义的凯利流形是代数流形和小平邦彦消灭定理.

第二,小平邦彦从 1956 年起研究了复结构的变形理论,并把这套理论加以系统化,这样大大地推动了代数几何学、复解析几何学向纵深发展.

第三,60 年代起小平邦彦对紧致解析曲面的结构和分类进行了深入的研究. 他利用拓扑学、代数学工具,对曲面进行了分类,先后用他的名字命名的小平维数这个不变量把曲面分为有理曲面、椭圆曲面、K_3 曲面等. 对每种曲面,他都建立了一个极小模型. 因此 ,小平邦彦最后把曲面分类归结为极小曲面的分类. 他的这些开创性工作,大大推动了 60 年代代数几何学的发展.

小平邦彦回到东京帝国大学后,还写了许多有价值的中学、大学教材,为培养年轻一代数学家和推动数学教育做出了可贵的贡献.

小平邦彦获 1954 年的菲尔兹奖,1957 年获日本学士院的奖励,还获日本的文化勋章,他是继高木贞治之后的第二位获得此项奖励的数学家.

最后回到本书的内容上. 本书作者在前言中写道:

> 在理查德·斯坦利的《计数组合学》(第 2 卷)(剑桥大学出版社)一书的219 页中有一个包含66 个部分

的练习题(为学生准备的),每个部分定义了一组有限的数学对象,这些对象由卡塔兰数计算.此外,斯坦利最近完成了一本名为《卡塔兰数》的专著,描述了卡塔兰数计算的214个对象以及问题集中的附加的68个对象.该著作在2015年也由剑桥大学出版社出版.

本书的目的是介绍这些非凡的数字.在我们讨论数字本身之后,我们将看到卡塔兰数计算的更卓越的组合产物.

本书是按主题编排的,这从目录中就可以看出.例如,其中一章专门讨论卡塔兰数和树状图,另一章专门讨论卡塔兰数和排列.我努力在本书的前面部分中提供更易于理解的主题,以帮助读者逐渐适应本书的数学复杂性.

对于那些希望测试他们对本书内容掌握程度的人,我在本书末尾加入了一些练习.这些练习主要来自理查德·斯坦利的书《计数组合学》(第2卷)和《卡塔兰数》.每个题目都给出了书中的引证内容.他还提供了这些练习题目的提示或解决方案.

本书的目录为:

当年,欧阳修读到后生苏轼的文章后慨叹道:“读苏轼书,不觉汗出,快哉快哉!老夫当避路,放他出一头地也!”

今天,当我们读到国外优秀的数学著作时,也会有出汗的感觉,也会有让那些粗制滥造的教辅书、励志书、鸡汤书避路,放他们出一头地也!

刘培杰

2019 年 4 月 25 日

于哈工大

测度与积分

(英文)

马丁·布罗凯特
格茨·柯斯汀 著

编辑手记

本书既可以看成是大学数学教材,也可视为高级普及读物,关于这类图书的必要性我们可以借助下面这个例子来说明.英国著名天文学家、物理学家霍金去年去世,许多杂志都刊登了纪念文章,其中三联生活周刊的一篇访谈问道:霍金的这种运用物理和几何方法相结合的研究方式,对物理学界来说难度有多大?

著名专家陈学雷回答说:掌握这些理论基础的难度还是非常大的.举个例子,70年代的时候,霍金和他的一个同学乔治(George Ellis)合写了一本理论性的学术书籍《时空的大尺度结构》.按理说,书出版后,大家只要学习书的内容就可以了,但实际上大部分人看都看不懂.后来芝加哥大学的罗伯特(Robert Wald)写了一本书把这些内容简化了一些,写得更清楚简明了一些,大家才容易看懂一些.物理界的人逐渐看懂了,但看起来还是挺费劲的.我国的梁灿彬先生是罗伯特的学生,又写了更加清晰详尽的书,便于大家学习,大家去读才慢慢掌握了这些数学工具.但即使到现在,国内真正掌握这个的也没几个人.

所以一个高深的理论是需要逐级通过不同难度的著作去解读的,本书的主要内容是关于实变函数论的,实变函数主要指自变量取实数值的函数,实变函数论就是研究一般实变函数的理论. 在微积分学中，主要是从连续性、可微性、黎曼可积性三个方面来讨论函数. 如果说微积分学所讨论的函数都是性质"良好"的函数，那么，实变函数论则是从连续性、可微性、可积性三个方面讨论最一般的函数，包括从微积分学的角度来看性质"不好"的函数.

实变函数论是19世纪末20世纪初形成的一个数学分支，是微积分的深入和发展，它的产生最初是为理解和弄清19世纪的一系列奇怪的发现. 1861年魏尔斯特拉斯构造了(1875年发表)一个处处不可微的连续函数

$$f(x) = \sum_{n=0}^{\infty} a^n \cos(b^n \pi x)$$

其中，$0 < a < 1, ab > 1 + \frac{3}{2}\pi$，$b$为奇数；皮亚诺发现了(1890)能填满一个正方形的若尔当曲线(被称为皮亚诺曲线)，连续函数级数之和不连续，可积函数序列的极限函数不可积，函数的有限导数不黎曼可积，等等. 这些例子从微积分学的角度来看都很意外，它促使数学家们进一步研究函数的各种性态. 对傅里叶级数理论的深入探讨是实变函数论产生的另一个动力.

函数可积性的探讨是实变函数论的主要内容. 积分概念的第一次扩充来自荷兰数学家斯蒂尔杰斯，他在1894年的论文中，为了表示一个解析函数序列的极限，引进了一种新的积分——斯蒂尔杰斯积分，这种积分后来成为研究一般测度上的积分的开端.

积分概念的进一步扩充还沿着另一条路线进行. 因为函数的不连续点影响了函数的可积性，所以数学家们转向函数的不连续点集的研究. 由此产生了"容量"和"测度"的概念，它们是通常体积、面积和长度概念的推广.

容量的概念最早由德国数学家哈纳克(1881)和杜布瓦-雷蒙(1882)提出. 随后，皮亚诺改进了他们的工作，引进了区域的内容量和外容量. 如果f是围成该区域的曲线的函数，那么此区域的内、外容量分别由f的下、上积分确定. 1893年，若尔当在他的《分析教程》中，更有力地阐明了内、外容量的概念. 他用有限集合覆盖点集，给出"若尔当容量"的定义，完善了前人

的工作.他还研究了容量对积分的应用.É.波莱尔在处理表示复函数的级数收敛的点集时,建立了他称之为测度的理论.在《函数论讲义》(1898)中,他定义了开集、可数个不相交的可测集的并集、两个可测集的差集等几类点集的测度,把测度从有限区间推广到更大一类点集(波莱尔可测集)上.

在测度论和积分理论方面做出决定性贡献的是法国数学家勒贝格.他的著名论文《积分、长度、面积》(1902)进一步改进了É.波莱尔的测度论.勒贝格引进了n维空间点集测度的概念,他用(可数)无穷个区间覆盖已知点集,给出某些特殊点集的测度定义,并注意到不可测集的存在.在此基础上,勒贝格引进了可测函数的概念,然后建立勒贝格积分.他采取划分值域而不是划分定义域的方法,把积分归结为测度,从而使黎曼积分的局限性得到突破.紧接着,勒贝格又在《积分与原函数的研究》(1904)中证明了有界函数黎曼可积的充要条件是其不连续点构成一个零测度集.这就从根本上解决了黎曼可积性的问题.

勒贝格积分是比黎曼积分更为普遍适用和更为有效的工具,例如用于解决微积分学基本定理以及积分与极限交换次序问题.精美的调和分析理论就是建立在勒贝格积分的基础上的.此外,还适应特殊的需要而讨论一些特殊的积分,这一理论的建立扩充了以往人们所研究的函数的范围和极限的意义.以这种理论为核心发展起来的实变函数论已成为数学的一个分支,它的最基本内容可以作为分析数学各分支的普遍基础.近年来,实变函数论已经渗入数学的许多分支,有着广泛而深刻的应用.例如,实变函数论对形成近代数学的一般拓扑学和泛函分析两个重要分支有着极为重要的影响.又如,苏联数学家柯尔莫戈罗夫把概率理解为一种抽象测度,建立了概率论的公理化体系,使概率论的面貌完全改观,并且拓广了概率论的研究范围.

山东大学副校长、解析数论专家刘建亚教授建议读科普书要读一手的,当然如果一手的读不明白还可以逐级往下.给读者推荐一本好的科普书籍,那就是杜瑞芝教授主编的《数学史辞典》(山东教育出版社).比如关于本书的主题,你只要读三个词条就够了,一个是勒贝格积分,粗略地说,将给定的函数按函数值的区域进行划分、作和、求极限而产生的积分概念,就是勒贝格积分.它是黎曼积分的推广,是分析数学中普遍使用的重要工具,也是实变函数论的重要内容之一.

19 世纪,随着微积分学的发展与深入,人们常常需要处理一些较复杂的函数.在讨论它们的可积性、连续性、可微性时,经常遇到积分与极限能否交换顺序的问题.通常只有在很强的假设下才能解决这类问题.因此在理论和应用上都迫切要求建立一种不同于黎曼积分和黎曼 - 斯蒂尔杰斯积分的新积分.1902 年,法国数学家勒贝格在点集的测度概念的基础上建立了一种新的积分,叫作勒贝格积分.

勒贝格改进了 É. 波莱尔的测度理论,引进 n 维空间点集测度的概念,在此基础上又引进可测函数的概念.设 $f(x)$ 是定义在区间 $[a,b]$ 中可测集 E 上的一个有界可测函数,A 与 B 是 $f(x)$ 在 E 上的上确界和下确界,勒贝格把 $f(x)$ 的值域区间 $[A,B]$(在 y 轴上)划分成 n 个子区间

$$A < L_1 < L_2 < \cdots < L_{n-1} < B$$

考虑每个子区间通过 $f(x)$ 在 E 中对应的 n 个可测点集 $e_1, e_2, \cdots, e_n$,然后作和

$$S = \sum_1^n l_r m(e_r), s = \sum_1^n l_{r-1} m(e_r)$$

当 S 与 s 的下确界和上确界相等时,这个公共值就定义为 $f(x)$ 的勒贝格积分.如果函数黎曼可积,那么必定勒贝格可积,并且积分值相等,但反过来不一定对.

关于勒贝格积分,亚历山大洛夫在《数学的内容、方法和意义》中做了个形象的比喻:有袋钞票要计算它的面额总值,此时按钞票的面额大小分类,然后计算每一类的面额总值,再相加,这就是勒贝格积分的思想;如不按面额大小分类,而是按从钱袋中取出的先后次序来计算面额总值,那就是黎曼积分的思想.

勒贝格还构造了简单函数列,使其在有限测度集 E 上几乎处处一致收敛于可测非负函数 f,并证明了该函数列的积分的共同极限的存在性.

勒贝格积分的建立为积分概念的其他形式的推广奠定了基础,也扩充了函数的概念和极限的意义,并为20世纪的许多数学分支如泛函分析、概率论、抽象积分论、抽象调和分析等奠定了基础.勒贝格积分在傅里叶级数理论中也有着重要应用.

还有前面那个实变函数,再一个就是测度与积分的应用所涉及的概率论公理化体系(system of axioms of probability theory).19世纪,几何概率逐步发展起来.但到19世纪末,出现了一些自相矛盾的结果,如贝特朗悖论等.这反映了几何概率的逻辑基础是不够严密的,同时也说明拉普拉斯关于概率的古典定义带有很大的局限性.虽然到了19世纪下半叶,概率论在统计物理学中的应用及概率论的自身发展已突破了概率的古典定义,但关于概率的一般定义则始终未能明确化和严格化.这种情况既严重阻碍了概率论的进一步发展和应用,又落后于当时数学的其他分支的公理化潮流.1900年,希尔伯特在国际数学家大会上提出了建立概率论公理化体系的问题.最先从事这方面研究工作的有庞加莱、É.波莱尔及伯恩斯坦,他们提出的几种公理体系在数学上都不够严密.到了20世纪30年代,随着大数定律的深入研究,概率论与测度论的联系越来越明显.

从20世纪20年代中期起,柯尔莫戈罗夫就开始从测度论途径探讨整个概率论理论的严格表述,1933年在他的经典著作《概率论基础》中首次给出了一套严密的概率论公理体系.柯尔莫戈罗夫在这部著作中建立起集合测度与事件概率的类比、积分与数学期望的类比、函数正交性与随机变量独立性的类比,等等.这种广泛的类比终于赋予了概率论以演绎数学的特征.柯尔莫戈罗夫公理化概率论中,对于事件域中的每一个事件,都有一个确定的非负实数与之对应,这个数就叫作该事件的概率.在这里,概率的定义是抽象的,并不涉及频率或其他任何有具体背景的概念.柯尔莫戈罗夫提出了6条公理,整个概率论大厦可以从这6条公理出发建筑起来.他的公理体系逐渐获得了数学家们的普遍承认.概率论由于公理化而成为一门严格的演绎科学、取得了与其他数学分支同等的地位,并通过集合论与其他数学分支密切地联系着.它的出现,是概率论发展史上的一个里程碑,为现代概率论的蓬勃发展打下了坚实的基础.

本书译自德语版本,是2010年出版的,内容与原版非常接近,一些原版中的内容错误与印刷错误在英译本中也得到了更正.

本书作者在前言中指出:现代测度与积分理论是康托集合论的重要继承者,对后者的形成起了重要作用.因此,测度和积分理论的根源通常是在纯数学领域.不过,它对于与应用紧密相关的数学领域——泛函分析、偏微分方程、应用分析与控制理论、计算数学、势论、概率论和统计学都尤其重要.因此,测度和积分理论不能被轻易归入范式纯粹与应用数学中(现在这种范式往往变得越来越没有说服力).

正是在这种观点下,他们编写了这本教科书.他们知道,他们的读者想要在其他地方利用这个理论,并且对最重要的结果的简明阐述感兴趣.同时,他们致力于将测度与积分理论作为一个关于区域、体积和积分的连贯的且透明的体系来展示.他们认为这个目标可以用一种简单的方法来实现,这样就可以把它整合到标准的数学学士的课程中去.

从数学的角度看,测度与积分理论的核心已基本形成.然而,他们认为,就其被展现的情况而言,仍有加强的余地.他们对本书内容的安排不遵循其他作者选择的格式.下面是一些具体情况.

他们不从测度存在唯一性定理开始.他们相信以下的方法更符合学生的需要:首先,积分的收敛结果是重要的;测度的构建(无论它是否来自卡拉西奥多里)可以推后.因此,他们将此构建放在本书的结尾处(当然,这并不妨碍讲师对本书材料进行重组).在这里,他们选择了一种直接指向目标的表示方式,避免了通常关于集合代数、半环等集合系统的讨论.在书的其他部分也有一些新的特点.

他们没有展示相关理论的所有分支.他们专注于核心(正如我们所理解的那样),并在此基础上显示与数学其他领域的相关结果.分析方面,这与卷积平滑函数和雅可比变换公式有关.至于几何测度理论,他们讨论豪斯道夫测度与维度.在概率论中,他们讨论了柯尔莫戈罗夫之后的无穷乘积的核心和测度. 在最后两章中,他们试图展示了一些与泛函分析的联系,他们发现这对理解测度和积分理论是有用的. 为了引导读者,他们用星号标记了一些部分,这些部分可能会在第一次阅读时被读者略过.

作为一个先决条件,他们假设了解数学学士一年级课程的内容(以他们国家为例). 从拓扑学的角度看,在没有注释的情况下,他们只在度量空间的设置中使用基本概念(开的、闭的、紧的、邻近的、连续性的). 任何超过这个限度的,他们都设法加以讨论. 历史笔记见于脚注.

作者认为他们所写的简洁的内容无法替代任何综合性图书. 因此,本书不打算取代像 Elstrodt 所写的[2] 这样的既定教科书,更不用说像 Halmos 所写的[4] 或 Bauer 所写的[1] 那样的经典文本. 在附录中他们提到了这些书和对于相关理论的其他介绍,他们从这些书和理论中获益匪浅.

本书的目录为:

国人读书多有实用目的,即它对考试有用吗? 我们说读本书对考研和竞赛都有很大的帮助,转引几道发表于某微信公众号(应公众号管理员要求,此处不提及公众号具体名称)的 Lebesgue 积分习题练习为例:

设 f 是 $\mathbf{R}^1$ 上的可积函数,证明

$$\lim_{h\to 0}\int_{[a,b]}|f(x+h)-f(x)|\,\mathrm{d}x=0$$

证明1 (1) 先证:若 f 在 $[a,b]$ 上可积,则 $\forall\varepsilon>0$,存在 $[a,b]$ 上的连续函数 $\varphi(x)$,使得

$$\int_a^b|f(x)-\varphi(x)|\,\mathrm{d}x<\varepsilon$$

记

$$[f(x)]_N=\begin{cases}f(x), & |f(x)|\leqslant N\\ N, & f(x)>N\\ -N, & f(x)<-N\end{cases}$$

$x\in E=[a,b]$,则

$$\begin{aligned}&\int_a^b|f(x)-[f(x)]_N|\,\mathrm{d}x\\ \leqslant&\int_{E\{x||f(x)|>N\}}(|f(x)|+N)\,\mathrm{d}x \qquad (1)\\ \leqslant&2\int_{E\{x||f(x)|>N\}}|f(x)|\,\mathrm{d}x\end{aligned}$$

因 $|f(x)|\in L[a,b]$,故 $\forall\varepsilon>0,\exists\delta>0$,使得对任何 $e\subset E$,只要 $me<\delta$,就有

$$\int_e|f(x)|\,\mathrm{d}x<\frac{\varepsilon}{4}$$

因为

$$\bigcap_{n=1}^{\infty}E\{x||f(x)|>n\}=E\{x||f(x)|=+\infty\}$$

并注意到 $|f(x)|$ 在 E 上几乎处处有限,便可得

$$\lim_{n\to\infty}mE\{x||f(x)|>n\}=mE\{x||f(x)|=+\infty\}=0$$

从而对上述 $\delta>0$,存在 N,使得

$$mE\{x||f(x)|>N\}<\delta$$

于是

$$\int_{E\{x||f(x)|>N\}}|f(x)|\,\mathrm{d}x<\frac{\varepsilon}{4} \qquad (2)$$

从而

$$\int_a^b |f(x) - [f(x)]_N| \mathrm{d}x < \frac{\varepsilon}{2} \quad (3)$$

对于$[f(x)]_N$,由 Lusin 定理,存在$[a,b]$上的连续函数$\varphi(x)$,使得

$$mE\{x \mid [f(x)]_N \neq \varphi(x)\} < \frac{\varepsilon}{4N}$$

且$|\varphi(x)| \leqslant N$,则

$$\begin{aligned} &\int_a^b |[f(x)]_N - \varphi(x)| \mathrm{d}x \\ &= \int_{E\{x \mid [f(x)]_N \neq \varphi(x)\}} |[f(x)]_N - \varphi(x)| \mathrm{d}x \quad (4) \\ &\leqslant 2N \cdot mE\{x \mid [f(x)]_N \neq \varphi(x)\} < \frac{\varepsilon}{2} \end{aligned}$$

从而由(3)和(4),得

$$\int_a^b |f(x) - \varphi(x)| \mathrm{d}x \leqslant \int_a^b |f(x) - [f(x)]_N| \mathrm{d}x + \int_a^b |[f(x)]_N - \varphi(x)| \mathrm{d}x < \varepsilon \quad (5)$$

(2) 下证:如果$f(x)$在$[a,b+\delta]$($\delta > 0$)上可积,则

$$\lim_{h \to 0^+} \int_a^b |f(x+h) - f(x)| \mathrm{d}x = 0$$

$\forall \varepsilon > 0$,由于$f \in L[a,b+\delta]$和(1)的结论,存在$\varphi(x) \in C[a,b+\delta]$,使得

$$\int_a^{b+\delta} |f(x) - \varphi(x)| \mathrm{d}x < \frac{\varepsilon}{3} \quad (6)$$

由$\varphi(x)$在$[a,b+\delta]$上连续可知,对$[a,b]$上任意确定的x,存在$\eta > 0$(取$\eta \leqslant \delta$),使得$0 < h < \eta$时,恒有

$$|\varphi(x+h) - \varphi(x)| < \frac{\varepsilon}{3(b-a)} \quad (7)$$

$$\begin{aligned} &\int_a^b |f(x+h) - f(x)| \mathrm{d}x \\ &\leqslant \int_a^b |f(x+h) - \varphi(x+h)| \mathrm{d}x + \end{aligned}$$

$$\int_a^b |\varphi(x+h)-\varphi(x)|\,dx+$$
$$\int_a^b |\varphi(x)-f(x)|<\varepsilon$$

即

$$\lim_{h\to 0^+}\int_a^b |f(x+h)-f(x)|\,dx=0$$

证明2 因f在$\mathbf{R}^1$上可积，则$|f(x+h)-f(x)|$对任意$h\in\mathbf{R}^1$在$\mathbf{R}^1$上可积，故$\forall\varepsilon>0$，$\exists\Delta_k\triangleq[-k,k]$，使

$$\int_{\mathbf{R}^1-\Delta_k}|f(x+h)-f(x)|\,dx<\frac{\varepsilon}{2}$$

存在Δ_k上的连续函数$\varphi(x)$，使得

$$\int_{\Delta_k}|f(x)-\varphi(x)|\,dx<\frac{\varepsilon}{6}$$

$\varphi(x)$在Δ_k上连续，从而在Δ_k上一致连续，则存在$\eta>0$（取$\eta\leqslant 1$），当$|h|<\eta$时，对$\forall x\in\Delta_k$，恒有

$$|\varphi(x+h)-\varphi(x)|<\frac{\varepsilon}{12k}$$

因此

$$\begin{aligned}
&\int_{\mathbf{R}^1}|f(x+h)-f(x)|\,dx\\
=&\int_{\mathbf{R}^1-\Delta_k}|f(x+h)-f(x)|\,dx+\\
&\int_{\Delta_k}|f(x+h)-f(x)|\,dx\\
<&\frac{\varepsilon}{2}+\int_{\Delta_k}|f(x)-\varphi(x)|\,dx+\\
&\int_{\Delta_k}|\varphi(x+h)-\varphi(x)|\,dx+\\
&\int_{\Delta_k}|f(x+h)-\varphi(x+h)|\,dx<\varepsilon
\end{aligned}$$

即

$$\lim_{h\to 0}\int_{\mathbf{R}^1}|f(x+h)-f(x)|\,dx=0$$

对于$a<b$，显然

$$\lim_{h\to 0}\int_{[a,b]}|f(x+h)-f(x)|\,\mathrm{d}x=0$$

试证：(1) $\lim\limits_{k\to+\infty}\int_{(0,+\infty)}\dfrac{1}{\left(1+\dfrac{t}{k}\right)^{k}t^{\frac{1}{k}}}\mathrm{d}t=1$；

(2) $\lim\limits_{n\to+\infty}\int_{(0,n)}\left(1-\dfrac{x}{n}\right)^{n}x^{\alpha-1}\mathrm{d}x=\int_{(0,+\infty)}\mathrm{e}^{-x}x^{\alpha-1}\mathrm{d}x.$

注　补充证明命题：设 $\{E_k\}$ 是递增可测集列，$E=\bigcup\limits_{k}E_k$，$f\in L(E_k)$，$k=1,2,\cdots$.

若极限 $\lim\limits_{k\to\infty}\int_{E_k}|f(x)|\,\mathrm{d}x$ 存在（有限），则 $f\in L(E)$

且有

$$\int_E f(x)\mathrm{d}x=\lim_{k\to\infty}\int_{E_k}f(x)\mathrm{d}x$$

命题的证明　令

$$f_k(x)=f(x)\chi_{E_k}(x)$$

则 $\{|f_k(x)|\}$ 单调增趋于 $|f(x)|$ $(x\in E)$.

由 Levi 定理，得

$$\begin{aligned}\int_E|f(x)|\,\mathrm{d}x&=\lim_{k\to\infty}\int_E|f_k(x)|\,\mathrm{d}x\\&=\lim_{k\to\infty}\int_{E_k}|f(x)|\,\mathrm{d}x\end{aligned}$$

即 $f\in L(E)$.

又由于在 E 上

$\lim\limits_{k\to\infty}f_k(x)=f(x)$，$|f_k(x)|\leqslant|f(x)|$，$k=1,2,\cdots$

则由 Lebesgue 控制收敛定理可得

$$\int_E f(x)\mathrm{d}x=\lim_{k\to\infty}\int_{E_k}f(x)\mathrm{d}x$$

证明　(1) 当 $0<t\leqslant 1$，$k\geqslant 2$ 时

$$f_k(t)=\frac{1}{\left(1+\frac{t}{k}\right)^{k}t^{\frac{1}{k}}}\leqslant\frac{1}{t^{\frac{1}{k}}}<\frac{1}{\sqrt{t}}$$

当 $1<t\leqslant+\infty$，$k\geqslant 2$ 时

$$f_k(t) \leqslant \frac{1}{\left(1+\frac{t}{k}\right)^k} \leqslant \frac{1}{\left(1+\frac{t}{2}\right)^2} \leqslant \frac{4}{t^2}$$

令

$$F(t)=\begin{cases}\frac{1}{\sqrt{t}}, & 0<t\leqslant 1\\ \frac{4}{t^2}, & 1<t<+\infty\end{cases}$$

由上述命题,得 $F(t)$ 在 $(0,+\infty)$ 上可积,又

$$\lim_{k\to\infty} f_k(t)=\frac{1}{e^t}\in L(0,+\infty)$$

由控制收敛定理,得

$$\lim_{k\to\infty}\int_0^{\infty}\frac{1}{\left(1+\frac{t}{k}\right)^k t^{\frac{1}{k}}}dt=\int_{(0,\infty)}e^{-t}dt$$

$$=\int_0^{+\infty}e^{-t}dt=-e^{-t}\Big|_0^{+\infty}=1$$

(2) 令

$$f_n(x)=\left(1-\frac{x}{n}\right)^n x^{\alpha-1}\chi_{(0,n)}(x)$$

$$f(x)=e^{-x}x^{\alpha-1},\ \forall x\in(0,+\infty)$$

则当 $x\in[n,+\infty)$ 时

$$f_n(x)=0<f(x)$$

当 $x\in(0,n)$ 时,可知

$$0\leqslant f_n(x)\leqslant e^{-x}x^{\alpha-1}=f(x)$$

$\left(1-\frac{x}{n}\right)^n$ 单调增趋于 $e^{-x}(n\to+\infty)$,当 $\alpha>0$ 时,由数学分析结论,得 $f(x)\in L(0,+\infty)$.

又 $\lim\limits_{n\to+\infty}f_n(x)=f(x)$,则由 Lebesgue 控制收敛定理,得

$$\lim_{n\to+\infty}\int_{(0,n)}\left(1-\frac{x}{n}\right)^n x^{\alpha-1}dx=\int_{(0,+\infty)}e^{-x}x^{\alpha-1}dx$$

当 $\alpha\leqslant 0$ 时,由数学分析结论,得

$$\int_0^{+\infty}e^{-x}x^{\alpha-1}dx=+\infty$$

由 Fadou 引理,得

$$+\infty=\int_{(0,+\infty)}\mathrm{e}^{-x}x^{\alpha-1}\mathrm{d}x=\int_{(0,n)}\varliminf_{n\to+\infty}f_n(x)\mathrm{d}x$$

$$\leqslant\varliminf_{n\to+\infty}\int_{(0,n)}f_n(x)\mathrm{d}x$$

从而

$$\lim_{n\to+\infty}\int_{(0,n)}\left(1-\frac{x}{n}\right)^n x^{\alpha-1}\mathrm{d}x=+\infty=\int_{(0,+\infty)}\mathrm{e}^{-x}x^{\alpha-1}$$

设$\{f_k\}$是E上的可积函数序列,且一致收敛到f,问:

(1)$f(x)$在E上是否可积?

(2)等式$\lim\limits_{k\to+\infty}\int_E f_k(x)\mathrm{d}x=\int_E f(x)\mathrm{d}x$是否成立?为什么?

解 (1)$f(x)$在E上未必可积.

例如$f_k(x)=\begin{cases}\frac{1}{x}, & x\in[1,k]\\ 0, & x\in(k,+\infty)\end{cases}$,$E=[1,+\infty)$,对每个$k$

$$\int_E f_k(x)\mathrm{d}x=\int_{[1,k]}f_k(x)\mathrm{d}x+\int_{(k,+\infty)}f_k(x)\mathrm{d}x$$

$$=\int_1^k\frac{1}{x}\mathrm{d}x+\int_{(k,+\infty)}0\mathrm{d}x$$

$$=\ln k<+\infty$$

则$f_k(x)$在$[1,+\infty)$上可积,但在$[1,+\infty)$上,$f_k(x)\rightrightarrows f(x)=\frac{1}{x}$,而$\frac{1}{x}$在$[1,+\infty)$上不可积.

(2)等式未必成立.

例如$f_k(x)=\begin{cases}\frac{1}{k}, & x\in[0,k]\\ 0, & x\in(k,+\infty)\end{cases}$,$E=[0,+\infty)$,在$[0,+\infty)$上,$f_k(x)$一致收敛于$f(x)=0$,但$\forall k\in\mathbf{N}$,$\int_{[0,+\infty)}f_k(x)\mathrm{d}x=1$,则

$$\lim_{k\to+\infty}\int_{[0,+\infty)}f_k(x)\mathrm{d}x=1\neq 0=\int_{[0,+\infty)}f(x)\mathrm{d}x$$

设$f(x,t)$是$[a,b]\times[c,d]$上的连续函数,且对任意$x\in[a,b]$,$f(x,t)$关于t可微,且$|f'_t(x,t)|\leqslant F(x)$,其中$F$是$[a,b]$上的Lebesgue可积函数. 证明

$$\frac{\partial}{\partial t}\int_{[a,b]}f(x,t)\mathrm{d}x=\int_{[a,b]}f'_t(x,t)\mathrm{d}x$$

证明 任意取定$t\in[c,d]$以及$h_k\to 0(k\to+\infty)$,因$f(x,t)$关于t可微,则有

$$\lim_{k\to+\infty}\frac{f(x,t+h_k)-f(x,t)}{h_k}=f'_t(x,t),x\in[a,b]$$

而由微分中值定理,当k充分大时

$$\left|\frac{f(x,t+h_k)-f(x,t)}{h_k}\right|\leqslant F(x),x\in[a,b]$$

从而由Lebesgue控制收敛定理,得

$$\begin{aligned}&\frac{\partial}{\partial t}\int_{[a,b]}f(x,t)\mathrm{d}x\\&=\lim_{k\to+\infty}\frac{\int_{[a,b]}f(x,t+h_k)\mathrm{d}x-\int_{[a,b]}f(x,t)\mathrm{d}x}{h_k}\\&=\lim_{k\to+\infty}\int_{[a,b]}\frac{f(x,t+h_k)-f(x,t)}{h_k}\mathrm{d}x\\&=\int_{[a,b]}\lim_{k\to+\infty}\frac{f(x,t+h_k)-f(x,t)}{h_k}\mathrm{d}x\\&=\int_{[a,b]}f'_t(x,t)\mathrm{d}x\end{aligned}$$

设$\{f_k\}$是$L^p(E)(p>1)$中的序列,$f\in L^p(E)$;$\{g_k\}$是$L^q(E)$中的序列,$g\in L^q(E)$,其中$\frac{1}{p}+\frac{1}{q}=1$. 证明:若$\rho(f_k,f)\to 0$,$\rho(g_k,g)\to 0$,则

$$\int_E f_k g_k\mathrm{d}x\to\int_E fg\mathrm{d}x$$

证明 由已知条件和Hölder不等式,得

$$\begin{aligned}\left|\int_E f_k g_k\mathrm{d}x-\int_E fg\mathrm{d}x\right|&=\left|\int_E(f_k g_k-fg)\mathrm{d}x\right|\\&\leqslant\int_E|f_k-f||g_k|\mathrm{d}x+\int_E|f||g_k-g|\mathrm{d}x\end{aligned}$$

$$\begin{aligned}&\leqslant \|f_k-f\|_p\|g_k\|_q+\|f\|_p\|g_k-g\|_q\\&\leqslant \|f_k-f\|_p(\|g_k-g\|_q+\|g\|_q)+\\&\quad\|f\|_p\|g_k-g\|_q\to 0(k\to+\infty)\end{aligned}$$

即

$$\int_E f_k g_k \mathrm{d}x \to \int_E fg\mathrm{d}x$$

本书的作者是国际知名学者，由这样量级的人物来给大学生写点东西是非常珍贵的，也就是刘建亚教授所说绝对是一手的. 数学圈中一句流传更久的话是：要向大师学习，而不是向他的学生学习.

随着年纪的增长，笔者突然发现，在号称大师遍地的中国，其实真正的大师没有几个，许多都是蒙事的，唬牌的水货. 打个不恰当的比喻，数学的大师有点像古玩界中的高人，要有真传，见过真东西才行. 最近微信朋友圈中盛传二则文玩界轶事. 在一个电视鉴宝节目中，一个女人拿着一张齐白石的画让专家们鉴定，专家们说是假的，要是真的得值三亿 …… 女人说怎么鉴定为是假的？专家们说我们是专家啊 …… 持宝人说我是齐白石的孙女！专家和主持人说那就是真的了，刚才和你开玩笑 …… 其实她就是齐白石最小的一位孙女，名字叫作齐慧娟.

1960 年，被特赦的杜聿明、沈醉邀请曾经的狱友溥仪一起去游览故宫. 他们来到光绪帝的住处，溥仪突然发现房间里摆的照片不是光绪而是自己的父亲. 他马上找来工作人员进行指正，工作人员指出，这是专家给出的照片，应该不会有错误的. 溥仪当时脸都气红了，杜聿明见状赶紧跟工作人员讲，快把专家请过来. 于是，工作人员叫来专家，溥仪说：同志，照片挂错了，这不是光绪帝，而是醇亲王载沣. 专家上下打量着溥仪讲：难道我会不知道照片上的人是谁？溥仪说：那是我爹，我能不认识？

笔者虽然数学造诣不深，资历尚浅，但有自信判断出本书是本佳作，本书的作者也是位货真价实的专家，读不读在您.

刘培杰

2019 年 4 月 26 日

于哈工大

Hall 代数——民国时期的中学数学课本（英文）

H. S. 荷尔　著

刘培杰数学工作室　主审

编辑手记

这是一部民国时期中学生用的英文原版教材的影印版，这部书虽在图书市场消失多年，但从来没被忘记，曾被选为“必读之书”.

20世纪初叶的国人读书人少，许多人不知该读些什么书，这时各种各样的推荐书目便大行其道，比如当时有一个著名的《京报副刊》“青年必读书”，当时那些开书目的人有个性，开出来的是他个人认为“青年必读”的书. 其中个性最强烈最鲜明的代表是鲁迅，他没有推荐任何一本书，只在“青年必读书”一栏中填了两句话：“从来没有留心过，所以现在说不出.”接着在附注中写道：“我以为要少——或者竟不——看中国书，多看外国书.”1966年周作人在给鲍耀明的信中讲起这件事，说：“‘必读书’的鲁迅答案，实乃他的高调——不必读书. 说得不好听一点，他好立异鸣高，故意的与别人拗一调. 他另外有给朋友的儿子开的书目，却是十分简要的.”（摘自《青灯集》，钟叔河著，湖北人民出版社，2008.）但有一点鲁迅是对的：多看外国书！

张伟，白欣在2019年第71卷，第3期《科学》上发表的文章“清末西方代数学在中国的传播与普及”中提到：

明末清初西学第一次输入我国. 康熙钦定的《数

理精蕴》于1723年编撰完成，内容含“借根方比例”(下编第31—36卷),介绍了当时的一些代数学知识.此后的一个多世纪,在中国流传的是西方的“借根方”.由于限于宫廷,范围狭窄,所以没有产生多大的影响.

1840年第一次鸦片战争以后,开始了第二次西学东渐.代数作为数学新学科被介绍进来,其中《代数学》(1859)和《代数术》(1873)堪称传入和传播西方符号代数的丰碑之作.据冯立昇的考察,这两本著作也很快传到日本,并被翻刻和训点,对于促进日本数学近代化起到了极大的作用.

1859年,清末数学家李善兰与伟烈亚力合作翻译了《代数学》,这是西方符号代数首次引入我国.《代数学》原名 *Elements of Algebra*,原著者 Augustus De Morgan(1806—1871),现译名德·摩根.该书在1835年初版,1837年再版.全书13卷,主要有一次方程、多元一次方程、指数、二次方程、限及变数、级数、指数对数之级数等内容.《代数学》的翻译出版具有开创性意义,它不但是我国第一部符号代数读本,而且开启了西方代数学在中国传播的新纪元.尤其是伟烈亚力与李善兰合作翻译的代数术语和数学符号为以后数学翻译的进行奠定了基础,为代数学在中国更好地传播创造了有利的条件.《代数学》内容新,难度大,流传不畅.刊后的十几年,甚至没有几本以“代数”为名的著作出版.可以说,“《代数学》在当时并不流行.”

1873年傅兰雅和华蘅芳合译《代数术》.该书原名 *Algebra*,原著者 W. Wallace,今译华里司.比之于《代数学》《代数术》内容更加系统丰富,译笔更为流畅清晰.全书25卷,共281款.主要内容有释号、代数起首之法、代数诸分之法、代数之诸乘方、无理之根式、代数之比例、变清独元多元之一次方程式、一二三四次式各题之解法、等值等根各次式之解法、有实根之各次式解法、无穷之级数、对数与指数之式、生息计利、连分数、未定之相等式、用代数解几何之题、方程式之界线、八线数理等. 华蘅芳曾受教于李善兰，并钻研《代数学》，深谙其艰深难懂之处. 这使其翻译的《代数术》更易于理解和接受，正因为《代数术》的刊行，西方符号代数才开始流行.

19 世纪末，近代西方传教士在华兴办的教会学校已达两千余所，在校生四万余人，占当时中小学总人数的一成之多. 教会学校开设数学课程中含代数. 由传教士组成的学校教科书委员会编写了大量数学教科书，且被广泛采用. 其中《代数备旨》是美国人狄考文编译、邹立文笔述，1896 年由美华书馆铅印出版. 该书共 13 章，内容浅显易懂，是狄氏将学生的笔记加以归纳整理，再印成书. 由于师生合作，经过教学实践，能够更好地被中国学生理解和掌握，很受欢迎. 据清末出版的《中国教育指南》记载，当时具有代表性的 12 所中学有 9 所使用《代数备旨》，足见其使用之广，影响之大.

此外一些学校还使用英文原版代数教科书：

(1) Wentworth: *Practical Arithmetic*, 1893;

(2) Wentworth: *Elements of Algebra*, 1881;

(3) Hall and Knight: *Elementary Algebra*, 1885;

(4) Chrystal: *Text Book of Algebra*, 1886;

(5) Hall and Knight: *High Algebra*, 1887;

(6) Fine: *Algebra*, 1901.

总之，这一时期一些有识之士已充分认识数学的重要性. 主要通过译书、兴办学堂或出国留学研习代数回国任教等多种方式传播西方代数. 基于此，大量代数相关著作得以出版，截至1901 年出版的数学书籍含“代数”的就达 80 余种. 此期的数学著作，代数占很大的比例. 无论是前期的“会通”，还是后期的传播与普及，“代数”之名已从被动接受到主动选择，显然已渐入人心.

每本书后面都东拉西扯写了一堆，有人爱读，有人讨厌，这是一种广义的“书话”.

关于书话，有人说是一种新的文体，始于唐弢，理由是《晦庵书话》1962年出版之后，世间才有名叫书话的书.记得清朝有位古文家的文集里收有一篇寿序，开头一句便是“寿序非古也”，《花月痕》小说里韩荷也写过这一句，不知道谁是原创.如果唐弢始作书话之说属实，那么我们也可以依样画葫芦来一句“书话非古也”，过一过做古文的瘾——只可惜这句话恐怕不大好说.

事实上，书话之名出现虽晚，书话却是早已有之的，这和诗话、词话差不多.第一部以诗话为名的书，是欧阳修的《六一诗话》，但清人编《历代诗话》，却以前于欧公五百多年的钟嵘《诗品》冠首.周作人《夜读抄·颜氏家训》文中，极赏颜之推对王籍《过若耶溪》诗句“蝉噪林逾静，鸟鸣山更幽”的评价.颜氏曰：

> 《诗》云“萧萧马鸣，悠悠旆旌”，《毛传》云“言不喧哗也”，吾每叹此解有情致，籍诗生于此意也.

周作人指出：

> 此是很古的诗话之一，可谓要言不烦，抑又何其有情致耶，后来作者卷册益多，言辞愈富，而妙语更不易得，岂真今不如古，亦因人情物理难能会解，故不免常有所蔽也.

这里明明将颜之推的话称为“很古的诗话之一”，既是之一，即非唯一了.

诗话有“很古的”，那么书话呢？陆放翁所作数篇如下，出版界老前辈钟叔河先生曾收集了：

> 《历代陵名》，三荣守送来.近世士大夫，所至喜刻书版，而略不校雠，错本书散满天下，更误学者，不如

不刻之愈也,可以一叹.

吾年十三四时,侍先少傅居城南小隐,偶见藤床上有《渊明诗》,因取读之,欣然会心. 日且暮,家人呼食,读诗方乐,至夜,卒不就食. 今思之,如数日前事也.

承平无事之日,故都节物及中州风俗,人人知之,若不必记. 自丧乱来七十年,遗老凋落无在者,然后知此书(《岁时杂记》)之不可阙. 吕公论著,实崇宁大观间,岂前辈达识,固已知有后日耶? 然年运而往,士大夫安于江左,求新亭对泣者正未易得,抚卷屡欷.

《花间集》皆唐末五代时人作,方斯时,天下岌岌,生民救死不暇,士大夫乃流宕如此,可叹也哉,或者亦出于无聊故耶?

以"一点事实,一点掌故,一点观点,一点抒情的气息"定范围,一千四百多年前颜之推和八百八十年前陆游的这些文字,至少总是可以入围的吧.

本书的目标读者既不是那些锦衣玉食,高入云端的上层人士,亦非艰难谋生,搏命图存的底层,而是那些所谓的中产阶层,对这类人概念界定与划分标准多种多样,但有一些基本共识业已达成,如:"他们在社会地位和收入水平等级分层中处于中间位置,大多是白领职业人员,有稳定的工作和收入,文化水平较高,等等." 在社会学家看来,阶层既是经济的,又是文化的. 皮埃尔·布尔迪厄以"非工作性阅读、阅读《上流社会》和阅读《费加罗文学》" 等为依据,将法国各阶级划分为三个趣味等级:合法性趣味、中产趣味和流行趣味. 在他那里,阅读作为一种文化实践,区隔开了不同阶层的社会群体. 艾米·布莱尔在研究20世纪早期的美国中产阶级阅读文化时指出,阅读畅销图书对消费者而言意味着社会资本的获得,在商业文化与阶层焦虑的驱使下,阅读那些小众且需要一定阅读门槛的书籍,可以使他们与社会底层区隔开来,进而获得心理上的优越感. 再一个是中产阶级对子女教育异常重视,这部昔日培养了无数中国科技精英的英文名著一定会受到他们的青睐. 还有一类目标读者是所谓的藏家,他们信奉:《历代名人书斋对联墨迹选》中有清人钱沣的“架上有书真富贵;心中无事即神仙”.

但书中还有著名画家高剑父的一联:“世上唯有读书好,天下无如吃饭难.”

在中美贸易战爆发之际,国人要共克时艰,所以那些连生计甚至是吃饭都是困难的读书人不建议入手.

刘培杰
2019 年 7 月 12 日
于哈工大

凸曲面的内蕴几何学

亚历山大洛夫　著
吴祖基　译

译者的话

A. Д. 亚历山大洛夫这部著作是他自己及其学生在整体"微分"① 几何学方面的研究报告. 布塞曼(H. Busemann) 在《数学评论》里说这方面的研究是"微分" 几何学方面的跃进②. 研究方法是从整体着眼,利用多面体逼近的方法,因此所得到的结果在整体"微分" 几何学领域中占有独特的地位③,开创了微分几何学的新领域④.

为了更详尽地介绍这方面的工作,我把作者为德译本⑤所作的附录二也翻译出来. 附录二的内容是介绍自本书出版(1948 年) 至 1954 年间的发展概况⑥,并且参照了作者在德译

---

① 形式上是微分几何的内容,而实际上可以与微分无关,因为所讨论的流形可能不是正则的.

② 见 *Mathematical Review*,1949,617 ~ 620 页.

③ 见布塞曼,*Geometry of Geodesics*,413 页.

④ 见拉舍夫斯基《微分几何学教程》,428 页,高等教育出版社出版.

⑤ ALEXANDROW A D. Die innere Geometrie der konvexen Flächen[M]. Berlin: Akademie Verlag, 1955.

⑥ 1954 ~ 1958 年间的发展情况,可参考作者 1958 年在国际数学会上的发言稿:Modern development of surface theory, Proceedings of the internationals. Congress of mathematicians, Cambridge university press(1960),3 ~ 18 页.

本中的修正部分作了某些修正.

这里也把德译本的编者前言刊印出来作为这部著作的简单介绍.

阅读本书除了要求读者具备大学数学专业通常的课程所讲授的数学知识外,还要知道一些度量空间、拓扑学及测度论的知识.

译者

1958 年 11 月

序言

内蕴几何学是在曲面范围内来研究曲面和在它上面的图形的性质,就好像在测面积学中研究平面的几何性质一样,是和平面所在的空间没有任何关系的. 高斯在 1827 年的文章《关于弯曲曲面的一般研究》(*Disquisitions generales circa superficies curvas*) 中奠定了曲面内蕴几何学的基础. 从那时起,它就日益发展,以至目前可以认为所有主要的问题 —— 至少在问题涉及正则曲面的微小曲面的几何学时 —— 是已经解决了. 但这里所采用的微分几何学方法通常只能用于正则曲面. 所谓正则曲面,即是用一些方程来界定的曲面,并且在方程里所包含的函数充分多次 —— 至少是三次 —— 可微. 但非正则曲面受到重视,因为它们在实际生活中经常碰到,并可用纸片做出. 例如任何多面形、锥面或带有锐棱的透镜曲面都是非正则曲面. 因此,产生研究非正则曲面的要求也就是理所当然的了. 其次,在微分几何学中,对曲面加上一些可微条件往往不是由于问题的几何实质要求如此,只不过便于运用解析工具而已. 最后,在近年来,"整体" 几何学问题更多地吸引几何学者们的注意. 在解决这些问题时,失去其通常性能的解析工具就显得非常不够,因此也有了利用纯几何或拓扑的想法.

研究可能存在的所有曲面当然是没有希望的,因为对于它们不可能期望某些进一步深远的普遍的结果. 我们在这里只限于讨论凸曲面. 在通常意义下,凸曲面是一个凸体的整个边界或边界的一块. 所谓凸体是一个只要包含任意两点同时也就包含联结这两点的整个线段的体,闵可夫斯基(Minkowski)说过:“关于凸体的定理之所以显得特别诱人,是因为它们通常对于整个这一类对象都毫无例外地成立.”(H. Minkowski, *Allgemeine Lehrrätze über die konvexen Polyeder*(凸体的一般定理),全集,卷二,103页——德文本译者注.)这样说来,确定凸曲面为对象是非常恰当的.近年来已得到它的普遍的结果.对于这些结果来说,都没有预先附加正则条件的限制,然而这些结果与凸曲面的内蕴几何性质无关.目前迫切的任务是要研究凸曲面的内蕴几何学,首先是找出能完全刻画其内蕴度量的条件.我们发现研究任意凸曲面的内蕴几何学,其所能开展的内容并不比正则曲面的内蕴几何学来得少,特别是,也能够说明使用古曲内蕴几何学中基本公式的几何条件.本书在于叙述我近几年来建立起来的凸曲面内蕴几何学中丰富理论的一些主流.

我完全抛弃普遍微分几何学的基本概念和方法,只是在特殊情况下,我们才在曲面上引进坐标.我们不是用线素来给定曲面的度量,而是直接用曲面上所测定的两点间的距离来给定度量.内蕴几何学的定义是由长度、角度、面积、全曲率等基本概念所给出,因此使得研究的方法几乎只是几何性质的.方法的要点是:首先研究凸多面形,然后把由它们所得到的结果取极限过渡到任意凸曲面上.其次用平面上的对应图形来代替弯曲曲面上的图形,而且研究这时发生的变化.首先考虑三角形,与此对应的是:我们用沿边“粘连”起来的平面三角形系统所确定的“多面形的度量”来逼近“弯曲的度量”.因此,这里起着重要作用的是这样一个定理,它给出使得事先用纸片切成的一些多角形能够粘连成一凸闭多面形的条件.最后,“分割和粘连方法”显得非常有效,它是把另一些曲面的若干片“粘连”成一曲面的一种方法.

虽然我们的主要目的是研究没有附加正则条件的凸曲面,但是许多结果对于正则曲面来说显得还是新的.特别是有关“整体”问题的那些地方.还值得指出的是,我们的方法也可以用来研究非凸的曲面.由此而产生的理论的推广将在最后一章中作一概述.

我必须感谢本书编者拉伊可夫(Д. А. Райков)和萨盖勒(В. А. Залгаллер),由于他们的帮助,修正了叙述中某些重要的欠严格之处. 在这里,我也要特别提到我的朋友李培尔曼(И. М. Либерман) 和阿罗维亚尼施尼可夫(С. П. Оловянишников),他们于1941年在前线牺牲了,那是正当他们在几何方面的才能显得光彩焕发的时候. 与他们经常不断的讨论使本书所叙述的理论中的许多论点日益明晰,而当时这种理论只不过刚刚萌芽. 李培尔曼首先证明了在凸曲面上测地线的每一点处存在一单方向的切线,这个证明我已收在第四章§5中,无可争辩,它是优美的几何论证的典范. 李培尔曼使用过的方法也还有其他的一些重要的应用. 在第八章§5中,我引进了阿罗维亚尼施尼可夫的关于无限凸曲面弯曲变形的优美的定理,这是达布(Darboux)所研究的这个古老问题中的第一个普遍的结果.

对叙述的次序和性质再提出几点注意. 首先,我尽力使本书的对象不限于专家们,并且由于这不是普遍的微分几何,所以本书的叙述是从最基本的概念出发,如曲面内蕴度量的定义,内蕴几何学问题的提法等. 关于凸体的最低的必要知识,则放在书末附录内. 用到的数学工具的范围并不广,主要是极少的拓扑知识:约当(Jordan)的闭曲线定理、欧拉(Euler)多面体定理、闭集、开集边界以及连续映象这些概念等. 在第五章和第十章中主要用到勒贝格(Lebesgue)测度中的基本事实,而在第十章和第十一章中用到勒贝格积分(在用到这些理论的深入的定理时,我们指出熟知数本,在那里可以找到它们的证明). 在第六章中引用到熟知的关于隐函数的定理,所以可以说在编写时完全没有假定读者对于微分几何学已有某些深入的了解.

所有的基本概念和定理我都尽力做到详尽地解释和证明,许多有趣的但不是基本的问题则要给以较短的说明. 此外,在叙述过程中允许我提出许多还没有解决的问题,为了解决它们,可能遇到的困难多半是难以预测的.

在第一章中,我们引进基本概念和给出主要的结果,但没有证明. 因此第一章是整个理论的概述. 在第二章中叙述关于可度曲线的熟知的一般定理(§1)和关于短程线的一般定理

(§2, §3). 第二章对于此后所有的叙述来说是必要的. 这一章的下面几节(§4 ~ §6)包含某些更深入的结果,用到这些结果的地方首先是第五章,然后是第七章和第十章. 在第三章中,建立了凸曲面内蕴度量最基本的性质. 此后,我们的叙述沿两条差不多无关的线索开展:

(1) 继续研究凸曲面的内蕴几何学;

(2) 证明存在带有给定度量的曲面.

第1条线索如下:在第四章中研究短程线间角度的基本性质. 第五章研究曲率理论(§1 ~ §4)和它的某些应用(§5, §6). 在第九章 §1, §2 中叙述凸曲面上基本的曲线理论,而 §3 ~ §6 则致力于曲线理论的应用和一些特殊的问题,大部分叙述是提纲挈领的. 在第十章 §1, §2 中叙述关于凸曲面上面积的基本理论,而在 §3 中讨论某些极大面积的问题. 最后在第十一章中专门讨论这样的曲面,在它上面一个区域的曲率与其面积的比值适合某种有界性.

叙述的第2条线索是在第四章、第七章、第八章和第九章的 §3, §4 中进行的,此外在第六章、第七章、第八章(除去第二章和第三章中的结果外)只用到第四章的 §1 和第五章的 §1 的结果.

第十二章概括地叙述一下整个理论在罗巴切夫斯基空间和球面空间中的推广. 在它的最后一节中,我们指出非凸曲面的理论,当然这曲面必须适合某些必要的条件.

A. Д. 亚历山大洛夫
1946 年
于列宁格勒

著者为德译本所作的序言

这本书是我在1947年完成的,也就是在这德译本出版七年以前完成的. 在这段时间里,本书中所提出的许多问题已经解决了. 那时对于它们来说,我只能泛泛地指出一些解决的线索,例如第八章 §5 中所提出的关于一般凸曲面的可弯曲变形性和不可弯曲变形性的问题,几乎全部是由波戈列洛夫(A. B. Погорелов)解决的. 此外,波戈列洛夫还证明了关于具有正则度量的凸曲面的正则性的一般定理,这就有可能把本书中所开展的方法运用到微分几何学的问题上. 他对这个问题的研究,在1951年出版的《凸曲面的弯曲变形》(*Изгибание выпуклых поверхностей*)这本小册子里有所叙述.

在这一段时间里,关于不定曲率曲面有了飞跃的进展,而这个问题在本书最后一节中(第十二章 §3)只不过泛泛地提了一下. 我完成了这种二维流形的整个理论. 对这种流形来说,全曲率可以定义为可加的集合函数,它既可以取正值,也可取负值,且与三角形的盈超有关. 我称这个流形为有界曲率流形.

与理论有关的从内蕴几何学的观点来看,有界曲率流形的曲面论也得到相应的发展. 这样的曲面有:如第十二章 §3 中所讨论过的那种可以表示为凸函数之差的曲面以及巴克曼(И. Я. Бакельман)和波戈列洛夫考虑过的某些新的曲面类.

参与全部工作的是围绕列宁格勒大学几何讨论班的相当大一批几何学家:И. Я. 巴克曼,Ю. Ф. 巴利索夫(Борисов),В. А. 萨盖勒,Ю. Г. 锁谢特拉克(Решетняк)等人. 我可以强调一下,前不久,即1954年初,锁谢特拉克证明了一般的有界曲率流形可以由解析性质非常显著的弧素来确定. 这样,他就为使用解析工具开辟了一条大有可为的道路.

简单地说,现在讨论的是不定曲率曲面的理论,这个理论推广了本书的整个内容并且给出了许多新的结果. 例外的是已知度量的实现性问题. 对于这种曲面来说,这个问题还未解决.

由于这些新结果的启示,我觉得书中的某些章节 —— 特别是正曲率度量的定义 —— 需要更改,然而在这一版里还不能改正. 鉴于印刷上的限制,我只能改正某些错误.

此外,为了使本书至少在一定程度上达到目前的水平,我特别为本版写了一个附录,内容是上面所提到的那些新结果的概要. 这个附录是提纲挈领编成的,只提出必要的定义和一系列的结果,有时加一些不可缺少的解释,但是没有证明. 要详尽而有系统地叙述不定曲率曲面的内蕴几何学,把凸曲面理论作为一种特殊情形,这已超出了一本书的附录所能有的范围,它应当是另外一本新书的内容.

自不待言,我应当感谢德国科学院数学研究所决定翻译并出版我这本书,使得它能与更多的几何学者见面.我们知道,凸曲面理论大部分是德国几何学者如闵可夫斯基、希尔伯特(Hilbert)、利勃曼(Liebmann)、布拉施克(Blaschke)、康-福生(Cohn-Vossen)、赫格洛茨(Herglotz)等人建立起来的.因此可以想见,德译本的出版标志着凸曲面理论的一个新的进展,是一个令人鼓舞的号召,或许会引起一些新的研究.

A.Д. 亚历山大洛夫

1954 年

于列宁格勒

德译本编者前言

本书内容是 A.Д. 亚历山大洛夫关于三维空间中曲面的研究报告.作者处理的是一类非常广泛的曲面,其中包含了古典微分几何意义下的正则曲面,即是可以由一些可微函数的代数方程来表达的曲面,其中函数的可微阶数视问题的需要而定.因而这里容许出现有异点的曲面,例如实际上通常表现为有尖点的曲面、有棱的曲面以及具有另一些特异性的曲面.值得重视的是,这是第一次出现的一个曲面论的广泛的叙述,它脱离了目前古典微分几何中大体上由达布和贝尔特拉米(Beltrami)、布拉施克和卡甘(Каган)所形成的体系,而建立了一个新的、就主题而论的确是相当广泛的体系.

尽管作者以这个书名声称只是关于凸曲面的研究,实际上本书除去第一章外,内容都是只考虑凸曲面,但是作者很巧妙地把欧氏空间中所得到的结果搬到了罗巴切夫斯基空间,打破了欧氏凸曲面的限制,并且指出他的结果对于所有有限的正则曲面、对于欧氏空间中所有正则曲面的微小区域亦成立.因此整个局部内蕴微分几何就是 A.Д. 亚历山大洛夫所谓"凸曲面内蕴几何学"的一个分支.

作者所用的方法与古典微分几何学所用的方法有本质的

不同. 在古典微分几何里,曲面是由函数给定的,这些函数之间的关系有一定的几何意义. 而作者是从曲面的近似多面体的性质来得到他的内蕴几何学中的结果,这种构造手续在许多方面证明是一个卓有成效的方法,它既能够得到古典微分几何学中熟知的结果,在所有主要点推广了这些结果,同时也能够确切地举出一些假设, 实际上形成了凸曲面内蕴几何学的公理基础.

A. Д. 亚历山大洛夫的工作主要是以两个历史源泉为基础:

首先是《关于弯曲曲面的一般研究》这一名著里形成的高斯概念. 在这篇论文里已经产生"内蕴几何""曲面的曲率度量""弧素"等这些在古典微分几何学中曾经以各不相同的观点充分研究过的概念. 作者放弃了这些微分几何的概念,而以另一些相当的积分几何概念作为研究的基础:作为集合函数的曲率,点偶间的距离等. 依赖于这些概念,作者就创立了完备的曲面几何学,这里所说的内蕴曲面论还基于古来就有研究的多面体理论. 在欧几里得时代只限于研究特殊的多面体,例如棱柱体和棱锥体. 但是已经指出,只有五种正则多面体. 这就是欧拉研究的目标: 要给出所有同构多面体的不同类型. 柯西(Cauchy) 首先证明:如果凸多面体的界面是刚性的,则它是刚性的(在本书中作者推广了这个定理). 1934 年拉德马赫(H. Rademacher) 刊印了施坦尼茨(E. Steinitz) 的《多面体理论教程》(*Vorlesungen überdie Theorie der Polyeder*),其内容是用组合拓扑原理来处理这种图形的纯几何理论.

形成这个新的曲面理论的第二个源泉,是作者把多面体的研究及其与布朗(Brun) 和闵可夫斯基建立起来的凸体理论联系起来. 关于凸体理论,例如在 1934 年波纳生(Bonnesen) 与芬施尔(Fenchel) 所写的《凸体理论》一书中有所叙述.

在特征上,这里所述的理论与古典微分几何学理论基本上不同,它们是两个各有其特性的理论. 性质上的第一个差别是: 亚历山大洛夫的曲面论一开始就是以曲面的整体性质作为研究对象,尽管它也包含了曲面的局部理论. 然而高斯的曲面论首先研究的却是局部的几何性质,只有在曲面的各个特殊部分都研究清楚后才能确切地看到它的整体性质.

性质上的第二个差别是:亚历山大洛夫的曲面论极少用到古典分析的工具,但是能够完成非常深远的几何定理. 如果在高斯理论里不考虑正则解析曲面的限制,则某些部分到现在也不能达到. 从结果及证明方法上来看,亚历山大洛夫的曲面论在很大程度上是具有几何性质的. 在那里所用到的分析概念是属于这些概念的近代抽象部分 —— 点集论和一般测度论. 各章在外表上都只有相当少的公式,这就是这种一般情况的明显标志.

"通常总归有这样的要求,一个数学论题在概念上还不是很清楚的时候,就不应算作最后完成的. 而从形式体系上着手推进,这正好是很重要的一步"①. 克莱茵的这个见解,可以用高斯曲面论和亚历山大洛夫曲面论之间的关系作为例证. 高斯理论在基本方法上是广泛地应用目前在形式上已发展得很完备的解析工具,亚历山大洛夫的理论却是从概念本身出发来建立曲面的几何学,这些概念在高斯理论中也屡见不鲜,内容相似或相同,但形式却各异,例如,以度量的概念代替解析定义的弧素,这的确使曲面论达到完全了解的程度. 我们得到的是概念明确的几何定理,却不是解析形式所确定的命题. 按照克莱茵的上述见解,古典曲面论既然还不能算作最后完成,那么亚历山大洛夫创立了他的新的曲面论,也就是必须接着进行的那重要的一步.

亚历山大洛夫的曲面论还没有发展到最后阶段,作者在本书中所指出一系列未解决的问题和在 1948 年以后所发表的文献都说明这一点.

德译本读者在熟悉这本丰富内容的书的同时,很自然地会有这样的愿望,要知道更多的关于作者本人的情况. 亚历山大·丹尼罗维奇·亚历山大洛夫生于1912 年. 目前是列宁格勒大学

---

① 参看 F. Klein, *Vergleichend Betrachten über neuere geometrische Forschungen*(关于新的几何研究的讨论)(Erlanger Programm,爱尔朗根纲领)1872,第一部分.

的数学教授,他是苏联科学院的通讯院士. 1942 年由于他建立了本书所述的这种新的曲面论而获得斯大林奖金. 自1933 年以来,作者关于凸多面体和曲面的一系列工作以及近来关于比正则曲面和凸曲面更加广泛的曲面类的结果,使作者声誉日起,终于成为一位出类拔萃的几何学家. 感谢他,在高斯曲面论之后又出现新的曲面论. 这种理论不像近百年来已充分发展的高斯理论,而正以朝气蓬勃的步伐向前迈进,对于曲面论的未来有着决定性的影响.

利用 A. Д. 亚历山大洛夫的曲面论方法所能得到的结果大大超出了预期的可能性,例如,A. B. 波戈列洛夫就三维欧氏空间来证明的定理就是一个例子. 这个定理说:两个等长对应的凸闭曲面是合同的①.

对于亚历山大洛夫所建立的三维空间中曲面的度量几何学,我们还可指出哈勃弗(H. Hopf)和李诺(W. Rinow),特别是康-福生的工作,他们可以看作这方面的先行者.

对于德译本的发行,我们有这样的希望,通过年轻学者们的工作,能够把这个对于亚历山大洛夫曲面论的早期的联系②在我们的国家中再给予新的生命.

纳斯(J. Naas)
1953 年 11 月
于柏林

---

① 参看 A. B. Догорелов, *Однозначная определенность общих выпуклых поверхностей*, Доклады Акад. Наук УССР, Киев, 1952.

② 指德国高斯、利勃曼、布拉施克、闵可夫斯基、康-福生、希尔伯特、赫格洛茨等几何学者对于凸曲面的早期研究成果. —— 译者注

最 短 线

柳斯捷尔尼克 著
越民义 译

内容简介

一只苍蝇要想从一道墙壁上的点 A 爬到临近一道墙壁上的点 B,怎样爬路程最短?用一定长短的一道篱笆,怎样围所包含的面积最大?解决这一类问题,在数学上是属于变分学的范围的.

这本小册子完全用初等数学作基础,来向中等程度的读者介绍变分学.作者把一些数学问题联系到物理问题上去,证明虽然不是很严格,却很简单而直观,使读者很容易领会,而且对于读者发展这方面的数学才能也有帮助.

原 序

在这本小册子里,我们从初等数学的观点来研究一系列的所谓变分问题.这些问题研究一些和曲线有关的量,并且寻求那些使这种量达到它的极大值或极小值的曲线.下列问题就是例子:在某个面上联结两定点的一切曲线当中求出最短的;在平面上有一定长度的闭曲线当中求出包围最大面积的曲线,等等.

本书的材料基本上曾经由作者在国立莫斯科大学中学数学小组上讲过.第一讲(第 0—10 节)的内容基本上和 1940 年出版的作者所著的小册子《短程线》的内容一致.

我只假定读者熟悉初等数学课程.第一章完全是带初等数学性质的,其余几章也不要求专门知识,不过要求对数学课程有较好的素养,并且善于思索.

本书的全部材料可以看成是变分学的初步介绍(所谓变分学就是数学当中系统地研究有关求泛函数的极大、极小问题的一个分支).变分学不属于比较精简的例如工科大学里所学的"高等数学"课程范围之内.然而对于开始学习"高等数学"课程的人来说,我们认为事先稍微多看一些书也不是毫无用处的.

对于熟悉初等数学分析的读者来说,要把书本里所叙述的一些不严格的定义和论证改得很严格,当不会有什么困难.例如,不应当说微小的量和它的近似等式(大致等于),而应当说无穷小量和它的等价.如果那些要求更高的读者终究对于这里的讨论里所容许的严格程度和逻辑上的完善程度感到不满足,那么可以对他说明,这需要有一些数学分析的基本概念的逻辑上的磨炼,就像他在大学分析课程里所遇到的.没有这样的磨炼,在分析里像变分学这样的部分就不可能作严格的和系统的叙述.

数学分析产生了有力的分析工具,它有时自动地解决了许多困难问题.但在掌握数学的所有阶段当中,特别重要的是看出所要解决的问题的简单几何意义和物理意义.要学会像数学家们所说的"在手上"解决问题,就是说,要学会去发现那些虽然并不严格、却很简单而直观的证明.

假若这本小册子对于读者发展这方面的数学才能多少有些帮助,著者就认为他编写本书没有白费气力.

柳斯捷尔尼克

编辑手记

本书是越民义先生由俄罗斯的数学书编译而成的,原书作者为柳斯捷尔尼克(Lusternik Lazar' Aronovič,1899—1981),苏联人.1899年12月31日生于波兰的兹都尼斯克.1922年毕业于莫斯科大学. 从 1931 年起一直在莫斯科大学工作. 1935 年获得数学物理学博士学位,并成为教授. 1946 年成为苏联科学院通讯院士. 1981 年 7 月 23 日在莫斯科逝世.

柳斯捷尔尼克在数学的许多领域都有贡献,尤其是在拓扑学方面. 他将拓扑方法成功地运用于变分法、微分几何与泛函分析. 他还力图将现代集合论方法与经典的数学方法统一起来.

在变分法方面. 1924 年柳斯捷尔尼克用有限差分法解决了迪利克雷问题. 1935 年,他与拉夫伦捷夫共同发表了《变分法基础》一书. 1943 年至 1946 年间,他又获得了变分法的一些一般性的结果. 1950 年,他又与拉夫伦捷夫共同发表了《变分法讲义》,作为大学的教材. 1956 年,他还写了变分法的通俗读物《最短路线问题》.

在微分几何方面. 1929 年,柳斯捷尔尼克与施尼列里曼首次解决了著名的关于闭测地线的庞加莱问题. 这个问题的一般形式是庞加莱提出的,许多数学家,如布劳威尔、伯克霍夫、乌雷松等都曾对此作过有成效的努力,但还是柳斯捷尔尼克的工作最受人们的赞扬.

在泛函分析方面. 柳斯捷尔尼克做了许多奠基性的工作,从 1936 年起,他就在《数学科学成就》上,不断地发表泛函分析方面的论文. 1951 年,他与索伯列夫共同发表了著作《泛函分析初步》. 他的这些工作,对苏联年轻数学家影响很大,所以公认他是苏联泛函分析学派的开创者之一. 另外,他的著作也译成了中文,对中国大学生学习泛函分析也产生过良好的影响.

柳斯捷尔尼克在 20 世纪 30 年代,还研究过线性与非线性微分方程的特征问题.

从 1942 年起,柳斯捷尔尼克开始从事计算数学与计算机的研究. 多年间,他一直主持着苏联国家大型计算中心的一些工作.

他参与编写了许多大学教材和参考书,在数学的教育与普及工作中也做出了贡献. 从 1936 年创刊开始,他一直是《数学科学成就》杂志的编委之一.

柳斯捷尔尼克从学生时期起,就积极参加各种数学团体的活动. 在莫斯科大学的许多鲁金的学生中，柳斯捷尔尼克成为以叶果洛夫、鲁金为代表的莫斯科数学学派的骨干之一. 他与他的同事们组成了当时 年轻的莫斯科拓扑学派.

1946 年，柳斯捷尔尼克荣获苏联国家奖，他还先后获得过列宁勋章、劳动红旗勋章和荣誉勋章.

再介绍一下编译者越民义先生.

中国科学院数学与系统科学研究院应用数学研究所研究员韩继业，北京工业大学数理学院教授徐大川两位先生在 2016 年第 7 卷第 1 期《数学文化》上详细介绍了越民义先生的生平，是目前国内见到最好的传记，摘录如下：

他中学时代学习十分勤奋，特别对数学产生了浓厚的兴趣，高中阶段，对于代数几乎到了入迷的程度，并学习了初等微积分. 这时他整日生活在数学的天地中，数学成绩突飞猛进. 1940 年，他上高中三年级时，提前考取了浙江大学数学系. 浙江大学从杭州辗转行程 2 500 公里，历时两年又九个月，在 1940 年上半年才到达贵州遵义和湄潭县.

浙江大学的前身是清光绪二十三年(1897 年) 设立的求是中西学院，是我国最早创办的新式学院之一，1928 年改称为国立浙江大学. 1937 年“8 · 13” 淞沪会战打响. 11 月日军在杭州湾北岸的金山卫登陆，严重威胁到杭州的安全，浙江大学被迫内迁. 当时校长竺可桢教授对于迁校的观念是：浙江大学不搬迁到武汉、重庆或长沙之类的大城市，以避免形成大学过度集中在少数城市的局面，而要迁到没有大学的小城镇，以利于学校的迁移办学与我国内地的发展相结合. 浙江大学初迁至浙江建德市，1937 年底杭州沦陷，浙江大学不得不再迁至江西吉安县、泰和县，在该地上课半年. 期间，曾帮助江西省设计修筑了赣江防洪大堤(至今仍称“浙大防洪堤”)，创办澄江学校，协助开办沙村垦殖场，安置战区难民垦荒. 1938 年 7 月日军占领江西省马当和彭泽，浙江大学再度西迁至广西壮族自治区宜山. 在宜山办学一年多，1939 年 11 月广西南宁沦陷，战事紧张，浙江大学于 1940 年初翻山越岭，迁至贵州省遵义和湄潭. 历时两年多的颠沛流离，浙江大学终于找到了这块安静土地，在此整整办学七年. 由于浙江大学在四次迁徙期间，精心组织安排，两千多箱图书仪器几乎无损,而且还增购了一批. 竺可桢校长竭诚尽力,聘请了多位当时国内著名学者来浙江大学任教. 理学院更是名师云集,数学系有苏步青、陈建功等教授,理学院其他系有胡刚复、王淦昌、何增禄、束星北、谈家桢、贝时璋、卢鹤绂、罗宗洛等教授. 浙江大学实行教授治校,民主办学,形成了浓厚的学术气氛. 在贵州北部的小县城里,无丝竹之乱耳,无世俗之劳形,师生这间所谈所论,大都是如何提高学业,做出成绩,以服务社会,为国增光. 在八年困难时期,物资匮乏,生活艰苦,浙江大学却取得了教育和科研的辉煌成就,一跃而成为全国知名大学. 越民义先生适逢此机遇,成为贵州第一批进入浙江大学的学生.

1940 年暑假后,他从贵阳搭乘运货卡车来到遵义,办理了入学手续. 浙江大学的学费是一学年二十元法币(当时的货币),“抗战”时期通货膨胀,学费与物价相比已不算高,伙食费要自己出. 沦陷区的学生可以申请公费. 浙江大学本部设在遵义,理学院二年级以上学生在湄潭县,一年级学生则在永兴镇. 遵义到永兴有 95 公里. 清晨,他雇一挑夫挑着行李,从遵义徒步行走,直走到傍晚,在路边找个挂着灯笼,上写“未晚先投宿,鸡鸣早看天”的鸡毛小店住上一夜,一共要走两整天才到永兴. 数学系的新生宿舍分在江西会馆里,没有床,都睡地铺,七八人住一间屋,屋里有几张桌,供学习使用. 他领到一木凳和一个小油灯,每个月领两斤灯油(菜油). 当时湄潭没有电灯. 学校伙食还可以,能够吃到米饭和青菜. 浙江大学比当时在昆明的西南联大的伙食好得多. 昆明是大城市,人口多,物价贵. 他自小吃苦长大,对学校的生活环境很能适应. 数学系一年级十几名学生,教室在一个庙里. 学生没有教科书,上课要做笔记,每天晚上同学们相互对照笔记,以免遗漏. 这也促进了同学之间的交流. “抗战”时期,师生的生活条件都很清苦,系主任苏步青先生一家住在一小庙内,三间房住两家人,每月薪水用作买米外所剩已不多,苏先生自己种菜以补家用,夫人是日本人,每天去附近水井边提水、做饭、洗一家人的衣服. 前线将士正在与日寇作战,学生能在后方安定地读书,生活要求都放低了,只要有饭吃,有书读,就感觉很满足.

浙江大学的规章制度十分严格. 每学期开学上课一个多月以后,几乎每个星期都有一门课要考试. 学生一学期如有三分之一的课程不及格,要留级;二分之一的课程不及格,就要除名退学. 有些学生学习上有困难,跟不上班,为了能保留学籍,不得不选择中途休学一年. 数学系学生在升入四年级前已凭自愿分为两个组:分析组(陈建功先生负责) 和几何组(苏步青先生负责). 四年级学生每周必须参加两次讨论班,一次是全体的,由老师主讲自己的论文;另一次是分组的,由学生轮流报告导师指定的书或论文,难度高于教材. 两位老师仔细听讨论班上学生的报告,评定成绩,对于报告含糊不清或马虎者会当场严肃批评斥责,毫不客气.

1944 年越民义先生除了体育外,顺利地修完了数学系四年的课程,成绩优秀. 大学的四年是他的人生中的一次飞跃,这一段的学习生活给他留下美好的回忆. 他至今依然深有感触地说:"陈建功先生、苏步青先生'抗战'时期在湄潭尽管生活很艰苦,但他们全身心地投入教学和科研,满腔热情地指导学生学习,工作一贯认真. 他们成为学生的极好的榜样!"他又说:"如今我能有点寸进,仰赖于大学四年中老师们的春风化雨和认真教学. 我对于自己的研究总是时刻保持清醒,时刻警惕是否有误. 即便如此,仍然常会发现缺点或失误,尤其是在问题很错综复杂的时候."

因他有几次体育课缺课,结果他的体育课没有成绩,四年级学习结束未能拿到毕业文凭,当时他在贵阳高中找到了工作. 第二年,通过了体育课补测验,他才领到浙江大学毕业文凭. 随后就被陈建功先生留下作为浙江大学数学系的助教.

1945 年 8 月 15 日日本宣布无条件投降,抗日战争终获胜利. 1946 年 5 月浙江大学师生集中遵义,然后取道贵阳、长沙、汉口、上海,返回杭州. 越民义作为陈建功先生的助教,跟随陈先生研究函数论. 他在浙江大学数学系工作的近三年中对于函数级数和拉氏变换等问题做出了很好的成果.

1949 年初,国内战争烽火临近杭州,他离开浙江大学,返回家乡贵阳,在贵州大学数理系任讲师,教函数论和近世代数. 1949 年 10 月 1 日中华人民共和国成立,百废待兴. 华罗庚教授于 1950 年 3 月由美国返回祖国,在清华大学数学系任教授,并着手筹建中国科学院数学研究所. 陈建功和苏步青两位先生推荐越民义到数学研究所工作. 1951 年春寒料峭中,他举家北上,来到北京,从此在北京一直生活至今,超过了一个甲子. 他进入数学所后成为华先生在数学所最早的助手,开始研究解析数论. 随着数学研究所的研究人员的逐年增加,华先生的研究领域扩展为解析数论、代数和多复变函数,有三个讨论班. 华先生让他协助组织数论讨论班.

越民义先生在 1957 年以前的十年间,先后受教于陈建功、苏步青和华罗庚三位数学大师,并在较长时间内做他们的助手,这是很难得的. 他领悟到三位大师的治学之道,这给他以后在国内开拓与发展运筹学奠定了宽厚的学术基础. 他常提及:华先生在讨论班上讲课非常认真,内容深入浅出,方法灵巧. 华先生特别重视创新,鼓励新的东西,看不上总是模仿,或紧跟前人. 在重视创新这一点,三位大师对越民义有很大影响.

1949 年以前中国现代数学完全遵循欧美的模式,而且主要是研究纯粹数学. 20 世纪 50 年代,国内大学教育发展很快,数学系学生人数逐年增加.

数学系学生很希望了解:学习数学的目的和数学的用处. 这些问题影响了部分学生学习数学的积极性. 中国科学院数学研究所成立时人员很少,办公小楼在清华大学的校园内. 他还记得,1952 年数学所的人员曾参加过清华大学数学系师生组织的一次关于学习数学的目的和数学的用处是什么的讨论会,有些发言者情绪颇为激动,但是讨论会没有什么结果. 他觉得这确是困扰中国大学数学系一些学生的一个问题.

为了适应社会主义经济建设和国防建设对于科学技术的需求,1956 年国家制定了“科学技术 12 年发展规划”. 数学要优先发展微分方程、计算数学和概率统计等三个学科,这改变了我国数学发展的原有局面和数学队伍的组成. 1958 年夏中国数学界又掀起了一场关于数学理论联系实际的大讨论. 中国科学院数学研究所安排了很多研究人员到科技与生产单位去调查了解,寻找可以利用数学的问题,当时叫作“跑任务”,所遇到的问题多与运筹学有关. 当时国内仅在中科院力学研究所有一个运筹学研究组. 为了发展国内这一新的应用数学分支,1959 年初在华罗庚先生的支持下,数学研究所成立了运筹学研究室,分成排队论、图论与线性规划、博弈论等三个研究组. 越民义先生立足于国家四个现代化的需要,遵从所领导的安排,毅然离开已经研究多年的数论,转入运筹学领域,负责排队论研究组. 排队论又称为“随机服务理论”,是研究各种排队系统的一类特殊的随机过程,在通信、交通、计算机等网络中有广泛的应用背景. 他带着两名工作不久的年轻人,对这个属于国内空白的分支边探索边学习. 一段时间之后,运筹学研究室里的其他高级研究人员陆续地离开,仍回到原来的研究室,回到原来的学科. 唯他坚持了下来,几番拼搏,研究工作扩展到运筹学多个方面,成为我国运筹学的开拓者和带头人.

1960 年“三年困难时期”开始,中央提倡:“劳逸结合”,群众性运动都停止. 他和排队论组组员珍惜这个能专心做学问的机会,虽然大家吃不饱,还有人患浮肿,他们却夜以继日地进行研究工作,早上 8 点大家都到办公室. 除讨论班之外,他还经常安排组内相互交流彼此所考虑的问题,尤其重视新的问题的提出. 当时国际上排队论的研究热点是关于排队系统的瞬时概率性态问题. 1959 年越民义先生在国际上首先得到了 M/M/s 多服务员排队系统的瞬时概率分布, 论文发表在《数学学报》(1959,9,494 ~ 502). 在他的带领下,组员们在以后的几年内陆续解决了一些典型的排队系统的瞬时概率性态问题,如 GI/M/s,M/G/1,GI/G/1 等. 这些研究成果在十多年后得到了国际数学界的高度评价. 1977 年美国纯粹数学和应用数学家访华代表团在所出版的报告 *Pure and Applied Mathematics in the P. R. China* 中称:“在应用数学方面,中国在诸如排队论等领域已十分迅速地达到这些领域的前沿.”越民义和他一些组员的研究获得 1978 年全国科学大会成果奖和中国科学院重大成果奖. 这是后话.

20 世纪 70 年代末,中国科技教育事业进入了一个春天. 华罗庚先生在1979 年组建了中国科学院应用数学研究所,并担任第一任所长,越民义先生是三位副所长之一. 他面临迫切发展国内运筹学的重任.

运筹学是一门新兴的交叉学科,它的发展过程表现出:数学与计算机科学、管理科学、经济学、通信、交通以及军事科学等的结合. 社会需求促使运筹学不断发展. 鉴于十多年来发达国家的运筹学研究已有迅速发展,以及“文化大革命”后国内不少高校的数学和经济管理等院系对运筹学的兴趣大增,他把教育培养国内运筹学人才和提高工作水平作为自己在新时期的一个工作重点. 1980 年他在华先生的支持下,成立了中国运筹学会(1991 年被批准为国家一级学会),华先生被选为第一任理事长,越民义为副理事长之一,1984 年他被选为第二任理事长. 1982 年他创办出版了国内第一个运筹学期刊《运筹学杂志》,1997 年更名为《运筹学学报》,他任主编多年. 他同时还担任《应用数学学报》的主编多年. 他与高校合作多次举办运筹学讲习班和学术会议,遍及北京、上海、武汉、成都、济南、曲阜、杭州、南宁等地,在国内迅速地传播运筹学知识,促进了运筹学的教学和科研工作. 目前在中国,运筹学的课程已成为大多数大学的数学系、计算机科学系、商学院和工学院的重要课程了. 多年来他也一直大力支持国内运筹学界积极从事应用性研究工作,他多次表示:社会需求是运筹学诞生和发展的本质因素. 多年的努力,运筹学在我国的经济建设和国防建设中已做出贡献,取得了良好的经济效益和社会效益.

“文化大革命”后他的研究领域扩展到连续最优化和组合最优化等分支,他对非线性规划、排序问题、装箱(bin - packing)问题、Steiner 树问题等均做出了国际一流水平的成果. 他和合作者的成果“最优化的理论及应用”获得 1981 年中科院科技成果一等奖,“最优化理论与算法”获得 1987 年中科院自然科学一等奖和国家自然科学三等奖. 2008 年他又获得中国运筹学会第一届科技一等奖.

越民义先生从事数学研究已逾七十年,由基础数学再到运筹学. 进入新的世纪以来,他积多年的体会和思考,查阅了不少资料,写成《关于数学发展之我见》一文,文中写道:“在第二次世界大战结束之后,由于计算机的快速发展,大型工商业的兴起以及产品新陈代谢的加速,使得数学成为企业求生的一种必不可少的工具,一种新的数学开始了. …… 高斯有一句座右铭:

‘自然界是我的女神,为其定律服务是我的义务.’高斯是数学史上的大数学家.我对他的这句话的理解是:将数学应用于自然科学是他的职责.在其所处的年代(1771—1855),由于除天文和物理之外,其他科学尚未发展起来,要使数学得到应用,自然科学当然成为首选.…… 现在我们是否可以模仿高斯,也提出一座右铭:‘为自然科学、生命科学、社会科学、管理科学以及生产技术等服务,将是我们的职责.’当然,这并不是说,数学家是依附在别的学科上面工作.高斯的主要工作大部分是属于数学中的基础性和开创性部分.当我们的工作与别的学科相结合,我们自然就会扩大视野,会产生一些新的数学概念、新的方法、新的结构,开拓和发扬数学的某些新领域.”在文中他特别援引了著名数学家 J. von Neumann 的警言:“当数学学科走向远离其经验泉源或更远些时,当这门科学进入第二代、第三代,仅能依靠来自‘现实’的思想的间接的启迪时,它就会被很严重的困难所包围.它变得越来越纯审美的,越来越纯粹地为艺术而艺术的.…… 换句话说,在远离其经验泉源之后,在过于‘抽象’的内部繁殖之后,一个数学学科处于退化的危险之中.不论怎样,只要到了这个地步,我认为唯一的解决办法就是使之返老还童,回到其源,回到或多或少的直接经验的概念.我确信这样做是使这门学科保持新鲜的生命力的必要条件;这一点在未来仍然同样是正确的.”当前国际数学界,对数学与其他学科的交叉越来越推崇、重视,越民义的观点值得我们思考.

越民义先生还在从事运筹学研究的初期,就非常重视在青年学子中传播运筹学的知识.1958 年教育部安排高校教师可以来中科院进修.数学所接纳了一百多位进修教师,运筹学研究室有十多位来自西南、中南、东北、华北的教师,大都是大学才毕业一两年的年轻人.越民义先生指导他们学习排队理论、最优化.一些教师的数学基础知识较差,还需要补习大学的某些课程.他有求必应,不管是否是他分内的工作.到 20 世纪八九十年代,二三十年过去了,有时他遇见当时运筹学研究室的进修教师,他们无不怀念多年前在北京的学习和生活的情景,由衷感谢越民义先生当年的指导帮助.“文化大革命”后国内运筹学队伍迅速扩大,但绝大多数新加入者需从头学起.他当时是运筹学会负责人,策划举办了多次运筹学讲习班和学术交流会. 讲习班上他也是主讲人之一. 慕名而来请教的人士很多,尤其是年轻人,他都是热心回答,尽其所知. 他希望国内运筹学有更多的人才.

以上说的还不是他的正式弟子. 他正式招收研究生是在"文化大革命"以前. 1963 年他招收的第一届硕士研究生是方开泰,毕业于北京大学数学力学系概率统计专业,是数学力学系的高才生. 方开泰跟随越先生研读排队理论(queueing theory),毕业后留在数学研究所,"文化大革命"中参加了统计方法在全国的推广应用工作,遂转入数理统计学的研究,1986 年成为研究员,1984 ~ 1992 年曾任中科院应用数学研究所副所长,以后赴香港就职于浸会大学,任讲座教授,2008 年获得国家自然科学二等奖. 越民义先生于 1978 年招收了"文化大革命"后的首届硕士研究生,从三百多名报考者中收了四名,他们学习的方向是非线性最优化,毕业后都去了美国攻读博士学位,回国后曾在中科院应用数学所工作,20 世纪 90 年代先后去国外任职,其中孙捷是新加坡国立大学决策科学系教授,*Asia-Pacific Journal of Operations Research* 的主编;堵丁柱在 1995 年获得国家自然科学二等奖,目前是美国德克萨斯大学达拉斯分校计算机系教授,*Journal of Combinatorial Optimization* 的主编. 20 世纪 80 年代越先生招收的研究生陈礴,后在荷兰得到博士学位,目前是英国华威大学(University of Warwick)商学院教授,是国际上关于排序理论的著名学者,2010 ~ 2014 年被山东省聘为"泰山学者";江厚源在澳大利亚得到博士学位,目前是英国剑桥大学 Judge 商学院高级讲师,对于连续最优化的理论以及应用运筹学与管理科学方面的收益管理、医疗保健、资源分配、契约(contract)理论等都有深入的研究. 可以说,80 年代他的研究生目前大都活跃在国外学术界的前沿,90 年代他的研究生现在都已是国内运筹学的中坚力量和所在大学的运筹学学科带头人.

越民义先生带的研究生大都成为国内外学术界的杰出人才,这与他的精心指导是分不开的. 他认为:带好最优化和运筹学方面的研究生,重要的是培养他们对所学的数学概念、理论和研究方法有明确深入的理解,掌握并能够灵活应用和发挥,以及培养他们的严谨严密、一丝不苟的工作作风.这将长久地影响他们以后的研究工作.他说:"年轻时学到的东西,只要是认真学习,它就会自然地融汇到自己的思想里,在工作中会无意识地发挥出来.因此,每个人都应该是学习、工作、再学习、再工作,人生就应如此度过."其次,他认为:相对于研究生所学的专业方向,他们还要具备适当宽度的数学基础知识,这有助于在以后的研究工作中开阔思路,他对于"文化大革命"后招收的第一届研究生,考虑到"文化大革命"期间大学停课和多年下乡、下厂的影响,曾要求他们学习苏联教材:那汤松著的《实变函数论》(当时综合性大学数学系的教材),并做习题,以加深基础知识.他常提到当他在浙江大学三、四年级和做助教的时候,陈建功先生对他的指导.陈先生要求他仔细深入学习迪恩斯(Paul Dienes)著的 *Taylor Series* 一书的后半部分,此书是对19世纪后半叶和20世纪前半叶几位数学大师,如魏尔斯特拉斯、柯西、黎曼、阿达玛、哈代等人工作的一个总结,从中可以学到大师们研究工作的思想和处理问题的方法.越民义说每当他在讨论班上做读书报告时,由于口音问题,陈建功先生总是坐在黑板跟前的藤椅上,整整四个小时仔细地听讲、提问、指点,非常认真,陈先生的敬业精神使他终生难忘.他说:"想起老师对我的指导,我对待研究生常常感到内疚."

越先生还提出:对于运筹学科的研究生,在条件可能时,要注意接受解决实际问题的训练,参加应用性项目的研究,这也是学识和能力的一种提高.

斗转星移,2015年越民义先生已逾九十五岁高龄.他依然精神矍铄,思维敏捷,身体健康;依然孜孜不倦地思考、研究问题.国内外熟悉他的同行、朋友无不钦佩他的"壮心不已"的精神.这既是由于他具有健康的体质,更由于他的思想中爱国敬业的巨大动力.

刘培杰

2017年2月

概率分布的部分识别

查尔斯·曼斯基　著
王忠玉　译

内容简介

全书采用一种统一方式加以讨论,即首先对生成可用数据的抽样过程进行设定,并考察仅利用实证证据时,探讨了解认识总体参数的情况,然后研究倘若在施加各种各样的假设条件下,这些参数的集值识别域会如何缩小. 所用的推断方法是传统的且完全非参数的方法.

本书适合于统计学、应用数学、数量经济学、经济学等专业的研究生和教师,以及相关专业对部分识别方法和应用感兴趣的研究人员、教师等参考使用.

推荐序

自从拉格纳·弗里希(Ragnar Frisch) 于20世纪30年代创立了计量经济学以来,经过计量经济学家们的不断努力,已经建立起新的方法论和计量经济理论,实现了从政治经济学向理性经济学质的转变,这不仅是在经济学研究的方法论上取得的重大突破,而且作为实证经济学的主流方法的计量经济学理论体系同样取得了巨大的成就.

特别是在最近30 年,计量经济学领域出现一些新的方法或探索领域,比如协整、部分识别、单位根、格兰杰因果性、金融计量经济方法、面板数据的计量经济理论及方法、结构宏观计量经济方法、微观计量经济方法,等等.

对于识别理论,首先应该明确它的地位以及它与统计应用的关系.利用计量经济理论及方法进行实证研究问题时,一般步骤是:建立模型、识别模型、参数估计、显著性检验及应用.模型识别是连接模型设定与参数估计之间的桥梁,建立了联立方程计量经济学模型以后,要进行参数估计,必须先判别方程是否可识别.只有可识别的方程才能得出其结构式参数,可以认为,此时识别作为得以严谨的概念化的理论,已成为相对独立的部分,被从模型设定与估计中分离出来.从本质上看,由于识别涉及结构式方程参数的定值问题,是先于估计的逻辑问题,所以识别不是统计推断的问题,而是产生于模型建立与对变量概率分布解释之间的先验问题,从这一角度出发,有必要对识别进行单独研究.

实际上,对于计量经济模型来说,研究者做出的假设越强,所能得到的信息就会越多,因此,要获得较强的结构必然是以更强的假设为代价的.

部分识别分析方法致力于更灵活的识别概念,并为实证研究者提供可利用各种不同假设来控制和利用的感兴趣参数的信息范围.从某种意义上说,部分识别实证研究方法是当今理论经济学研究中前沿疆域之一.部分识别分析方法,将从各种不同实证模型所推断出的结论和以透明方式所做出的一系列假设联系起来,利用这种部分识别方法,实证研究者可以检查他们所做假设的信息内容,同时探索对所做推断的影响.

《概率分布的部分识别》是美国西北大学经济学教授曼斯基对"部分识别"深入探索系列成果的集成,是一本系统阐述计量经济学中部分识别分析方法的经典著作.本书中译本的出版是国内大学生和实证研究者、相关人员了解和学习"部分识别"这一新兴实证分析方法的一扇门,是进一步学习和掌握部分识别分析方法的基石.

科学的发展离不开现实的问题,科学创新来自继承和发展.作为新兴的实证研究分析的部分识别分析方法,势必会被越来越多的实证研究者和相关人员所掌握和运用,运用部分识别分析方法会使计量经济模型的假设更为灵活、应用更贴近现实、更有应用价值.

赵振全
吉林大学商学院教授

编辑手记

本书是一本从国外引进版权的世界统计学名著,其学术价值在作者及译者所写的前言和后记中都有介绍.统计学既阳春白雪又下里巴人,我们普通人在生活中经常与统计学打交道,比如2018年"世界杯"期间,中国球迷常自嘲,自己的国家有13亿人,却找不到11个会踢足球的人.但从统计学上看,一个国家的人口和一个国家的足球队之强弱根本没有任何相关性.

世界上人口最多的三个国家是中国、印度和美国,这三个国家都没有能踢进本届俄罗斯世界杯.而亚洲作为世界上人口最多的洲,只有5支球队参赛.

本书的引进源于几年前笔者的一次校园偶遇.在哈尔滨工业大学步行街上笔者遇到笔者的同学,亦即本书的译者王忠玉老师,王老师原来是学纯数学出身,后转行搞统计学与金融学,曾以一部《模糊数据统计学》获国家图书大奖.闲谈中他提到本书作者刚被提名当年的诺贝尔经济学奖,这个信息引起了笔者极大的兴趣,因为国人不可抵制的诺奖情结,使得凡是诺奖得主的作品无一例外都会受到读者狂热的追捧,进而图书获得大卖.于是,回来后笔者便授意版权经理买来了国外的版权,又与王老师签订了翻译书稿的合同,紧锣密鼓,一切安排就绪后,诺奖结果终于公布了,不幸的是宝押错了!一下子节奏便慢了下来,加之王老师对译稿精益求精,如琢如磨,一晃就又是两年过去了.世事难料,在历经了几十年罕见的高温后,一年一度的2018年高考悄悄过去,忽然间人们发现,原来统计学在中学就是个大热点,高考语文作文中的阅读素材便有之.

先来介绍一下今年的作文素材.2018年新课标二卷的高考

作文是这样:

第二次世界大战期间,为了加强对战机的防护,英美军方调查了作战后幸存飞机上的弹痕分布,决定哪里弹痕多就加强哪里,然而统计学家瓦尔德排众议,指出更应该注意弹痕少的部位,因为这些部位受到重创的战机,很难有机会返航,而这部分数据被忽略了.事实证明,瓦尔德是正确的.

要求:综合材料内容及含意,选好角度,确定立意,明确文体,自拟标题,不要套作,不得抄袭,不少于800字.

对此,微信公众号:超级数学建模发布了如下文章:

同很多的第二次世界大战故事一样,这个故事讲述的也是纳粹将一名犹太人赶出欧洲,最后又为这一行为追悔莫及.

1902年,亚伯拉罕·瓦尔德出生于当时的克劳森堡,隶属奥匈帝国.瓦尔德十几岁时,正赶上第一次世界大战爆发,随后,他的家乡更名为克鲁日,隶属罗马尼亚,瓦尔德的祖父是一位拉比,父亲是一位面包师,信奉犹太教.

瓦尔德是一位天生的数学家,凭借出众的数学天赋,被维也纳大学录取.上大学期间,他对集合论与度量空间产生了深厚的兴趣.即使在理论数学中,集合论与度量空间也算得上是极为抽象晦涩难懂的两门课.

但是,在瓦尔德于20世纪30年代中叶完成学业时,奥地利的经济正处于一个非常困难的时期,因此,外国人根本没有机会在维也纳的大学中任教.不过,奥斯卡·摩根斯坦(Okar Morgenstern)给了瓦尔德一份工作,帮他摆脱了困境.摩根斯坦后来移民美国,并与人合作创立了博弈论.1933年时,摩根斯坦还是奥地利经济研究院的院长.他聘请瓦尔德做与数学相关的一些零活儿,所付的薪水比较微薄.然而,这份工作却为瓦尔德带来了转机,几个月之后,他得到了在哥伦比亚大学担任统计学教授的机会.于是,他再一次收拾行装,搬到了纽约.

从此以后,他被卷入了战争.

在第二次世界大战的大部分时间里,瓦尔德都在哥伦比亚大学的统计研究小组(SRG)中工作.统计研究小组是一个秘密计划的产物,它的任务是组织美国的统计学家为第二次世界大战服务.这个秘密计划与曼哈顿计划(Manhattan Project)有点儿相似,不过所研发的武器不是炸药而是各种方程式.事实上,统计研究小组的工作地点就在曼哈顿晨边高地西118街401号,距离哥伦比亚大学仅一个街区.

如今,这栋建筑是哥伦比亚大学的教工公寓,另外还有一些医生在大楼中办公,但在1943年,它是第二次世界大战时期高速运行的数学中枢神经.在哥伦比亚大学应用数学小组的办公室里,很多年轻的女士正低着头,利用"马前特"桌面计算器计算最有利于战斗机瞄准并锁定敌机的飞行曲线公式.在另一间办公室里,来自普林斯顿大学的几名研究人员正在研究战略轰炸规程,与其一墙之隔的就是哥伦比亚大学统计研究小组的办公室.

但是,在所有小组中,统计研究小组的权限最大,影响力也最大.他们一方面像一个学术部门一样,从事高强度的开放式智力活动,另一方面他们都清楚自己从事的工作具有极高的风险性.统计研究小组组长艾伦·沃利斯(W. Allen Wallis)回忆说"我们提出建议后,其他部门通常就会采取某些行动.战斗机飞行员会根据杰克·沃尔福威茨(Jack Wolfowitz)的建议为机枪混装弹药,然后投入战斗.他们有可能胜利返回,也有可能再也回不来.海军按照亚伯·基尔希克(Abe Girshick)的抽样检验计划,为飞机携带的火箭填装燃料. 这些火箭爆炸后有可能会摧毁我们的飞机,把我们的飞行员杀死,也有可能命中敌机,干掉敌人."

数学人才的调用取决于任务的重要程度. 用沃利斯的话说,"在组建统计研究小组时,不仅考虑了人数,还考虑了成员的水平,所选调的统计人员都是最杰出的." 在这些成员中,有弗雷德里克·莫斯特勒(Frederick Mosteller),他后来为哈佛大学组建了统计系;还有伦纳德·萨维奇(Leonard Jimmie Savage),他是决策理论的先驱和贝叶斯定理的杰出倡导者. 麻省理工学院的数学家、控制论的创始人诺伯特·维纳(Norbert Wiener)也经常参加小组活动. 在这个小组中,米尔顿·弗里德曼(Milton Friedman)这位后来的诺贝尔经济学奖得主只能算第四聪明的人.

小组中天赋最高的当属亚伯拉罕·瓦尔德. 瓦尔德是艾伦·沃利斯在哥伦比亚大学就读时的老师,在小组中是数学权威. 但是在当时,瓦尔德还是一名"敌国侨民",因此他被禁止阅读他自己完成的机密报告. 统计研究小组流传着一个笑话:瓦尔德在用便笺簿写报告时,每写一页,秘书就会把那页纸从他手上拿走. 从某些方面看,瓦尔德并不适合待在这个小组里,他的研究兴趣一直偏重于抽象理论,与实际应用相去甚远. 但是,他干劲儿十足,渴望在坐标轴上表现自己的聪明才智. 在你有了一个模糊不清的概念,想要把它变成明确无误的数学语言时,你肯定希望可以得到瓦尔德的帮助.

于是,问题来了,我们不希望自己的飞机被敌人的战斗机击落,因此我们要为飞机披上装甲. 但是,装甲会增加飞机的重量,这样,飞机的机动性就会减弱,还会消耗更多的燃油. 防御过度并不可取,但是防御不足又会带来问题. 在这两个极端之间,有一个最优方案,军方把一群数学家聚拢在纽约市的一个公寓中,就是想找出这个最优方案.

军方为统计研究小组提供了一些可能用得上的数据.美军飞机在欧洲上空与敌机交火后返回基地时,飞机上会留有弹孔.但是,这些弹孔分布得并不均匀,机身上的弹孔比引擎上的多.(表1)

表1

飞机部位	每平方英尺①的平均弹孔数
引擎	1.11
机身	1.73
油料系统	1.55
其余部位	1.80

关于萨维奇,这里有必要告诉大家他的一些逸事.萨维奇的视力极差,只能用一只眼睛的余光看东西.他曾经耗费了6个月的时间来证明北极探险中的一个问题,其间仅以肉糜饼为食.

军官们认为,如果把装甲集中装在飞机最需要防护、受攻击概率最高的部位,那么即使减少装甲总量,对飞机的防护作用也不会减弱.因此,他们认为这样的做法可以提高防御效率.但是,这些部位到底需要增加多少装甲呢?他们找到瓦尔德,希望得到这个问题的答案.但是,瓦尔德给出的回答并不是他们预期的答案.

瓦尔德说,需要加装装甲的地方不应该是留有弹孔的部位,而应该是没有弹孔的地方,也就是飞机的引擎.

瓦尔德的独到见解可以概括为一个问题:飞机各部位受到损坏的概率应该是均等的,但是引擎罩上的弹孔却比其余部位少,那些失踪的弹孔在哪儿呢?瓦尔德深信,这些弹孔应该都在那些未能返航的飞机

① 1平方英尺 = 0.092 903 04平方米.

上. 胜利返航的飞机引擎上的弹孔比较少,其原因是引擎被击中的飞机未能返航.

大量飞机在机身被打得千疮百孔的情况下仍能返回基地,这个事实充分说明机身可以经受住打击(因此无须加装装甲).

如果去医院的病房看看,就会发现腿部受创的病人比胸部中弹的病人多,其原因不在于胸部中弹的人少,而是胸部中弹后难以存活.

数学上经常假设某些变量的值为0,这个方法可以清楚地解释我们讨论的这个问题. 在这个问题中,相关的变量就是飞机在引擎被击中后不会坠落的概率. 假设这个概率为零,表明只要引擎被击中一次,飞机就会坠落. 那么,我们会得到什么样的数据呢?

我们会发现,在胜利返航的飞机中,机翼、机身与机头都留有弹孔,但是引擎上却一个弹孔也找不到. 对于这个现象,军方有可能得出两种分析结果:要么德军的子弹打中了飞机的各个部位,却没有打到引擎;要么引擎就是飞机的死穴. 这两种分析都可以解释这些数据,而第二种更有道理. 因此,需要加装装甲的是没有弹孔的那些部位.

美军将瓦尔德的建议迅速付诸实施,我无法准确地说出这条建议到底挽救了多少架美军战机,但是数据统计小组在军方的继任者们精于数据统计,一定很清楚这方面的情况. 美国国防部一直认为,打赢战争不能仅靠更勇敢、更自由和受到上帝更多的青睐. 如果被击落的飞机比对方少5%,消耗的油料低5%,步兵的给养多5%,而所付出的成本仅为对方的95%,往往就会成为胜利方. 这个理念不是战争题材的电影要表现的主题,而是战争的真实写照,其中的每一个环节都要用到数学知识.

瓦尔德拥有的空战知识、对空战的理解都远不及美军军官,但他却能看到军官们无法看到的问题,这是为什么呢? 根本原因是瓦尔德在数学研究过程中养成的思维习惯.从事数学研究的人经常会询问:“你的假设是什么?这些假设合理吗?”这样的问题令人厌烦,但有时却富有成效.

在这个例子中,军官们在不经意间做出了一个假设:返航飞机是所有飞机的随机样本.如果这个假设真的成立,我们仅依据幸存飞机上的弹孔分布情况就可以得出结论.

但是,一旦认识到自己做出了这样的假设,我们立刻就会知道这个假设根本不成立,因为我们没有理由认为,无论飞机的哪个部位被击中,幸存的可能性是一样的.用数学语言来说,飞机幸存的概率与弹孔的位置具有相关性.

瓦尔德的另一个长处在于他对抽象问题研究的钟爱.曾经在哥伦比亚大学师从瓦尔德的沃尔福威茨说,瓦尔德最喜欢钻研的“都是那些极为抽象的问题”,“对于数学他总是津津乐道,但却对数学的推广及特殊应用不感兴趣”.

的确,瓦尔德的性格决定了他不大可能关注应用方面的问题.在他的眼中,飞机与枪炮的具体细节都是花里胡哨的表象,不值得过分关注.

他所关心的是,透过这些表象看清搭建这些实体的一个个数学原理与概念.这种方法有时会导致我们对问题的重要特征视而不见,却有助于我们透过纷繁复杂的表象,看到所有问题共有的基本框架.

因此,即使在你几乎一无所知的领域,它也会给你带来极有价值的体验.

对于数学家而言,导致弹孔问题的是一种叫作“幸存者偏差”(survivorship bias)的现象.

这种现象几乎在所有的环境条件下都存在,一旦我们像瓦尔德那样熟悉它,在我们的眼中它就无所遁形.

以共同基金为例.在判断基金的收益率时,我们都会小心谨慎,唯恐有一丝一毫的错误.年均增长率发生 1% 的变化，甚至就可以决定该基金到底是有价值的金融资产还是疲软产品. 晨星公司大盘混合型基金的投资对象是可以大致决定标准普尔 500 指数走势的大公司，似乎都是有价值的金融资产. 这类基金 1995 ~ 2004 年增长了 178.4%，年均增长率为 10.8%，这是一个令人满意的增长速度.

如果手头有钱，投资这类基金的前景似乎不错，不是吗？事实并非如此. 博学资本管理公司于2006年完成的一项研究，对上述数字进行了更加冷静、客观的分析.

我们回过头来，看看晨星公司是如何得到这些数字的. 2004 年，他们把所有的基金都归为大盘混合型，然后分析过去 10 年间这些基金的增长情况.

但是，当时还不存在的基金并没有被统计进去. 共同基金不会一直存在，有的会蓬勃发展，有的则走向消亡. 总体来说，消亡的都是不赚钱的基金.

因此，根据 10 年后仍然存在的共同基金判断 10 年间共同基金的价值，这样的做法就如同通过计算成功返航飞机上的弹孔数来判断飞行员躲避攻击操作的有效性，都是不合理的.

如果我们在每架飞机上找到的弹孔数都不超过一个，这意味着什么呢？

这并不表明美军飞行员都是躲避敌军攻击的高手，而说明飞机中弹两次就会着火坠落. 博学资本的研究表明，如果在计算收益率时把那些已经消亡的基金包含在内，总收益率就会降到 134.5%，年均收益率就是非常一般的 8.9%.

《金融评论》(*Review of Finance*) 于 2011 年针对近 5 000 只基金进行的一项综合性研究表明，与已经消亡的基金包括在内的所有基金相比，仍然存在的 2 641 只基金的收益率要高出 20%. 幸存者效应的影响力可能令投资者大为吃惊，但是亚伯拉罕 · 瓦尔德对此已经习以为常了.

再来谈谈“错题事件”.笔者所敬仰的中国科学技术大学统计与金融系的苏淳教授在其微信朋友圈中发了一篇题为《统计遭遇数学的尴尬》的短文.

2018年高校招生全国统一考试理科数学试卷Ⅰ的第20题是一道关于产品检验的题目.题目开宗明义,面对的是大批量的产品,产品成箱包装,每箱200件,每箱先抽检20件,根据检验结果决定是否对余下的所有产品做检验,命题者怕在这里引起误会,不可谓不仔细地斟酌了词句,特别强调了要决定的是“是否对余下的所有产品做检验”,说明这里的选项只有两个,要么对余下的所有产品都做检验(全检),要么就都不检验(全不检),不存在部分检验的问题,正是在这种思路的指导之下,诞生了对于第(2)小题(ⅱ)的官方解答.

站在统计学的角度来看,这种解答是没有问题的,因为它考虑的是实际需求,要检验的是大批量的产品,不仅是一箱,而且是许多许多箱,所以只须对“全检”与“全不检”的费用作一比较,以决定是否需要全检.

问题尴尬的是,它是出在“数学试卷”中的题目,而且它自身又带有明显的“数学特点”,这就让人难以弄清它到底是要考“统计”,还是要考“数学”了.

题目中的第(1)小题要求学生用极大似然估计估计出产品的不合格率,没有出现“极大似然估计”这个统计学上的名词,完全用的是数学语言,求函数的极大值点,学生理所当然地把它作为数学题来做,求导数,求导函数的零点,观察导函数的符号,确认$p_0=0.1$就是函数$f(p)$的最大值点.

问题出在第(2)小题,题目说,“对一箱产品检验了20件,结果恰有2件不合格品,以(1)中的p_0作为p的值.”p是什么?题目在大前提中说到,“每件产品为不合格品的概率都是 p”，意即 p 就是不合格率，幸亏学生没有学习更多的统计知识，也没有更多时间去思考，否则他们会问：既然“检验了 20 件，发现了 2 件不合格”，那么为啥不可以直接用频数 $\frac{2}{20}=0.1$ 去估计不合格率 p，而要绕一个圈子去求什么 $f(p)$ 的最大值点？你这分明不就是要考我们数学吗？

其实不然，命题者想考的还是统计，只是碍于学生统计知识不足，无法把问题讲清楚，因为严格来说，统计不是数学，它是一门处理数据的艺术，出于不同的需求，可以对同一批数据作不同的处理. 举例来说，对不合格率的估计，既可以采用频数估计（又叫作矩估计），也可以采用极大似然估计，各有各的优缺点，适用于不同的场合，满足不同的需求. 可巧的是，在本题的场合下，无论抽检的 20 件产品中所发现的不合格品的件数 k 是多少，两种估计的结果都是相同的，都是 $\frac{k}{20}$，既然命题者不愿意让学生采用频数估计，而一定要用极大似然估计，那么在这里只有一种理解，那就还是要考数学，要考核学生通过求导求函数最值和最值点的能力.

既然这里是考数学，那么一以贯之，通题就应当都按数学问题处理，至少别人按数学问题做了，不能算错，例如，有人这样解答第(2)小题(ⅱ)：

设对剩下的 180 件产品再抽检 r 件 $(0\leqslant r\leqslant 180)$，将此时的检验费用与赔偿费用的和记作 Y，则有

$$E(Y)=2r+25(180-r)\cdot\frac{1}{10}=450-\frac{r}{2}$$

在 $r=180$ 时，$E(Y)$ 达到最小. 所以应对剩下的产品“全检”.

这种求最小值的处理方式与第(1)小题的精神一致，都是用数学中的最值作为问题的解答，既然

(ⅰ)中可用最值点作为不合格率的估计,那么(ⅱ)中也可以按最值的标准取舍检验方案.

更何况,这里还涉及逻辑中的如何否定"全称命题"的问题,无论怎么说,对"全检"的否定是"不全检",包括"部分检"与"全不检".正如不少中学教师指出的,这是中学数学教学中反复强调的,而且也是作为高考所要考核的内容的,不能在同一张卷子中体现不同的要求.

事实上,第(2)小题(ⅱ)的官方解答中所采用的取舍标准只有具备产品检验经验的人才知道,因为只有面对在大批量产品时,才会只在"全检"与"全不检"之间进行选择.

在我国的本科专业分类中已经把统计学独立出来,作为与数学并列的一级学科,就是因为"统计不是数学",数学的一个基本特征是:"一个问题只有一个答案",统计学则不然,对同一个问题,可以有不同的答案,例如前面说到的,对同一个参数,可以用频数估计,也可以用极大似然估计,它们往往会有所不同.在当前大数据时髦的今天,面对同样的数据,得出不同结论的情况就更为常见.

中学里既然把统计放到数学中来学,那就有一个如何教、如何学、如何考核的问题,尤其是在出高考题时,更需要考虑周全.前些年我在参与出安徽高考数学卷时,一直把握一条原则,就是大题尽量考概率,因为概率是数学,一是一,二是二,不会遭遇尴尬.统计则不然,需要谨慎而又谨慎.

(感谢苏教授授权同意转载)

其实人不是神,都会犯错,但勇于承认,及时改正即可,最不能容忍的就是"死不承认".在《生活周刊》微信公众号中有一位读者留言写道:人生有三个很绝望的时刻:(1)发现父母是很平庸的;(2)发现自己是很平庸的;(3)发现自己的孩子是很平庸的.承认并接受这三点需要勇气,很多人倒在第三个时刻……

就数学学科本身而言统计学究竟是不是数学并没有共识.如果说数学分支之间存在鄙视链的话,那么排在最末端的一定是统计学,即便是血缘关系与之最近的概率学家对其也多有不屑之辞,如号称华人概率论第一人的美籍华裔概率学家钟开莱教授就有许多公开言论对统计学有种种的不屑,许多近代数学史家对许宝騄先生在中国数学家中的重要地位被低估表示异议,笔者窃以为除了其英年早逝(1970 年 12 月 1 日逝世,终年 60 岁)外,其所从事的领域也是一个重要原因,我们看一下其简介:

许宝騄,中国人.1910 年 9 月 1 日生于北京市(祖籍浙江省杭州市).1928 年至 1930 年在燕京大学化学系学习;1930 年转入清华大学,改学数学专业,获该校理学士学位,毕业后任北京大学数学系助教两年.1936 年他作为公费生到伦敦大学当研究生,同时在剑桥大学听课,第三年开始还兼任伦敦大学的讲师.1938 年获哲学博士学位,1940 年又获科学博士学位.同年,他回祖国,受聘为北京大学教授,同时在西南联大兼课.1945 年他应邀先后到美国加利福尼亚大学伯克利分校、哥伦比亚大学、北卡曼林纳大学任访问教授.1947 年 10 月回到北京,再次到北京大学任教授.许宝騄生前是北京大学的一级教授、中国科学院数理学部委员.

许宝騄在数学上的贡献主要在概率统计方面.

在统计学方面,许宝騄主要的研究领域是关于一元及多元线性模型的推断以及有关的精确和渐近分布理论.1938 年他发表在《统计研究报告》上的题为《两个样本基值和“学生”t 检验的理论》的论文,文中对势函数的精确分析,成为数学严密性的一个范本.同年在同刊上他又发表了一篇题为《方差的最优平方估计》的论文,处理了高斯-马尔科夫模型中方差 σ^2 的最优估计问题,找到了通常无偏估计 s^2 在这一类估计中具有一致最小方差的充分必要条件.这篇论文是关于方差分量和方差的最佳二次估计的奠基性工作,他发表的一系列的论文中,讨论了一元和多元假设的检验问题,特别是关于这些假设似然率比检验的第一个优良性质,提供了获得所有相似检验的新方法.

许宝騄在多元分析方面的成就也是十分出色的. 他推进了矩阵论在统计理论中的应用,同时证明了关于矩阵的一些新的定理. 多元分析中导出的一个最基本的分布是关于某一个行列式的根的分布. 在这方面许宝騄使用高超的数学技巧,得到了一系列优秀研究成果.

许宝騄在概率论方面也做出了重要贡献. 1945 年他在《数理统计年鉴》上发表了一篇题为《均值的渐近分布和独立变量的样本方差》的长篇论文. 文中得到了将相应的样本均值代之以样本方差的结果,并用特征函数来近似随机变量的分布. 他还发表了一系列论文,得到了许多重要结果,推动了这个领域的发展.

许宝騄共发表论文 39 篇,科学出版社 1981 年出版了《许宝騄文集》;北京大学出版社 1986 年还出版了他的专著《抽样》.

许宝騄是一位数学教育家. 仅在北京大学他就培养了 8 届概率统计专门化的学生,亲自指导了 5 届学生的讨论班和毕业论文. 他先后领导、主办过极限定理、马尔科夫过程、多元分析、实验设计、次序统计量、过程统计、组合数学等专题讨论班. 在 30 多年的时间内他培养了一批国内外著名的概率统计学家.

其实统计学家中人才济济,连著名作家王小波生前还是中国人民大学教统计的呢,统计学对我们未来的生活和工作越来越重要,特别是人工智能时代的来临,更是如此.

据中科院谭铁牛院士在第十九次中科院院士大会上发表的《人工智能:天使还是魔鬼》的主题报告中指出:统计学习成为人工智能走向实用的理论基础.

统计方法还是一个重要的研究方法,比如在关于天才的讨论中,先天与后天的争论从来没有停止过. 先天论者认为,才华由基因决定,是不可变的. 后天论者则认为才华受文化影响,可以经教育与训练而提高.

前者以英国科学家弗朗西斯·高尔顿为始作俑者. 高尔顿是达尔文的表兄弟,博学多才,后人估计他的智商接近 200. 他开创了统计分析、问卷调查、复合肖像、法医指纹等新方式,也是世界上最早的一批气象学家之一. 此外,"先天与后天" 的词组也是他发明的.

1869 年,他出版了《遗传的天才》. 在这本书中,他以统计学的方法,对英国 400 多名杰出发明家、领袖、运动员等人群的家族进行了深入研究,最后得出结论:天才是基因遗传的,也就是“天生的”. 由此,他也开创了以统计学方法测量人类精神特质的先河.

虽然他承认激情、毅力的重要性,但完全无视环境的影响. 他认为,无论环境如何,天才自会脱颖而出. 牛顿就算生在沙漠,也仍然会做出牛顿的成就. 在他之后的一个世纪,人们对他的说法深信不疑.

虽然本书作者至今还没获诺奖,但其著作值得收藏,正如纽约市投资家卡特·伯登(Carter Burden)在 1987 年曾说:“一个人不会嫌自己太瘦,不会嫌钱多,也不会嫌书多.”

刘培杰
2018 年 7 月 12 日
于哈工大

俄罗斯《量子》杂志
数学征解问题
100 题选

阮可之　编译

编辑手记

本书内容源自俄罗斯，关于俄罗斯的科研水平，最近在林群院士的一次讲话中有所提及：

> “论人才不要看‘帽子’，而应讲‘代表作’。如果一个人能对自己研究的东西，搞清来龙去脉，并且把他自己知道的东西变成社会公共的财富，这就是人才。一个好的代表作，不是说你的文章发表在哪，或者你得过什么大奖，有一个什么样的头衔，而应是这个代表作，能解决比较重大的问题，并在国内国外产生重大影响。既然这样，那么为什么我们的科学却无法回归理性呢？说穿了就是我们没有自己的顶尖专家。我们的专家不能判断一个人的水平高低，只能看论文的多少，刊登在什么杂志上。而俄罗斯自己就有很好的专家，他们不承认外国的大奖，也不承认科研人员在外国发表了多少文章。他们的专家认为，一篇好的论文应刊登在本国的杂志上，否则就不承认。他们评判论文的标准，都不讲世界水平，而是讲对自己国家最有利的东西。这说明俄罗斯科研水平高，他们自己有信心评价自己的工作。”

俄罗斯数学的特点是水平高，原创性强，具有自己独特的风格，相比之下，我们则显得低水平重复，同质化泛滥，跟风现象严重. 所以在数学方面相当长的一个时期“以俄为师”是没错的.

阮可之先生是哈工大出版社数学工作室的老作者了. 多年来他一直致力于在中国推广与传播俄罗斯数学的优秀著作. 阮先生早年毕业于上海复旦大学数学系，复旦大学数学系在中国数学领域地位之高，不用笔者评价，自有公论. 数学科普界的大腕有许多是毕业于复旦大学的. 如专写黎曼猜想的卢昌海，有“几何大王”美誉的叶中豪，《自然》杂志的数学编辑朱惠林等.

本书不是简单地罗列问题了事，其中还融入了作者及译者所了解到的有关内容的更多背景知识.

比如书中第 73 页第 60 题，是著名的 Shapiro 不等式，随后文中还给出了俄罗斯著名数学家 1990 年菲尔兹奖获得者维·格林费尔德的述评. 此述评刊登在 1991 年《量子》杂志第 4 期上的一篇题为“一个不等式的历史”的文章中.

本书中所有的问题均编译自俄罗斯著名的《量子》杂志，它在世界范围内享有盛誉. 读者范围从中学生到著名数学家十分广泛，就连菲尔兹奖得主维·格林费尔德都是它的读者. 笔者曾于十年前访问过该刊的编辑部，门脸极其普通，隐于居民楼中，如果不是多方打听是很难找到的. 编辑部内的装修十分简朴，甚至有些寒酸，但十分洁静、淡雅，有浓郁的书卷气息. 正所谓山不在高，有仙则灵. 相比之下，我们有许多学术衙门，外观富丽堂皇，内在却空空如也.

本书所选的题目中也有极个别的在国内出现过. 如第 31 页的第 25 题：

求和：$\varphi(0)+\varphi\left(\frac{1}{n}\right)+\varphi\left(\frac{2}{n}\right)+\cdots+\varphi(1)$. 如果 $\varphi(x)=\frac{4^x}{4^x+2}$.

其实此题与 1986 年全国高中联赛第一部分第三小题完全

相同，只不过是将n改为了1 001. 而这完全不影响解题，只是由于不知《量子》刊登本题的时间，所以无法判断是谁借鉴了谁，或者是英雄所见略同.

另外，还有一些题目是对某些著名的数学问题的某种补充.

如第33页的第27题：(1) 从已知的凸五边形中(图1)，截取5个三角形，其中4个的面积等于S，而第5个等于$\frac{3S}{2}$，求五边形的面积x.

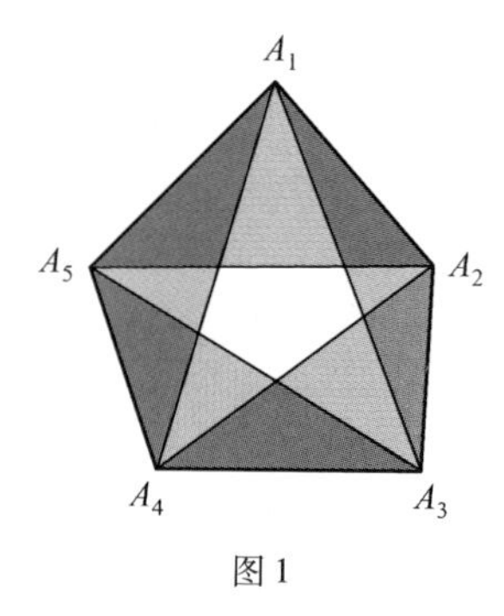

图1

(2) 试证明：如果S_1,S_2,S_3,S_4,S_5为5个这样的三角形的面积，而x为五边形的面积，那么

$$x^2-(S_1+S_2+S_3+S_4+S_5)x+(S_1S_2+S_2S_3+S_3S_4+S_4S_5+S_5S_1)=0$$

第一问很简单，但第二问则很不平凡，它使我们联想到昔日的一道美国数学竞赛中的平面几何题.

一个给定的凸五边形$ABCDE$(图2)具有如下性质：5个三角形，$\triangle ABC$，$\triangle BCD$，$\triangle CDE$，$\triangle DEA$，$\triangle EAB$中的每一个面积都等于1. 求证：每个具有上述性质的五边形都有相同的面积，计算这个面积，并且有无限多个不全等的具有上述性质的五边形.

这个问题是1972年美国数学竞赛题，我们给出两种证法.

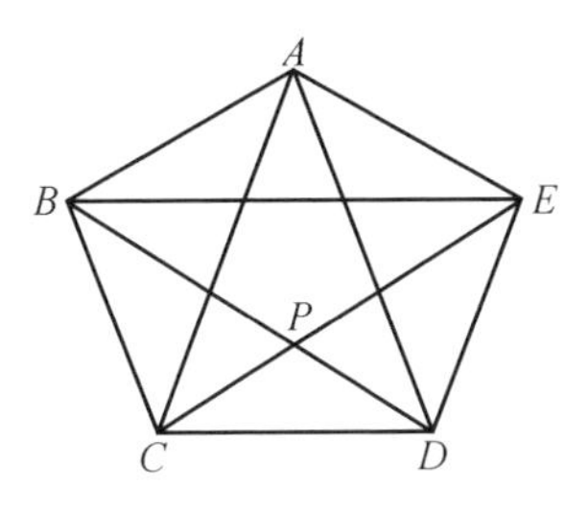

图2

证法1 因为

$$S_{\triangle ABC}=S_{\triangle EAB}=1$$

所以 $AB /\!/ EC$,类似地有 $BD /\!/ AE$,故四边形 $ABPE$ 是平行四边形,其中 P 是 BD 和 CE 的交点,$S_{\triangle BPE}=S_{\triangle EAB}=1$.

令 $S_{\triangle BCP}=x$,那么 $S_{\triangle EPD}=x$,$S_{\triangle CDP}=1-x$. 因为

$$\frac{S_{\triangle BCP}}{S_{\triangle CDP}}=\frac{BP}{PD}=\frac{S_{\triangle BPE}}{S_{\triangle PDE}}$$

所以

$$\frac{x}{1-x}=\frac{1}{x}$$

$$x^2+x-1=0$$

$$x=\frac{\sqrt{5}-1}{2}$$

于是五边形 $ABCDE$ 的面积为

$$S_{\triangle CDE}+2S_{\triangle ABE}+S_{\triangle BCP}=3+\frac{\sqrt{5}-1}{2}=\frac{5+\sqrt{5}}{2}$$

任意作一个 $\triangle BCP$,使得 $S_{\triangle BCP}=\dfrac{\sqrt{5}-1}{2}$,延长 CP 到 E,BP 到 D,使得 $S_{\triangle BPE}=S_{\triangle BCD}=1$,于是

$$\frac{CP}{PE}=\frac{\sqrt{5}-1}{2}$$

$$\frac{DP}{PB}=\frac{DB-PB}{PB}=\frac{DB}{PB}-1=\frac{1}{\frac{\sqrt{5}-1}{2}}-1=\frac{\sqrt{5}-1}{2}$$

所以

$$\frac{CP}{PE}=\frac{DP}{PB}$$

从而 $BE \parallel CD, S_{\triangle CDE}=S_{\triangle BCD}=1$.

作 $EA \parallel BD, AB \parallel EC$，它们的交点为 A，那么 $S_{\triangle DEA}=S_{\triangle EAB}=S_{\triangle BPE}=1$，同理 $S_{\triangle ABC}=1$.

因为可作无数多个不全等的面积为$\frac{\sqrt{5}-1}{2}$的 $\triangle BCP$，所以如上所得的无数多个不全等的五边形具有上述性质.

证法2 以凸五边形$ABCDE$的边AB为x轴，以A为原点建立直角坐标系，且设$AB=a$，因$S_{\triangle ABC}=S_{\triangle ABE}=1$，故$C,E$两点的纵坐标为$\frac{2}{a}$，设点$C,E$的横坐标为$b,c$，点$D$的坐标为$(d,e)$. 那么这5个点的坐标就是

$$A(0,0),B(a,0),C(b,\frac{2}{a}),D(d,e),E(c,\frac{2}{a})$$

如图3所示，有

$$S_{ABCDE}=S_{\triangle ADE}+S_{\triangle BCD}+S_{\triangle ABD}=2+\frac{1}{2}ae$$

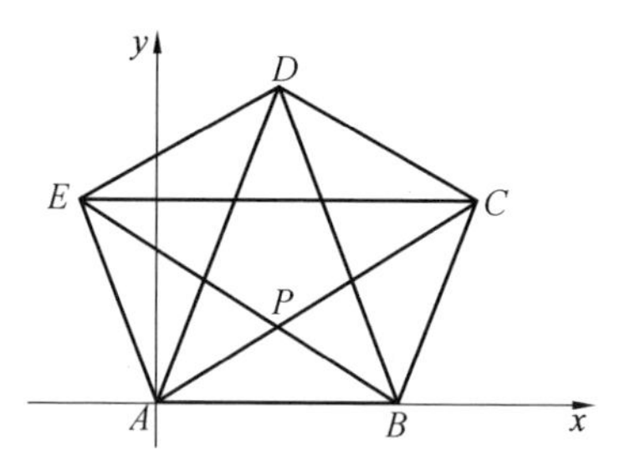

图3

因为$DE \parallel AC$，所以$\frac{2}{a}:b=(e-\frac{2}{a}):(d-c)$. 类似的，由$EA \parallel BD, BC \parallel DA$可得

$$e:(d-a)=\frac{2}{a}:c$$

$$e : d = \frac{2}{a} : (b - a)$$

将它们分别整理后得

$$aeb + 2(c - d - b) = 0 \tag{1}$$

$$aec + 2(a - d) = 0 \tag{2}$$

$$ae(a - b) + 2d = 0 \tag{3}$$

式(1) + (3),式(2) + (3) 分别可得

$$a^2e + 2(c - b) = 0 \tag{4}$$

$$ae + e(c - b) + 2 = 0 \tag{5}$$

从式(4),式(5) 中消去 $c - b$,得

$$a^2e^2 - 2ae - 4 = 0$$

解得

$$ae = \sqrt{5} + 1 \quad (\text{负值舍去})$$

所以

$$S_{ABCDE} = 2 + \frac{1}{2}ae = \frac{5 + \sqrt{5}}{2}$$

因此具有题述性质的凸五边形的面积都相同.

将上面的 a,b 设为任意给定的正实数,那么

$$e = \frac{\sqrt{5} + 1}{a}, d = \frac{\sqrt{5} + 1}{2}(b - a), c = b - \frac{\sqrt{5} + 1}{2}a$$

$$A(0,0), B(a,0), C(b, \frac{2}{a})$$

$$D(\frac{\sqrt{5} + 1}{2}(b - a), \frac{\sqrt{5} + 1}{a}), E(b - \frac{\sqrt{5} + 1}{2}a, \frac{2}{a})$$

以上述 5 个点为顶点的五边形 $ABCDE$ 对应于不同的正实数 a 与 b,在直角坐标系里凸五边形 $ABCDE$ 具有无限多个且互不全等. 因此我们只要证明以 A,B,C,D,E 为顶点的凸五边形具有题述性质.

显然

$$AB \parallel CE$$

$$(b - a) : \frac{2}{a} = \frac{\sqrt{5} + 1}{2}(b - a) : \frac{\sqrt{5} + 1}{a}$$

所以 $BC \parallel DA$,类似地可证 $CD \parallel EB, DE \parallel AC, EA \parallel BD$,且

$$S_{\triangle ABC}=\frac{1}{2}a\cdot\frac{2}{a}=1$$

由上述所得

$$S_{\triangle ABC}=S_{\triangle BCD}=S_{\triangle CDE}=S_{\triangle DEA}=S_{\triangle EAB}=1$$

所以具有题述性质的凸五边形 $ABCDE$ 有无限多个.

上述竞赛题的一种特殊解法依赖于两个征解问题(1988 年王振、陈计;1989 年刘启铭、陈计).

1. 已知平面凸五边形 $ABCDE$,求证

$$\max\{S_{\triangle EAB},S_{\triangle ABC},S_{\triangle BCD},S_{\triangle CDE},S_{\triangle DEA}\}\geqslant\frac{2}{5+\sqrt{5}}S_{ABCDE}\quad(1)$$

$$\min\{S_{\triangle EAB},S_{\triangle ABC},S_{\triangle BCD},S_{\triangle CDE},S_{\triangle DEA}\}\geqslant\frac{2}{5+\sqrt{5}}S_{ABCDE}\quad(2)$$

上述试题是 1923 年 Shumacher 在 *Astronomische Nachrichten*(No. 42, November, 1823:61)提出的一个麦比乌斯命题:

设 A,B,C,D,E 是平面上任意 5 点,若 $\triangle EAB,\triangle ABC,\triangle BCD,\triangle CDE,\triangle DEA$ 的面积分别为 $\alpha,\beta,\gamma,\delta,\varepsilon$,则五边形 $ABCDE$ 的面积确定.

1880 年高斯给出一个证明,它推导出了一个五边形 A 所满足的方程

$$A^2-(\alpha+\beta+\gamma+\delta+\varepsilon)A+(\alpha\beta+\beta\gamma+\gamma\delta+\delta\varepsilon+\varepsilon\alpha)=0\quad(3)$$

利用它可以统一地证明式(1)和式(2). 下面我们用向量的语言证明它.

麦比乌斯定理 在凸五边形 $ABCDE$ 中,$\triangle ABC,\triangle BCD,\triangle CDE,\triangle DEA,\triangle EAB$ 的面积分别等于 a,b,c,d,e,以 S 表示五边形的面积,试证

$$S^2-S(a+b+c+d+e)+(ab+bc+cd+de+ea)=0$$

证明 设 $\boldsymbol{x}=x_1\boldsymbol{e}_1+x_2\boldsymbol{e}_2$,那么

$$[\boldsymbol{e}_1,\boldsymbol{x}]=x_2[\boldsymbol{e}_1,\boldsymbol{e}_2],[\boldsymbol{x},\boldsymbol{e}_2]=x_1[\boldsymbol{e}_1,\boldsymbol{e}_2]$$

所以

$$\boldsymbol{x}=\frac{[\boldsymbol{x},\boldsymbol{e}_2]}{[\boldsymbol{e}_1,\boldsymbol{e}_2]}\boldsymbol{e}_1+\frac{[\boldsymbol{e}_1,\boldsymbol{x}]}{[\boldsymbol{e}_1,\boldsymbol{e}_2]}\boldsymbol{e}_2$$

因此

$$[\boldsymbol{x},\boldsymbol{e}_2]\cdot[\boldsymbol{e}_1,\boldsymbol{y}]+[\boldsymbol{e}_1,\boldsymbol{x}]\cdot[\boldsymbol{e}_2,\boldsymbol{y}]+[\boldsymbol{e}_2,\boldsymbol{e}_1][\boldsymbol{x},\boldsymbol{y}]=0 \tag{4}$$

对任意平面向量 $\boldsymbol{e}_1,\boldsymbol{e}_2,\boldsymbol{x},\boldsymbol{y}$ 成立.

设 $\boldsymbol{e}_1=\overrightarrow{AB},\boldsymbol{e}_2=\overrightarrow{AC},\boldsymbol{x}=\overrightarrow{AD},\boldsymbol{y}=\overrightarrow{AE}$,那么

$$S=a+\frac{1}{2}[\boldsymbol{x},\boldsymbol{e}_2]+d=c+\frac{1}{2}[\boldsymbol{y},\boldsymbol{e}_2]+a$$

$$=d+\frac{1}{2}[\boldsymbol{x},\boldsymbol{e}_1]+b$$

即

$$[\boldsymbol{x},\boldsymbol{e}_2]=2(S-a-d)$$
$$[\boldsymbol{y},\boldsymbol{e}_2]=2(S-c-a)$$
$$[\boldsymbol{x},\boldsymbol{e}_1]=2(S-d-b)$$

把这些量代入等式(4),就得

$$-2(S-a-d)\cdot 2e+2(S-c-a)\cdot 2(S-d-b)-2a\cdot 2d=0$$

即

$$S^2-S(a+b+c+d+e)+(ab+bc+cd+de+ea)=0$$

2. 设 A,B,C,D,E 为平面上任意5点,若记 $\triangle EAB,\triangle ABC,\triangle BCD,\triangle CDE$ 和 $\triangle DEA$ 的面积分别为 $\alpha,\beta,\gamma,\delta,\varepsilon$,则五边形 $ABCDE$ 的面积 A(此处不要与点 A 混淆)满足麦比乌斯 - 高斯公式

$$A^2-(\alpha+\beta+\gamma+\delta+\varepsilon)A+(\alpha\beta+\beta\gamma+\gamma\delta+\delta\varepsilon+\varepsilon\alpha)=0 \tag{1}$$

以此可证明

$$\min\{\alpha,\beta,\gamma,\delta,\varepsilon\}\leqslant\frac{2A}{5+\sqrt{5}}\leqslant\max\{\alpha,\beta,\gamma,\delta,\varepsilon\} \tag{2}$$

最后,又有人提出如下猜想

$$\sqrt[5]{\alpha\beta\gamma\delta\varepsilon}\leqslant\frac{2A}{5+\sqrt{5}}\leqslant\sqrt{\frac{1}{5}(\alpha^2+\beta^2+\gamma^2+\delta^2+\varepsilon^2)} \tag{3}$$

式(3)显然是式(2)的加强,证明自然更为困难,匡继昌先生在《常用不等式》(第二版)中把上述猜想列在“100个未解决的问题”中的第3个问题.

这里再介绍一下熊斌(华东师范大学数学系)、田廷彦(上海科学技术出版社)对于式(3)的证明.

定理　设五边形 $ABCDE$ 的面积为 A,$\triangle EAB$,$\triangle ABC$,$\triangle BCD$,$\triangle CDE$ 和 $\triangle DEA$ 的面积分别为 $\alpha,\beta,\gamma,\delta$ 和 ε,则有式(3)的证明

$$\frac{2A}{5+\sqrt{5}} \leqslant \sqrt{\frac{1}{5}(\alpha^2+\beta^2+\gamma^2+\delta^2+\varepsilon^2)}$$

其中等号当且仅当 $\alpha=\beta=\gamma=\delta=\varepsilon$ 时成立.

证明　先引进一个二次函数

$$f(x)=x^2-(\alpha+\beta+\gamma+\delta+\varepsilon)x+(\alpha\beta+\beta\gamma+\gamma\delta+\delta\varepsilon+\varepsilon\alpha)$$

易知$f(x)$的对称轴为$x=\frac{1}{2}(\alpha+\beta+\gamma+\delta+\varepsilon)$,$A$是$f(x)$的根.

若 A 取 $f(x)=0$ 的较小的根,则

$$A \leqslant \frac{1}{2}(\alpha+\beta+\gamma+\delta+\varepsilon)$$

所以

$$\begin{aligned}\frac{2A}{5+\sqrt{5}} &\leqslant \frac{1}{5+\sqrt{5}}(\alpha+\beta+\gamma+\delta+\varepsilon)\\ &< \frac{1}{5}(\alpha+\beta+\gamma+\delta+\varepsilon)\\ &\leqslant \sqrt{\frac{1}{5}(\alpha^2+\beta^2+\gamma^2+\delta^2+\varepsilon^2)}\end{aligned}$$

最后一步是算术平均 - 平方平均不等式.

若 A 取 $f(x)=0$ 的较大的根,由抛物线的性质知,欲证上述定理,只要证明

$$f\left(\frac{5+\sqrt{5}}{2}\sqrt{\frac{1}{5}(\alpha^2+\beta^2+\gamma^2+\delta^2+\varepsilon^2)}\right) \geqslant 0$$

即可.

下面用配方法来证明上式.

欲证

$$f\left(\frac{1+\sqrt{5}}{2}\sqrt{\alpha^2+\beta^2+\gamma^2+\delta^2+\varepsilon^2}\right) \geqslant 0$$

即证

$$\frac{3+\sqrt{5}}{2}(\alpha^2+\beta^2+\gamma^2+\delta^2+\varepsilon^2)-$$

$$\frac{1+\sqrt{5}}{2}\sqrt{\alpha^2+\beta^2+\gamma^2+\delta^2+\varepsilon^2}\cdot(\alpha+\beta+\gamma+\delta+\varepsilon)+$$

$$(\alpha\beta+\beta\gamma+\gamma\delta+\delta\varepsilon+\varepsilon\alpha)\geqslant 0$$

将上式左边配方,得

$$\text{左边}=\frac{1+\sqrt{5}}{4}(\alpha^2+\beta^2+\gamma^2+\delta^2+\varepsilon^2)+$$

$$(\alpha\beta+\beta\gamma+\gamma\delta+\delta\varepsilon+\varepsilon\alpha)-$$

$$\frac{1+\sqrt{5}}{4\sqrt{5}}(\alpha+\beta+\gamma+\delta+\varepsilon)^2+$$

$$\frac{25+5\sqrt{5}}{4}\left[\sqrt{\frac{1}{5}(\alpha^2+\beta^2+\gamma^2+\delta^2+\varepsilon^2)}-\right.$$

$$\left.\frac{\alpha+\beta+\gamma+\delta+\varepsilon}{5}\right]^2=$$

$$\frac{1}{\sqrt{5}}\left[\varepsilon-\frac{\sqrt{5}+1}{4}(\beta+\gamma)+\frac{\sqrt{5}-1}{4}(\alpha+\delta)\right]^2+$$

$$\frac{25+5\sqrt{5}}{4}\left[\sqrt{\frac{1}{5}(\alpha^2+\beta^2+\gamma^2+\delta^2+\varepsilon^2)}-\right.$$

$$\left.\frac{\alpha+\beta+\gamma+\delta+\varepsilon}{5}\right]^2+$$

$$\frac{\sqrt{5}-1}{8}(\beta^2+\gamma^2)+\frac{\sqrt{5}+1}{8}(\alpha^2+\delta^2)-$$

$$\frac{\sqrt{5}-1}{4}\beta\gamma-\frac{\sqrt{5}+1}{4}\alpha\delta+\frac{1}{2}(\alpha\beta+\gamma\delta)-\frac{1}{2}(\alpha\gamma+\beta\delta)=$$

$$\frac{1}{\sqrt{5}}\left[\varepsilon-\frac{\sqrt{5}+1}{4}(\beta+\gamma)+\frac{\sqrt{5}-1}{4}(\alpha+\delta)\right]^2+$$

$$\frac{\sqrt{5}-1}{8}\left[(\beta-\gamma)+\frac{\sqrt{5}+1}{2}(\alpha-\delta)\right]^2+$$

$$\frac{25+5\sqrt{5}}{4}\left[\sqrt{\frac{1}{5}(\alpha^2+\beta^2+\gamma^2+\delta^2+\varepsilon^2)}-\right.$$

$$\frac{\alpha+\beta+\gamma+\delta+\varepsilon}{5}\Big]^2 \geqslant 0$$

要使该式等于0,则每个平方项均为0. 事实上,最后一式为0,即有 $\alpha=\beta=\gamma=\delta=\varepsilon$,定理证毕.

这个问题本书中的解答用到了五边形的凸性,是高斯给出的. 但此高斯非彼高斯,他叫 Heer Hofrath Gauss. 本书中作者还指出洛普希兹在《量子》杂志1977年第3期中证明了对任意五边形都成立,即使像五角形那样边自相交的五边形也成立.

本书从选题到素材,从作者到译者无一不精,无一不优,尤其是这种久违的数学品味令人沉醉. 译者的从容与优雅,不禁使笔者想起了20世纪80年代.

曾泳春在《中国科学报》的一篇文章中曾写道:"我不会写诗,也不懂文学,我在精神富有的20世纪80年代的时光中一闪而过. 但我还是沾上了20世纪80年代的那些情怀:挥霍、颓废、诗情、意气风发. 那个什么都可以拿来浪费的年代,包括芳华."

读完本书,我相信你也会产生这样的情怀.

刘培杰

于哈工大

2018年6月21日

俄罗斯《量子》杂志数学征解问题又 100 题选

阮可之 编译

编辑手记

林群院士日前在谈减负时指出:数学教材也要减负. 这里的减负就需要有哲学或大道理,那么我们需要什么样的大道理呢? 需要认识"由厚到薄"的华罗庚道理,"先猜后证"的吴文俊道理,还有"一个数学证明超过四行就不要讲"的关肇直道理.

林群院士告诉我们给中学生读的数学教材或课外读物不是随便什么人都能编写的,一定要是大家或权威人士才行.《量子》杂志是世界公认的中学生优秀刊物. 在数学教育界的影响不亚于《美国数学月刊》,其上刊登的征解问题也是很受世界瞩目的. 阮先生编译的这部小册子是一个浓缩的精品. 它不仅给原创匮乏,同质平庸的国内初等数学课外读物市场增添了一抹亮色,也为国内奥数学子增添了一个"刷题器". 刚刚出炉的国家数学奥林匹克代表队名单如下:

江苏省天一中学 李一笑,

陕西省西北工业大学附中 王泽宇,

湖北省华师一附中 姚睿,

湖南省雅礼中学 陈伊一,

浙江省温州中学 欧阳泽轩,

浙江省乐城寄宿 叶奇.

从中我们惊奇地发现国内一线城市北上广深全线沦落. 这

绝不是偶然现象，一定是我们的教育出现了偏差. 小说家张资平读过教会学校，他自觉数学、英语学得都不错，就报考了测绘学堂，谁知这里考的竟然是“萧何入关先收图籍论”等国文题目，张资平最终落榜. 虽然入学不容易，但北京、上海的大、中、小学毕业生“从清末积累到‘五四’后已是人满为患”，就业困难. 按夏丏尊的说法，“民国十三年上海邮局招考邮务员四十人，应试者愈四千人”，其中甚至有日本东京高师英语部的毕业生. 青年学生的生活空间从私塾到学堂，从乡村到城市，直接影响到“五四”时期的舆论史.

考试是公平的，数学考试又是公平中最公平的，而这其中又以数学奥林匹克为最. 因为它纯客观对所有人都公平，只以自己的智商说话，重视它就等于为“低端人口”的寒门学子保留了一个后楼梯. 现在有人要拆，坚决不行.

学者邓小南曾指出，宋代科举制度相对公平，使得社会的上升通道向更多阶层开放. 一个人的家庭背景相对来说越来越淡化了，出身寒门的人自己报名就可以参加考试，士、农、工、商“四民”之间的界限也不再那么明显. 社会流动相对来说也比较频繁. 当然这也需要一些技术手段来保证. 比如，过去的试卷，名字都是写在上面的，到了宋代就把考生的名字贴起来，有点像今天的高考，这在一定程度上杜绝了官官相护，使得平民子弟能有更多的机会脱颖而出，所以北宋时有人说“惟有糊名公道在，孤寒宜向此中求”，到了南宋，更有人感叹“取士不问家世”.

宋代的社会流动，使得有一批当时被称为“寒俊”的人物能够崛起，构成了新兴的士人群体. 比如范仲淹，据说他年轻的时候在山寺里读书，带去的米不够煮米饭，只够煮粥，这粥凝结以后要切成几块分几顿吃. 欧阳修，家里没钱买纸笔，他母亲教他写字是拿着芦苇秆在沙地上画的. 而根据《宝祐四年登科录》记载，当年一共录取了进士 601 人，其中官僚出身的是 184 人，平民出身的有417 人，差不多三分之二来自于平民. 这年的第一甲第一名是文天祥，他也是从三代无官的家庭里出来的. 向上流动的机会增加在与唐代的对比中更加明显. 据统计，北宋时科举出身的官员占了总数的 40%，而在唐代这一比例只有

15%.晚唐时期,69% 的高官要么出身于世家大族,要么出身官宦之家,而到北宋时,这个数字只有 19%.根据美国宋史研究的奠基人柯睿格对 1148 年和 1256 年两份进士名单的研究,他发现通过科举考试的应试者中,约有 57% 的人祖上三代未曾为官.

本书是编译了始于苏联及至俄罗斯的优秀数学题目.现在的年轻读者搞不清楚这两者的关系.查阅了一下俄罗斯的历史分期,现呈现给大家:(1)基辅罗斯:862 年北欧瓦朗人在诺夫哥罗德建立政权,882 年成立大公国基辅罗斯.(2)金帐汗国(1243—1502):1237 年蒙古人成吉思汗的孙子拔都占领伏尔加河下游,建立金帐汗国;16 世纪初斯拉夫人摆脱蒙古统治.(3)沙皇帝国(1547—1917):1547 年伊凡雷帝(1533—1584 在位)自称沙皇;1721 年彼得大帝(1689—1725 在位)改称帝国,实行西化,扩张疆土.第一次世界大战惨败,帝国覆灭.(4)苏联(1917—1990):1917 年成立苏维埃俄罗斯共和国(苏俄),1922 年成立苏维埃社会主义共和国联盟(苏联),1991 年苏联解体.(5)俄罗斯联邦,1991 年独立,放弃专制,改行民主.

有人说俄罗斯最近国际形象不佳,屡屡遭到西方发达国家群殴.这是个十分复杂的国际政治问题.远非我等斗升小民能够置喙.但是提到俄罗斯的数学所有西方国家无不赞叹有加.因为他们不是汲取了人家的原创思想就是直接吸引了人家的人才.

至于本工作室为什么多年一以贯之的鼓吹数学的重要,不遗余力地为数学的传播鼓与呼,一个很重要的原因是:我们有这样的共识.在现代社会中数学起到了至关重要的基础性作用.不论你是干什么的,少了数学都不行,越是自然科学界的大人物数学越好.

丘成桐曾说:“20 世纪 70 年代时,我在引力方面做了一个很重要的工作,重力场在爱因斯坦方程里面究竟是不是稳定的?整个能量是不是正的?这个问题一路困扰了广义相对论的学者,我在 1978 年证明了.我是用我的几何方法来做的,霍金对此很有兴趣.我做完以后,大部分做广义相对论的学者都不大看得懂,可是霍金懂数学,他看得懂.所以他很高兴,我也很高兴,因为他替我解释了我做的工作是重要的. 因为他解释,其他物理学家就不出声了."

学者许致远曾有句名言:活着没啥劲,但死了就不行. 仿此,数学的重要性也可以这么说:学好看似没啥用,但不学就不行.

本书的译者阮可之先生刚刚离世,阮先生早年学习数学,后来改行. 2018 年 6 月 22 日凌晨 12:58 阮先生因病抢救无效在美国新泽西州逝世,享年 70 岁. 阮先生毕业于上海复旦大学数学系;1994 年获美国佛罗里达州立大学博士学位;1995 年获纽约哥伦比亚大学高级电脑专修班证书;1996 年在新泽西 AT&T 贝尔实验室任高级研究员. 阮先生终身酷爱数学,选择研究数学为终身职业之前的青少年时期曾获上海市中学生数学竞赛第二名. 大学毕业后,阮先生投身到数学研究之中,多年来一直致力于在中国推广与传播俄罗斯数学的优秀著作,翻译了多部俄罗斯数学经典名著. 他以业余的身份从事写作,这样的成功者很少,但作家倒还有.

说到只是业余写作也能获得成功的作家,其实数量不少. 比如 19 世纪的英国作家安东尼·特罗洛普,他在邮局供职,后来在管理层担任要职. 伦敦街头的红色邮筒,据说就是他的功劳. 他每天早晨起床后,先完成写作任务,然后才去邮局上班. 还有卡夫卡,他是一位公务员,工作之余写小说. 据说卡夫卡的同事都对其敬佩有加,一旦卡夫卡没有去上班,单位的工作就会出现停滞不前的状态. 以上两位,不仅在工作上颇有建树,而且在写作方面也成绩斐然,真是令人心生敬佩.

有人曾在旧货市场收到人民文学出版社 1984 年 3 月、4 月和 6 月全社人员的工资单,工资标准记录如下(工资栏有两项,一为工资标准,一为实发工资,二者一般差距几元,实发工资多了副食的 5 元和洗理的 2 元,本文记录的是工资标准):

社领导:严文井 209.9 元、韦君宜 209.5 元、楼适夷 284.6 元、聂绀弩 284.6 元.

现代部:李曙光 162.9 元、毛承志 124.2 元、萧乾 207 元、王笠耘 150.5 元.

小说组:于砚章 78 元、王小平 56 元,高钧贤 56 元、赵水金

79.5元.

诗歌散文组:莫文征89.5元、郭宝臣78元、刘兰芳89元、杨匡满78元.

当代部:秦兆阳209.9元、孟伟哉124.2元、陈冠卿63.5元、王建国78元.

古典部:戴鸿森125.5元、杜维沫150.5元、陈建根89元、冯伟民78元.

外文部:孙绳武216.3元、叶渭渠99.5元、文洁若125.5元、胡其鼎89元.

美编:张守义89.5元、沈荣祥124.2元、徐中益62元、张世强68.2元.

出版科:刘振海56元、王乐敏70元、张柏年87.5元、邱涛62元.

校对科:林敏70元、伊静49.5元、吴美华56元、方群56元.

退休:张友鸾110.4元、杨霁云138元、周绍良94.13元、顾学劼121.6元.

那么,以上各位的工资在全国范围内属于什么水平呢?1984年全国国有单位职工平均年收入为1 034元,月收入为86元左右;北京地区国有单位职工年收入1 127元,月收入93元左右.由此观之,在职领导如严文井、楼适夷等算高收入群体,每月200余元的工资放在今天的北京,大概可以相当于每月五六万元.其他部门大部分人员的工资水平也都高于全国平均工资,如翻译家萧乾的工资也达到了200元,和领导不相上下,而李曙光、文洁若等工资为150元左右,超出平均工资50%.退休人员像著名报人张友鸾,每月也可领到110元的工资,待遇也不错.

人们都好说往事如烟,往事不堪回首.但笔者在审阅本书时心中最怀念的还是20世纪80年代那种对知识如饥似渴的追求,对有学问的专家学者发自内心的尊重的纯真年代.也可能正如英国女作家弗吉尼亚·伍尔芙在《存在的瞬间》中所言:

"回忆往事的时候我会有很强的满足感,这份满足感并不是源于往事的美好,而是因为我只有在回忆往事的时候才能真实深切地感受到我活在当下."

刘培杰
于哈工大
2018 年 7 月 2 日

微分方程定性论

（上册）

B. B. 涅梅茨基

B. B. 斯捷潘诺夫　著

王柔性　译

内容简介

本书中文译本共六章，分上、下两册出版，上册包括原书前三章的内容. 第一章讲述实域内常微分方程理论的基本知识. 其中包含了：解的存在、唯一和对初值的连续相依性定理；动力体系的概念；积分线在常点附近的局部直性等.

第二章讲述庞加莱（H. Poincaré）和本迪克森（I. O. Bendikson）所创建的积分线在平面和锚圈面上的定性理论及其近代的发展.

第三章讲述 n 维微分方程组的解的渐近性状和李雅普诺夫（A. M. Ляпунов）式稳定性的解析判定方法.

本书适合高等院校师生及数学爱好者研读.

著者为中文版所写的序言

我们的书是 1949 年在莫斯科出版的. 自此以后，出现了很多关于微分方程定性理论的新成果. 在力学以及在工程问题上，这个数学领域已获得日新月异的应用. 从事于非线性振动以及自动控制理论的物理学家和工程师早已在广泛地应用定性研究的方法. 现在有这样的情况:在很多使工程师感兴趣的问题上,从事于定性理论的数学家却不能给出详尽无遗的回答. 关于这方面的问题,是对于微分方程组,不在一个给定点的邻域内而在整体上做定性的探讨.

在研究我们的书时,当然需要记住,它并没有包括定性理论的所有问题,例如,书中很少注意到李雅普诺夫的稳定性理论,并且完全没有涉及关于线性和非线性微分方程边值问题的定性理论.

如果我们的书在某些程度上有助于中国科学的发展,对我来说,就是最大的荣誉了. 著者谨向为翻译本书付出许多辛苦的中国同行,表示真诚的感谢.

国立莫斯科大学教授
B. B. 涅梅茨基
1954 年 7 月 3 日

原著第二版序

自本书初版以来,已经两年了. 我们决定将许多地方彻底改写. 情形是这样的:虽然本书是在 1947 年出版,但是所取材料还是之前的. 在最近十年中,定性理论获得了很多新结果,而同时这个理论在实际应用上的种种方向也更为清楚. 由于这一事实,我们没有理由不去讨论那些右端明显包含时间“t” 的方程组. 因此,引论和第一、第二章的内容都经过彻底的改写. 在这些章节中加进了很多重要理论,主要是李雅普诺夫理论的基础. 在动力体系的理论方面,我们也有很多的补充,这些补充材料反映着苏联数学家的成就. 改动较少的是“第六章有积分不变式的体系”.

著者们希望,经过改写以后,本书对于苏联科学在定性理论方面的伟大成就说得更为清楚,并且对于实际应用也更有裨益.

最后我们声明,这番改写工作是著者二人平均担任的,所以不能指出哪一章是谁写的.

本书第二版仍像以前一样,是与著者们在莫斯科大学所领导的微分方程定性理论讨论班的工作分不开的.很多新的定理和证明是由参加这个讨论班的青年同志在讨论时提出来的.

著　者

1949年5月

原著第一版序

本书著者二人,曾在莫斯科大学担任讨论班的领导,这个共同工作的结果,就是本书的来源,同时也决定本书的内容.本书的目的并不是用百科全书的方式来叙述微分方程理论中的定性方法.关于材料的选择,是依照著者们的科学兴趣,以及莫斯科数学工作者的一般方向.因此,书中所选的论题,都贯穿在一个中心观念之下,这就是说,本书所讨论的,主要是积分线族的几何性质(更准确些,应该说拓扑性质),稍稍离开这个论题的地方是:第二、第三两章里,讨论了积分线的仿射不变性质;在第五章里处理了积分线族的度量几何的性质.由于这个计划的限制,本书对于那些结果丰富而应用极广的李雅普诺夫稳定性理论就完全没有讲到,虽然它无疑也是属于微分方程定性理论的.

最后,我们指出,在编著此书时,著者二人保持着密切的联系,但书内各章是二人分工写出的,即引论和第四、第五两章是斯捷潘诺夫写的,而前三章是涅梅茨基写的.

著　者

关于定性理论的发展的简单介绍

微分方程这一数学分支,一方面是数学分析的理论研究的重要对象之一,另一方面又是数学科学与天文学、力学、物理学及其他学科之间的主要联系之一.因此,在祖国经济建设与文化建设突飞猛进的发展中,它和其他的数学分支一起,日益迫切需要加以发展.

常微分方程的应用与研究开始于距今二百五十年前. 约翰·纳皮尔(J. Napier)(1550—1617) 应用了常微分方程以计算正弦对数表. 接着,由于力学、物理学和几何学等的需要,常微分方程在一系列的著名的数学家如牛顿(Newton)、莱布尼兹(Leibniz)、欧拉(Euler) 和拉格朗日(Lagrange) 等的工作中得到巨大的发展. 这一时期它的中心问题是解的求法.

19 世纪初期,数学分析中所产生的划时代的飞跃,即极限与连续等严格概念与方法的建立,引起了常微分方程基本理论的重大发展. 柯西(Cauchy) 严格地证明了,在某些相当广泛的条件下微分方程解的存在与唯一,这就使得微分方程的研究建立在坚实的理论基础之上.

但是,另一方面,实际求解却日益困难,特别是1841 年柳维勒证明了这样的事实,即李加蒂方程

$$\frac{\mathrm{d}y}{\mathrm{d}x} = P(x)y^2 + Q(x)y + R(x)$$

只有若干已被伯努利(Bernoulli) 所研究过的特别类型才可以用积分求解, 而对一般的函数 $P(x)$,$Q(x)$,$R(x)$,其解不可能表示为积分. 为了解决这一矛盾,在 19 世纪后半期常微分方程理论中出现了两个重要的方向. 一个方向是与代数学的发展相关联的. 伽罗瓦群的概念在代数学中的成就和影响,扩张到了数学中的其他分支. 例如,在几何学中有克莱茵的分类法,在微分方程中则出现了李(Lie) 的工作. 李引入了无限小的变换这一概念,依靠它将微分方程分类. 一方面得到了若干类型可以用积分表示其解,另一方面也揭露了更为广泛的类型是不可能如此求解的. 李的工作指出了常微分方程可用积分求解的范围很狭小,因此,基本上总结了这一道路发展的可能性. 李的工作在数学中的影响主要转移到代数拓扑等其他数学分支方面.

但是,天体力学和物理问题中所导出的微分方程迫切需要求解. 数值积分法只可能供给若干孤立的特解在一定时间内的近似情形,它不能作为建立一般理论的主要工具. 常微分方程中出现了另一个重要方向,即本书所介绍的定性理论.

这一理论的发展,可以分为两个阶段. 第一阶段自 1881 年到 1930 年前后,第二阶段自 1930 年前后直到现在.

第一阶段的特点是以三个经典性的工作作为标记. 其一是庞加莱自 1881 年到 1886 年连续发表的文献《微分方程所确定的积分线》. 其二是自 1882 年开始到 1892 年完成的李雅普诺夫的博士论文《运动稳定性通论》和一些附加的文献. 最后是伯克霍夫自 1912 年开始的并总结于 1927 年出版的《动力体系》一书及其后数年的一系列的论文.

庞加莱和李雅普诺夫是定性理论的共同开创者. 他们创造这一理论是与他们关切当时吸引数学家的天体力学问题分不开的. 这些问题中,有著名的太阳系的稳定性问题、三体问题及切比雪夫所提出的旋转流体可能的平衡形体问题,等等. 庞加莱的思想极为开阔,在一定的意义上来说,他的思想影响了整个定性理论的发展. 但在其工作中却也散存着许多有待修正与补充的地方,其中若干主要之点在本迪克森 1901 年的文章中做了著名的补充. 李雅普诺夫则深入物理现象的本质中去,提炼出在理论上与实用上均具有极其普遍意义的运动稳定性这一问题. 在解决这一问题上,远超过庞加莱,在若干极普遍的情况,将问题彻底地解决了. 不仅如此,他所发现的两种方法,特别是第二种方法,到今天仍然是解决稳定性问题的主要利器.

继承并发展了庞加莱的工作,伯克霍夫提炼出"动力体系"这一理论,其中"动力体系的一般理论"一章成为后来重大发展的源泉.

自此以后,西方资产阶级的学者中产生了一种不正确的看法,他们认为上述三个主要工作基本上已耗尽定性研究的可能性. 与上述看法相反,由马克思列宁主义思想所指导的,为社会主义建设服务的,具有优秀历史传统的苏联数学家、物理学家和力学家们却用他们的创造性的劳动将定性理论向前推进. 这样,自 1930 年前后起,定性理论的发展的主要原动力便是来自苏联数学家. 与建设实践相结合,使定性理论的发展进入一个新的阶段. 我们只要举出几个典型例子便足以说明这一特点.

孟迭尔什达姆院士及其学生安德罗诺夫院士首先发现定性理论在物理科学与技术科学中广泛应用的可能性. 在研究非线性振动理论时,安德罗诺夫院士创造性地应用了庞加莱的奇点和极限圈的理论. 在这方面他和哈依肯在 1937 年出版的《振动理论》一书是这方面的典范,充分说明了庞加莱工作的应用价值,并从实际需要中提出新的问题.

被沙皇俄国的制度所埋没的李雅普诺夫的天才工作,在社会主义社会中恢复了它的光辉,在为社会主义建设服务中得到了不断的、巨大的发展. 这方面的主要工作是以在1930年以切塔耶夫通讯院士为首的喀山数学家和在莫斯科大学天文研究所中斯捷潘诺夫通讯院士所领导的讨论班为新的力量的源泉. 这一理论与社会主义建设中广泛需要的自动调节设计工作极其密切地结合起来,从生产实践中不断地提供了新的稳定性问题.

在为社会主义建设服务的同时,苏联数学家也同样大大地发展了抽象的理论. 在定性理论方面,例如1931年马尔科夫将伯克霍夫的动力体系理论加以总结与提高,第一次提出"抽象动力体系"这一概念之后,这方面的工作在为数众多的苏联学者的创造性工作中得到广阔与深入的发展.

在这一时期中,苏联数学家在定性理论方面的重大成就,使得若干资本主义国家的学者重新看出这一领域的理论与实践的价值,并开始承认这是一个吸引人的数学分支,若干力量重新投入这方面的工作,例如美国的莱夫谢茨及其学生等的工作. 由此可见,在第二阶段,发展的动力来自苏联科学家.

斯捷潘诺夫通讯院士和涅梅茨基教授在上述各方面的领域内都有重要的贡献. 在莫斯科大学中,他们领导的讨论班是人才辈出的. 将定性理论的极其浩繁的材料中的各主要方面加以明确的、简要的叙述是一个非常困难的任务. 本书第一次光荣地完成了这一任务. 它使得初次进入这一数学分支的工作者可以比较容易地并且系统地掌握这些主要方面. 因此,这本书译成中文,对于迫切需要学习苏联先进科学以服务于祖国建设的工作者是一个非常有力的支持.

据笔者所知,《定性理论》一书是1951年由申又枨教授在东北工学院发起并和几位青年同志共同学习且由王柔怀、童勤谟两位同志担任翻译工作而成的一本书. 在1954年暑期高等教育部举办的讲座中,笔者有幸在王柔怀同志的帮助下,将定性理论中的一些主要方面做了简要的介绍,使这一理论能够得到广泛的传播. 目前若干大学和研究所的数学工作者都已准备开始或已开始定性理论的若干方面的研究. 为了帮助即将开始研究的同志,我们已译出涅梅茨基教授最近五年来发表的文献的综评(刊载于《数学进展》第一卷第二期). 这一文献可供我们参考,并进一步学习.

为了服务于祖国建设事业,为了感谢涅梅茨基教授对我们的帮助,让对这一数学分支感兴趣的同志们团结起来共同开辟这一广阔的研究天地.

秦元勋

1954 年 12 月

译者声明

我们开始译写本书时,是一边学习一边翻译. 因为原书有些地方比较难懂,故在译写时,加添了一些附释,精简了一些语句,有时在记号上有些变动. 现在将译稿重新整理,但在有些地方仍保留了一些当时写稿时的样子,倘因此而引起错误,概由译者负责. 著者涅梅茨基教授曾寄来勘误表,我们也根据此表做了更正.

⊙ 编辑手记

英国著名诗人莎士比亚说:

> “书籍是全世界的营养品.生活里没有书籍,就好像没有阳光;智慧里没有书籍,就好像鸟儿没有翅膀.”

按莎翁的说法书籍应该是种生活必需品.读书应该是所有人的一种刚性需求,但现实并非如此.提倡“全民阅读”“世界读书日”等积极的措施也无法挽救书籍在中国的颓式.甚至有的图书编辑也对自己的职业意义产生了怀疑.有人在网上竟然宣称:我是编辑我可耻,我为祖国霍霍纸.

本文既是一篇为编辑手记图书而写的编辑手记,也是对当前这种社会思潮的一种“反动”.我们先来解释一下书名.

姚洋是北京大学国家发展研究院院长,教育部长江学者特聘教授,国务院特殊津贴专家.

在一次毕业典礼上,姚洋鼓励毕业生“去做一个唐吉诃德吧”,他说“当今的中国,充斥着无脑的快乐和人云亦云的所谓‘醒世危言’,独独缺少的,是‘敢于直面惨淡人生’的勇士.”

“中国总是要有一两个这样的学校,它的任务不是培养‘人才’(善于完成工作任务的人)”,“这个世界得有一些人,他出来之后天马行空,北大当之无愧,必须是一个”.

姚洋常提起大学时对他影响很大的一本书《六人》,这本书借助6个文学著作中的人物,讲述了六种人生态度,理性的浮士德、享乐的唐·璜、犹豫的哈姆雷特、果敢的唐吉诃德、悲天悯人的梅达尔都斯与自我陶醉的阿夫尔丁根.

他鼓励学生,如果想让这个世界变得更好,那就做个唐吉诃德吧!因为“他乐观,像孩子一样天真无邪;他坚韧,像勇士一样勇往直前;他敢于和大风车交锋,哪怕下场是头破血流!”

在《藏书报》记者采访著名书商——布衣书局的老板时有这样一番对话:

问:您有一些和大多数古旧书商不一样的地方,像一个唐吉诃德式的人物,大家有时候批评您不是一个很会赚钱的书商,比如很少参加拍卖会.但从受读者的欢迎程度来讲,您绝对是出众的.您怎样看待这一点?

答:我大概就是个唐吉诃德,他的画像也曾经贴在创立之初的布衣书局墙壁上.我也尝试过参与文物级藏品的交易,但是我受隆福寺中国书店王玉川先生的影响太深,对于学术图书的兴趣更大,这在金钱和时间两方面都影响了我对于古旧书的投入,所以,不能在这个领域有一席之地,是正常的.我不是个“很会赚钱”的书商,知名度并不等于钱,这中间无法完全转换.由于关注点的局限,普通古旧书的绝对利润很低,很多旧书的售价才几十块甚至于几块,利润可想而知,且旧书无大量复本,所以消耗的单品人工远高于新书,这是制约发展的一个原因.我的理想是尝试更多的可能,把古旧书很体面地卖出去,给予它们尊严,这点目前我已经做到了,不足的就是赚钱不多,维持现状可以,发展很难.

这两段文字笔者认为已经诠释了唐吉诃德在今日之中国的意义:虽不合时宜,但果敢向前,做自己认为正确的事情.

再说说加号后面的西西弗斯.笔者曾在一本加缪的著作中读到以下这段:

> 诸神判罚西西弗,令他把一块岩石不断推上山顶,而石头因自身重量一次又一次滚落.诸神的想法多少有些道理,因为没有比无用又无望的劳动更为可怕的惩罚了.
>
> 大家已经明白,西西弗是荒诞英雄.既出于他的激情,也出于他的困苦.他对诸神的蔑视,对死亡的憎恨,对生命的热爱,使他吃尽苦头,苦得无法形容,因此竭尽全身解数却落个一事无成.这是热恋此岸乡土必须付出的代价.有关西西弗在地狱的情况,我们一无所获.神话编出来是让我们发挥想象力的,这才有声有色.至于西西弗,只见他凭紧绷的身躯竭尽全力举起巨石,推滚巨石,支撑巨石沿坡向上滚,一次又一次重复攀登;又见他脸部绷紧,面颊贴紧石头,一肩顶住,承受着布满黏土的庞然大物;一腿蹲稳,在石下垫撑;双臂把巨石抱得满满当当的,沾满泥土的两手呈现出十足的人性稳健.这种努力,在空间上没有顶,在时间上没有底,久而久之,目的终于达到了.但西西弗眼睁睁望着石头在瞬间滚到山下,又得重新推上山巅.于是他再次下到平原.
>
> ——(摘自《西西弗神话》,阿尔贝·加缪著,沈志明译,上海译文出版社,2013)①

丘吉尔也有一句很有名的话:“Never! Never! Never Give Up!”永不放弃!套用一句老话:保持一次激情是容易的,保持一辈子的激情就不容易,所以,英雄是活到老、激情到老!顺境要有

---

① 这里及封面为尊重原书,西西弗斯称为西西弗.——编校注

激情,逆境更要有激情. 出版业潮起潮落,多少当时的"大师"级人物被淘汰出局,关键也在于是否具有逆境中的坚持!

其实西西弗斯从结果上看他是个悲剧人物. 永远努力,永远奋进,注定失败! 但从精神上看他又是个人生赢家,永不放弃的精神永在,就像曾国藩所言:屡战屡败,屡败屡战. 如果光有前者就是个草包,但有了后者,一定会是个英雄. 以上就是我们书名中选唐吉诃德和西西弗斯两位虚构人物的缘由. 至于用"+"号将其联结,是考虑到我们终究是有关数学的书籍.

现在由于数理思维的普及,连纯文人也不可免俗地沾染上一些. 举个例子:

文人聚会时,可能会做一做牛津大学出版社网站上关于哲学家生平的测试题. 比如关于加缪的测试,问:加缪少年时期得了什么病导致他没能成为职业足球运动员? 四个选项分别为肺结核、癌症、哮喘和耳聋. 这明显可以排除癌症,答案是肺结核. 关于叔本华的测试中,有一道题问:叔本华提出如何减轻人生的苦难? 是表现同情、审美沉思、了解苦难并弃绝欲望,还是以上三者都对? 正确答案是最后一个选项.

这不就是数学考试中的选择题模式吗?

本套丛书在当今的图书市场绝对是另类. 数学书作为门槛颇高的小众图书本来就少有人青睐,那么有关数学书的前言、后记、编辑手记的汇集还会有人感兴趣吗? 但市场是吊诡的,谁也猜不透只能试. 说不定否定之否定会是肯定. 有一个例子:实体书店受到网络书店的冲击和持续的挤压,但特色书店不失为一种应对之策.

去年岁末,在日本东京六本木青山书店原址,出现了一家名为文喫(Bunkitsu)的新形态书店. 该店破天荒地采用了入场收费制,顾客支付1 500日元(约合人民币100元)门票,即可依自己的心情和喜好,选择适合自己的阅读空间.

免费都少有人光顾,它偏偏还要收费,这是种反向思维.

日本著名设计杂志《轴》(Axis)主编上條昌宏认为,眼下许多地方没有书店,人们只能去便利店买书,这也会对孩子们培养读书习惯造成不利的影响. 讲究个性、有情怀的书店,在世间还是具有存在的意义,希望能涌现更多像文喫这样的书店.

因一周只卖一本书而大获成功的森冈书店店主森冈督行称文喫是世界上绝无仅有的书店，在东京市中心的六本木这片土地上，该店的理念有可能会传播到世界各地. 他说，“让在书店买书成为一种非日常的消费行为，几十年后，如果人们觉得去书店就像去电影院一样，这家书店可以说就是个开端.”

本书的内容大多都是有关编辑与作者互动的过程以及编辑对书稿的认识与处理.

关于编辑如何处理自来稿，又如何在自来稿中发现优质选题？这不禁让人想起了美国童书优秀的出版人厄苏拉·诺德斯特姆，在她与作家们的书信集《亲爱的天才》中，我们看到了她和多名优秀儿童文学作家和图画书作家是如何进行沟通的. 这位将美国儿童文学推入“黄金时代”的出版人并不看重一个作家的名气和资历，在接管哈珀·柯林斯的童书部门后，她甚至立下了一个规矩：任何画家或作家愿意展示其作品，无论是否有预约，一律不得拒绝. 厄苏拉对童书有着清晰的判断和理解，她相信作者，不让作者按要求写命题作文，而是“请你告诉我你想要讲什么故事”，这份倾听多么难得. 厄苏拉让作家们保持了“自我”，正是这份编辑的价值观让她所发现的作家和作品具有了独特性. 编辑从自来稿中发现选题是编辑与作家双向选择高度契合的合作，要互相欣赏和互相信任，要有想象力，而不仅仅从现有的图书品种中来判断稿件. 在数学专业类图书出版领域中，编辑要具有一定的现代数学基础和出版行业的专业能力，学会倾听，才能像厄苏拉一样发现她的桑达克.

在巨大的市场中，作为目前图书市场中活跃度最低、增幅最小的数学类图书板块亟待品种多元化，图书需要更多的独特性，而这需要编辑作为一个发现者，不做市场的跟风者，更多去架起桥梁，将优质的作品从纷繁的稿件中遴选出来，送至读者手中.

我们数学工作室现已出版数学类专门图书近两千种，目前还在以每年 200 多种的速度出版. 但科技的日新月异以及学科内部各个领域的高精尖趋势，都使得前沿的学术信息更加分散、无序，而且处于不断变化中，时不时还会受到肤浅或虚假、不实学术成果的干扰. 可以毫不夸张地说，在互联网时代学术动态也已经日益海量化. 然而，选题策划却要求编辑能够把握学科发展走势、热点领域、交叉和新兴领域以及存在的亟须解决的难点问题. 面对互联网时代的巨量信息，编辑必须通过查询、搜索、积累原始选题，并在积累的过程中形成独特的视角. 在海量化的知识信息中进行查询、搜索、积累选题，依靠人力作用非常有限. 通过互联网或人工智能技术，积累得越多，挖掘得越深，就越有利于提取出正确的信息，找到合理的选题角度.

复旦大学出版社社长贺圣遂认为中国市场上缺乏精品，出版物质量普遍不尽如人意的背后主要是编辑因素：一方面是“编辑人员学养方面的欠缺”，一方面是“在经济大潮的刺激作用下，某些编辑的敬业精神不够”. 在此情形下，一位优秀编辑的意义就显得特别突出和重要了. 在贺圣遂看来，优秀编辑的内涵至少包括三个部分. 第一，要有编辑信仰，这是做好编辑工作的前提，“从传播文化、普及知识的信仰出发，矢志不渝地执着于出版业，是一切成功的编辑出版家所必备的首要素养”，有了编辑信仰，才能坚定出版信念，明确出版方向，充满工作热情和动力，才能催生出精品图书. 第二，要有杰出的编辑能力和极佳的编辑素养，即贺圣遂总结归纳的“慧根、慧眼、慧才”，具体而言是“对文化有敬仰，有悟性，对书有超然的洞见和感觉”“对文化产品要有鉴别能力，要懂得判断什么是好的、优秀的、独特的、杰出的，不要附庸风雅，也不要被市场愚弄”“对文字加工、知识准确性，对版式处理、美术设计、载体材料的选择，都要有足够熟练的技能”. 第三，要有良好的服务精神，“编辑依赖作者、仰仗作者，因为作者配合，编辑才能体现个人成就，因此，编辑要将作者作为‘上帝’来敬奉，关键时刻要不惜牺牲自我利益”. 编辑和作者之间不仅仅是工作上的搭档，还应该努力扩大和延伸编辑服务范围，成为作者生活上的朋友和创作上的知音.

笔者已经老了，接力棒即将交到年轻人的手中. 人虽然换了，但“唐吉诃德 + 西西弗斯”的精神不能换，以数学为核心、以数理为硬核的出版方向不能换. 一个日益壮大的数学图书出版中心在中国北方顽强生存大有希望.

出版社也是构建、创造和传播国家形象的重要方式之一. 国际社会常常通过认识一个国家的出版物，特别是通过认识关于这个国家内容的重点出版物，建立起对一个国家的印象和认识. 莎士比亚作品的出版对英国国家形象，歌德作品的出版对德国国家形象，卢梭、伏尔泰作品的出版对法国国家形象,安徒生作品的出版对丹麦国家形象,《丁丁历险记》的出版对比利时国家形象,《摩柯波罗多》的出版对印度国家形象,都具有很重要的帮助.

中国优秀的数学出版物如何走出去,我们虽然一直在努力,也有过小小的成功,但终究由于自身实力的原因没能大有作为. 所以我们目前是以大量引进国外优秀数学著作为主,这也就是读者在本书中所见的大量有关国外优秀数学著作的评介的缘由. 正所谓:他山之石,可以攻玉!

在写作本文时,笔者详读了湖南教育出版社曾经出版过的一本朱正编的《鲁迅书话》,其中发现了一篇很有意思的文章,附在后面.

<table>
<tr><td>青年必读书</td><td>从来没有留心过,
所以现在说不出.</td></tr>
<tr><td>附注</td><td>但我要趁这机会,略说自己的经验,以供若干读者的参考——
我看中国书时,总觉得就沉静下去,与实人生离开;读外国书——但除了印度——时,往往就与人生接触,想做点事.
中国书虽有劝人入世的话,也多是僵尸的乐观;外国书即使是颓唐和厌世的,但却是活人的颓唐和厌世.
我以为要少——或者竟不——看中国书,多看外国书.
少看中国书,其结果不过不能作文而已,但现在的青年最要紧的是“行”,不是“言”. 只要是活人,不能作文算什么大不了的事.
(二月十日)</td></tr>
</table>

少看中国书这话从古至今只有鲁迅敢说,而且说了没事,

笔者万万不敢. 但在限制条件下,比如说在有关近现代数学经典这个狭小的范围内,窃以为这个断言还是成立的,您说呢?

刘培杰
2021 年 10 月 1 日
于哈工大